中国电力科学研究院科技专著出版基金资助

U0504797

超/特高压交直流输电线路带电作业

（第二版）

胡毅　刘凯　肖宾　刘庭　彭勇　雷兴列　编著

中国电力出版社

CHINA ELECTRIC POWER PRESS

内 容 提 要

针对超/特高压线路带电作业面临的技术问题,为满足线路运行维护人员和技术管理人员的需要,促进超/特高压输电线路带电作业的开展,根据超/特高压输电线路带电作业研究成果编写本书。

全书共分为 6 章,包括概述、750kV 输电线路带电作业、1000kV 交流输电线路带电作业、直流输电线路带电作业、特高压输电线路直升机带电作业、输电线路带电作业工具。

本书可作为超/特高压输电线路带电作业人员技术培训教材,也可供超/特高压输电线路运行管理人员和工程技术人员参考使用。

图书在版编目(CIP)数据

超/特高压交直流输电线路带电作业 / 胡毅等编著. —2 版. —北京:中国电力出版社,
2024.6

ISBN 978-7-5198-8799-5

Ⅰ. ①超… Ⅱ. ①胡… Ⅲ. ①高压输电线路–直流输电线路–带电作业②高压输电线路–交流电路–带电作业 Ⅳ. ①TM726

中国国家版本馆 CIP 数据核字(2024)第 074167 号

出版发行:中国电力出版社
地 址:北京市东城区北京站西街 19 号(邮政编码 100005)
网 址:http://www.cepp.sgcc.com.cn
责任编辑:肖 敏(010-63412363)
责任校对:黄 蓓 朱丽芳
装帧设计:王红柳
责任印制:石 雷

印 刷:廊坊市文峰档案印务有限公司
版 次:2011 年 12 月第一版 2024 年 6 月第二版
印 次:2024 年 6 月北京第一次印刷
开 本:710 毫米×1000 毫米 16 开本
印 张:21.75
字 数:377 千字
印 数:0001—1500 册
定 价:98.00 元

前　言

随着我国电网的建设与发展，经过 70 年的研究及应用，带电作业已成为输配电线路检测、检修、改造的重要手段和方法，对电力系统的安全可靠运行和提高经济效益起到了重要作用。为满足我国大容量、远距离输电的需要，750kV 交流和特高压交、直流输电工程相继建设并投入运行，对带电作业技术提出了一系列新的课题。通过对超/特高压输电线路带电作业的系统研究，我国在作业技术、安全防护、作业工具等多方面都有了新的突破，研究成果已应用于线路设计及运行维护，对系统安全运行起到了重要作用。目前我国的带电作业与世界其他国家相比，在作业方法多样化、作业工具轻巧化、作业项目操作难度、应用的广泛性等方面都走在前列，并具有鲜明特点。

针对超/特高压线路带电作业面临的技术问题，为满足线路运行维护人员和技术管理人员的需要，促进超/特高压输电线路带电作业的开展，根据超/特高压输电线路带电作业研究（包括带电作业安全距离、间隙研究，作业人员安全防护研究，作业工器具研究，作业导则编制等）编写此书。全书共分为 6 章，包括概述、750kV 输电线路带电作业、1000kV 交流输电线路带电作业、直流输电线路带电作业、特高压输电线路直升机带电作业、输电线路带电作业工具。

参加本书相关的超/特高压输电线路带电作业研究工作的主要工作者有胡毅、刘凯、王力农、刘庭、胡建勋、肖宾、彭勇、雷兴列、余光凯、谷定燮、邵瑰玮、周沛洪、郑传广、徐莹、张丽华、张俊兰、陈勇、戴敏、李振强、娄颖、刘兴发等；另外，参加 750kV 交流输电线路带电作业研究工作的还有国家电网有限公司西北分部的曾林平、顿连彪、杨震强等；参加 1000kV 交流输电线路带电作业研究工作的还有国网湖北省电力有限公司涂明、国网山西省电力公司董彦武、国网河南省电力公司陶留海、国网浙江省电力有限公司方玉群等；参加±660kV 直流线路带电作业研究工作的还有国网山东省电力公司刘洪正、孟海磊等；参加±800kV 直流线路带电作业研究工作的还有中国南方电网有限责任公司超高压输电公司肖勇、樊灵孟等；参加特高压输电线路直升机带电作业研究工作的还有国网湖北省电力有限公司杜勇、国网电力空间技术有限公司武艺、李磊等。

　　由于时间仓促，难免有疏漏之处，敬请广大读者批评指正！

编　者

2024 年 3 月

目 录

第一章

概　述

第一节　带电作业技术发展概况

一、国外带电作业的发展概况

1. 俄罗斯的带电作业

俄罗斯在 20 世纪 30 年代首次进行输电线路带电作业试验，这些作业包括用绝缘工具检测绝缘子及更换线路金具。

20 世纪 40 年代，等电位作业这一新的带电检修方法已得到应用并开始推广，第一本带电作业操作规程已经制定。到 20 世纪 50 年代中期，带电作业技术已经普及到全国电力系统 75% 的地区，在这些地区中，线路抢修工作有 85% 采用带电作业，带电作业内容包括绝缘检测、压接管电阻测量、涂刷防腐漆等。

1959～1962 年，根据 35～110kV 带电作业经验，开展了 6～10kV 配电线路的带电维修。330～750kV 线路建成后，考虑到输电线路及系统需要更高的运行可靠性及经济因素，带电作业进一步成为重点工作。

330～750kV 输电线路的带电作业已发展了一套完整、规范的操作方法，并配有专业化的装备。另外，随着 1150kV 特高压线路的建设，对 1150kV 输电线路的带电作业技术也有了少量探索性研究。

2. 美国的带电作业

线路带电作业工具最早于 1913 年出现在美国俄亥俄州，这些工具是木制的。在第一次世界大战与第二次世界大战期间，美国由于经济萧条，在电力开发应用中十分注重经济性，因此采用带电作业方法为用户提供不间断供电，推动了带电作业的发展。随着电压等级的不断提高，需要绝缘性能更完善的带电操作杆，1946 年 Chance 公司采用了塑料套木杆，并于 20 世纪 50 年代研制了玻璃纤维增强型合成树脂管。目前，美国各主要电力公司都配有专门的带电作业队伍和培训基地，如弗吉尼亚州电力局就有输、变、配带电作业培训场，10～750kV 线路均开展带电作业检修和运行维护，洛杉矶水电局则研制了专用的带电水冲洗车，不少电力单位还开展了直升机带电检修作业项目。

3. 加拿大的带电作业

加拿大从 1929 年开始在 110kV 线路上带电测试绝缘子串，20 世纪 30 年代开始在 220kV 线路上开展带电作业。1959 年以后开始在 460kV 线路上开展带电作业，美国电力公司、加拿大安大略水电局、魁北克水电局在 1960～1967 年联合开展了等电位带电作业技术研究，并成立了一个工作组制定标准及进行技术和方法的评定工作。

4. 英国的带电作业

英国在 20 世纪 40 年代开始用操作杆测量绝缘子串的电压分布，1965 年开始对输电线路的带电作业进行了一系列研究工作，从 1967 年开始在 400kV 线路上开展等电位带电作业。目前，欧洲带电作业更多应用在配电线路上，而在输电线路上的应用相对减少，这主要是考虑输电网有较多备用设备。

5. 法国的带电作业

1960 年以来，法国成立了带电作业技术委员会和带电作业试验研究所，对带电作业技术主要研究了以下方面：① 安全性分析（包括带电作业原理、安全规程、人员培训和监督方法）；② 作业方法（包括采用工具的间接作业法、戴橡胶手套的配电线路直接作业法、输电线路的等电位作业法）；③ 工具设备（包括参数、性能的确定，各种工具的操作方法和使用范围）。

6. 德国的带电作业

德国从 1971 年开始采用带电作业，从配电线路到 400kV 输电线路都开展带电作业项目，主要开展项目有绝缘子串的更换、导线的修补、配件的检查和更换、绝缘装置的清洗、带电区设备的涂漆、间隔棒的检查和更换。

7. 意大利的带电作业

意大利从 1962 年开始开展带电作业。1977 年推出了带电作业的管理规程，1968 年成立了带电作业技术委员会。1969 年建立了带电作业中心，在作业中心有一个高压和超高压线路试验场，试验场中有各种电压等级的模拟线段，各种作业方法及相应的工器具，模拟操作试验均在试验场进行，在带电中心内还有对技术人员和工人进行培训用的教室。

8. 丹麦的带电作业

丹麦从 20 世纪 70 年代开始开展带电作业，起步较晚但发展较快，1971

年便建立了带电作业协会。带电作业常规项目有带电更换绝缘子、导线补强、连接及拆除变压器连接线及分支线的电缆头。丹麦很重视带电作业理论和实际操作的培训。培训分为两种：① 全面培训，包括理论学习和所有的基本操作项目；② 特殊培训，主要培训特定的项目和操作技能。

9. 日本的带电作业

日本的带电作业已逐步向机械化、自动化方向发展。与过去相比，输电线路的带电作业相对减少，配电线路的带电作业相对增多，原因一是许多地方已形成多回路环网供电；二是输电线路故障率相对减少，而对配电网的供电可靠性却提出了更高的要求，要求向完全不停电的方向发展。日本电力部门的目标是：使配电线路的带电作业全面实现机械化。

过去，以减小停电范围的带电作业法为主，还不能做到完全不停电检修。为了提高供电可靠性，现在积极推广完全不停电作业法，并为此开发了一系列机械化作业工具和设备，包括高压发电机车、低压发电机车、高压电缆旁路车、变压器车、低压不停电切换装置、事故点探查车、配电线路带电作业机械手以及其他用于直接带电作业法和间接带电作业法的工具及配套设施。

二、我国带电作业发展概况

我国的带电作业起步于 20 世纪 50 年代初，当时的电力工业基础薄弱、网架单薄、设备陈旧，经常需要停电检修和处理缺陷。由于生产上的迫切需要，1953～1957 年鞍山电业局首先在 3.3～66kV 配电线路上研究探索带电更换和检修设备。1957 年，东北电业管理局首次在 154～220kV 高压线路上进行了不停电检修，1958 年又进一步研究了等电位作业的技术问题，并成功在 220kV 线路上首次进行了等电位带电检修线夹的工作。

随后，带电作业在全国推广应用，从 10kV 配电线路到 500kV 输电线路的检测与更换绝缘子、线夹、间隔棒等常规项目，到带电升高、移位杆塔等复杂项目均有开展。后续，又进一步开展了紧凑型线路、同塔多回线路、750kV 线路和特高压交、直流输电线路带电作业的研究及应用。开展的工作主要有以下方面：

（1）成立带电作业专业组织。为组织和协调全国带电作业技术的交流和开展，成立了全国带电作业标准化技术委员会、带电作业工具设备质检中心等专业组织，它们对全国带电作业技术的提高和发展起到了促进作用。

（2）标准制定工作。标准化工作是促进带电作业安全开展的重要保证，在国际电工委员会（IEC）中设有带电作业技术委员会（IEC/TC78），我国 1978

年参加 IEC/TC78 的标准制定工作，1980 年开始制定带电作业工具标准。40 多年来，已颁布了《配电线路带电作业技术导则》（GB/T 18857—2019）及屏蔽服、绝缘绳、绝缘杆、绝缘滑车、绝缘遮蔽罩等方面的一批带电作业标准。

（3）带电作业技术理论研究。随着带电作业实践经验的积累，技术理论研究也不断深入，一大批带电作业的研究论文发表在国内外杂志和专业学术交流会议上，包括安全距离的研究、作业方式的研究、工器具的研究、新型绝缘材料的研究，涉及带电作业的各领域和各方面，对带电作业的安全开展起到了指导作用。

（4）工器具研制和开发。为提高带电作业的安全性和可靠性，研制出了许多与先进的作业方法相配套的工器具，生产厂家也不断努力提高产品质量，使带电作业工器具的性能不断得到改进、完善和提高，目前正进一步向系列化、标准化、更高电压等级、更高机械强度方向发展。

（5）人员技术培训。随着带电作业的发展及人员的新老替换，带电作业的培训工作在各电力单位得到了重视和加强，在全国相继建成了不同电压等级的模拟线路，可进行 10～1000kV 的带电作业项目培训。通过举办多种形式的学习班、培训班、研讨班、操作表演会和交流评比会，对提高带电作业人员的理论和操作水平起到了促进作用。

三、带电作业技术标准化工作

IEC/TC78 主要负责带电作业国际标准的修订。1976 年，该委员会在巴黎召开了第一次国际会议。在 1996 年的全体会议上，各国代表通过表决，决定将 10 个工作组合并为 4 个工作组，成立 1 个顾问组。顾问组的职责主要是监督和指导工作组及项目负责人的工作，4 个工作组是：

第 11 工作组——技术资料工作组。

第 12 工作组——工具及设备工作组。

第 13 工作组——保护装置工作组。

第 14 工作组——检测装置工作组。

2015 年又成立了第 15 工作组，即电弧防护工作组。

我国从 1980 年开始制定带电作业工器具标准，已颁布准共 81 项，包括国家标准 24 项、行业标准 53 项、中国电力企业联合会（中电联）标准 4 项，主要分为基础通用，工具装备，作业要求、规程与导则三大类。

（1）基础通用类标准主要包括术语、计算方法、基本原则等，包括 4 项标准，见表 1-1。

表1-1　　　　　　　　　　基 础 通 用 类 标 准

标准类型	标准编号	标准名称
国家标准	GB/T 2900.55—2016	电工术语　带电作业
国家标准	GB/T 14286—2021	带电作业工具设备术语
国家标准	GB/T 19185—2008	交流线路带电作业安全距离计算方法
行业标准	DL/T 876—2021	带电作业绝缘配合导则

（2）工具装备类标准涉及带电作业工具、装置和设备等产品的设计原则、技术要求、使用与试验方法，主要包括绝缘工具、电弧防护用具、旁路工具装备、特种车辆、检测工具、金属工具、装备、辅助工具装备、数字化工具装备、材料等，共57项标准。

1）基本要求类标准包括2项，见表1-2。

表1-2　　　　　　　　　　基 本 要 求 类 标 准

标准类型	标准编号	标准名称
国家标准	GB/T 18037—2008	带电作业工具基本技术要求与设计导则
行业标准	DL/T 972—2005	带电作业工具、装置和设备的质量保证导则

2）通用工具装备类标准包括17项，见表1-3。

表1-3　　　　　　　　　　通 用 工 具 装 备 类 标 准

分类	标准类型	标准编号	标准名称
绝缘工具	国家标准	GB/T 13034—2008	带电作业用绝缘滑车
	国家标准	GB/T 13035—2008	带电作业用绝缘绳索
	国家标准	GB 13398—2008	带电作业用空心绝缘管、泡沫填充绝缘管和实心绝缘棒
	国家标准	GB/T 17620—2008	带电作业用绝缘硬梯
	行业标准	DL/T 779—2021	带电作业用绝缘绳索类工具
检测工具	行业标准	DL/T 740—2014	电容型验电器
	行业标准	DL/T 971—2017	带电作业用便携式核相仪
	行业标准	DL/T 1882—2018	验电器用工频高压发生器
	行业标准	DL/T 2211—2021	直流验电器

续表

分类	标准类型	标准编号	标准名称
金属工具	国家标准	GB/T 12167—2006	带电作业用铝合金紧线卡线器
辅助工具装备	国家标准	GB/T 25725—2010	带电作业工具专用车
	行业标准	DL/T 879—2021	便携式接地和接地短路装置
	行业标准	DL/T 974—2018	带电作业用工具库房
	行业标准	DL/T 1145—2009	绝缘工具柜
数字化工具装备	国家标准	GB/T 34569—2017	带电作业仿真训练系统
	行业标准	DL/T 2319—2021	带电作业虚拟现实实操平台
材料	国家标准	GB/T 25097—2010	绝缘体带电清洗剂

3）配电专用工具类标准包括 18 项，见表 1-4。

表 1-4　　　　　　　　　　配电专用工具类标准

分类	标准类型	标准编号	标准名称
绝缘工具	国家标准	GB/T 18269—2008	交流 1kV、直流 1.5kV 及以下电压等级带电作业用绝缘手工工具
	行业标准	DL/T 1465—2015	10kV 带电作业用绝缘平台
	行业标准	DL/T 2472—2021	带电作业用绝缘操作杆工具附件
绝缘防护用具	国家标准	GB/T 12168—2006	带电作业用遮蔽罩
	国家标准	GB/T 17622—2008	带电作业用绝缘手套
	行业标准	DL/T 676—2012	带电作业用绝缘鞋（靴）通用技术条件
	行业标准	DL/T 778—2014	带电作业用绝缘袖套
	行业标准	DL/T 803—2015	带电作业用绝缘毯
	行业标准	DL/T 853—2015	带电作业用绝缘垫
	行业标准	DL/T 880—2021	带电作业用导线软质遮蔽罩
	行业标准	DL/T 975—2005	带电作业用防机械刺穿手套
	行业标准	DL/T 1125—2009	10kV 带电作业用绝缘服装
旁路工具装备	行业标准	DL/T 2555.1—2022	配电线路旁路作业工具装备　第 1 部分：旁路电缆及连接器
特种车辆	国家标准	GB/T 37556—2019	10kV 带电作业用绝缘斗臂车

续表

分类	标准类型	标准编号	标准名称
其他工具装备	行业标准	DL/T 1743—2017	带电作业用绝缘导线剥皮器
	行业标准	DL/T 2320—2021	配电线路带电作业用线夹技术条件
	团体标准	T/CEC 350—2020	10kV 带电作业用消弧开关技术条件
	团体标准	T/CEC 351—2020	10kV 柔性电缆快速接头技术条件

4）输电专用工具类标准包括 11 项，见表 1-5。

表 1-5　　　　　　　　　　　　输电专用工具类标准

分类	标准类型	标准编号	标准名称
绝缘工具	国家标准	GB/T 15632—2008	带电作业用提线工具通用技术条件
	行业标准	DL/T 699—2007	带电作业用绝缘托瓶架通用技术条件
	行业标准	DL/T 2212—2021	特高压绝缘软拉棒
	行业标准	DL/T 2317—2021	带电作业用绝缘软梯
防护用具	国家标准	GB/T 6568—2008	带电作业用屏蔽服装
	国家标准	GB/T 18136—2008	交流高压静电防护服装及试验方法
装备	行业标准	DL/T 636—2017	带电作业用导线飞车
	团体标准	T/CEC 402—2020	输电线路飘浮异物激光带电清除装备技术规范
检测工具	行业标准	DL/T 415—2009	带电作业用火花间隙检测装置
金属工具	行业标准	DL/T 463—2020	带电作业用绝缘子卡具
数字化工具装备	行业标准	DL/T 2153—2020	输电线路用带电作业机器人

5）变电专用工具类标准包括 3 项，见表 1-6。

表 1-6　　　　　　　　　　　变电专用工具类标准

分类	标准类型	标准编号	标准名称
绝缘工具	行业标准	DL/T 1995—2019	变电站换流站带电作业用绝缘平台
装备	国家标准	GB/T 14545—2008	带电作业用小水量冲洗工具（长水柱短水枪型）
	行业标准	DL/T 1468—2015	电力用车载式带电水冲洗装置

6）工具使用与试验类标准包括 6 项，见表 1−7。

表 1−7 工具使用与试验类标准

标准类型	标准编号	标准名称
行业标准	DL/T 854—2017	带电作业用绝缘斗臂车使用导则
行业标准	DL/T 877—2004	带电作业用工具、装置和设备使用的一般要求
行业标准	DL/T 878—2021	带电作业用绝缘工具试验导则
行业标准	DL/T 976—2017	带电作业工具、装置和设备预防性试验规程
行业标准	DL/T 2157—2020	带电作业工器具试验系统
团体标准	T/CEC 403—2020	输电线路飘浮异物激光带电清除装备使用导则

（3）作业要求、规程与导则类标准主要包括各电压等级的带电作业技术导则或规范，包括 20 项标准，见表 1−8。

表 1−8 作业要求、规程与导则类标准

分类	标准类型	标准编号	标准名称
变电	国家标准	GB/T 13395—2008	电力设备带电水冲洗导则
	国家标准	GB/T 25098—2010	绝缘体带电清洗剂使用导则
配电	国家标准	GB/T 18857—2019	配电线路带电作业技术导则
	国家标准	GB/T 34577—2017	配电线路旁路作业技术导则
	行业标准	DL/T 858—2004	架空配电线路带电安装及作业工具设备
	行业标准	DL/T 2318—2021	配电带电作业机器人作业规程
输电	行业标准	DL/T 392—2015	1000kV 交流输电线路带电作业技术导则
	行业标准	DL/T 400—2019	500kV 交流紧凑型输电线路带电作业技术导则
	行业标准	DL/T 881—2019	±500kV 直流输电线路带电作业技术导则
	行业标准	DL/T 966—2005	送电线路带电作业技术导则
	行业标准	DL/T 1007—2006	架空输电线路带电安装导则及作业工具设备
	行业标准	DL/T 1060—2007	750kV 交流输电线路带电作业技术导则
	行业标准	DL/T 1126—2017	同塔多回线路带电作业技术导则
	行业标准	DL/T 1341—2014	±660kV 直流输电线路带电作业技术导则

分类	标准类型	标准编号	标准名称
输电	行业标准	DL/T 1466—2015	750kV 交流同塔双回输电线路带电作业技术导则
	行业标准	DL/T 1467—2015	500kV 交流输变电设备带电水冲洗作业技术规范
	行业标准	DL/T 1634—2016	高海拔地区输电线路带电作业技术导则
	行业标准	DL/T 1635—2016	耐热导线输电线路带电作业技术导则
	行业标准	DL/T 1720—2017	架空输电线路直升机带电作业技术导则
	行业标准	DL/T 2158—2020	接地极线路带电作业技术导则

随着带电作业工作的深入开展，对带电作业标准化工作也提出了新的要求，今后须进一步加强国际标准的采标，加快标准制定进度，将科研成果和生产运行经验尽快转化为标准，对安全生产起到指导作用，对产品质量提高起到促进作用，对带电作业工作的规范化起到提高作用。

四、超/特高压输电线路的特点及其对带电作业提出的新要求

超/特高压输电线路在整个电网中具有重要作用，其运行的可靠性要求较一般高压线路更高，需要根据线路的特点，结合积累的线路运行维护经验，研究提出超/特高压输电线路带电作业的技术方法，以保证线路安全稳定运行。

1. 超/特高压输电线路的特点

与一般线路相比，超/特高压输电线路具有以下特点：

（1）线路的结构参数高。超/特高压输电线路的杆塔高、塔头尺寸大、导线分裂数多、绝缘子串长、绝缘子片数多、吨位大。

（2）线路的运行参数高。线路的额定运行电压高，使带电体周围的电场强度较高。

（3）线路长、沿线地理环境复杂。超/特高压输电线路多途经山区、丘陵、采空区、江河等地形，沿线地貌复杂，所经地区还会遇上重污、覆冰、强风、雷暴等极端气象条件。

（4）安全运行的可靠性要求高。由于超/特高压输电线路的输送容量较大，在电网中的地位重要，因此必须确保其安全运行的高度可靠性。

2. 对带电作业新的要求

超/特高压输电线路的这些特点给线路带电作业提出了新的要求，主要有：

（1）对安全距离等关键技术参数要求更高。由于超/特高压线路的电压等

级高，带电作业时可能出现的过电压也将更高。因此，为满足带电作业时的安全要求，对带电作业时的安全距离、组合间隙、绝缘工具的有效绝缘长度等关键技术参数的要求将更高。

（2）对作业工器具要求更高。由于超/特高压线路的结构参数高，对作业工器具提出了更高的要求。例如，塔头尺寸大就要求作业工器具的长度长，导线分裂数多就要求提线工具、绝缘子更换工具等的荷载能力大，绝缘子吨位大也要求相应的卡具与之配套。

（3）对安全防护要求更高。由于超/特高压线路的电压等级更高，使得带电体周围的电场强度更高，常规高压线路带电作业屏蔽服装已不能满足超/特高压输电线路带电作业人员安全防护的要求，需要研制专用的屏蔽服装；电压等级的提高还会使电位转移脉冲电流增强，这也对安全防护提出了更高的要求。

（4）对新工具、新方法的研究和应用提出了要求。如硬质绝缘工具在常规高压线路带电作业中应用较多，而超/特高压线路中的硬质工具长度更长、荷重更大，因而质量也更大，从而给运输和使用带来了一定的困难，需要研究轻型的软质工具以便于运输和使用；又如超/特高压线路杆塔高，所以提出了将直升机应用于特高压线路带电作业的要求。

第二节　带电作业技术原理

带电作业是指在带电的情况下，对电气设备进行测试、维护和更换部件的作业。

一、带电作业方式的划分

1. 按人与带电体的相对位置来划分

根据作业人员与带电体的位置不同，带电作业可分为间接作业与直接作业两种方式。

（1）间接作业是作业人员不直接接触带电体，保持一定的安全距离，利用绝缘工具操作高压带电部件的作业。从操作方法来看，地电位作业、中间电位作业、带电水冲洗和带电气吹清扫绝缘子等都属于间接作业。间接作业也称为距离作业。

（2）直接作业是作业人员直接接触带电体进行的作业。在输电线路带电作业中，直接作业也称为等电位作业，在国外也称为徒手作业或自由作业，指作业人员穿戴全套屏蔽防护用具，借助绝缘载体进入带电体，人体与带电设备处于同一电位的作业。

2. 按作业人员的人体电位来划分

按作业人员的自身电位来划分，带电作业可分为地电位作业、中间电位作业、等电位作业三种方式。

（1）地电位作业是作业人员保持人体与大地（或杆塔）同一电位，通过绝缘工具接触带电体的作业。这时人体与带电体的关系是：大地（杆塔）、人体→绝缘工具→带电体。

（2）中间电位作业是在地电位法和等电位法不便采用的情况下，介于两者之间的一种作业方法。此时人体的电位是介于地电位和带电体电位之间的某一悬浮电位，它要求作业人员既要保持对带电体有一定的距离，又要保持对地有一定的距离。这时，人体与带电体的关系是：大地（杆塔）→绝缘体→人体→绝缘工具→带电体。

（3）等电位作业是作业人员保持与带电体（导线）同一电位的作业。此时，人体与带电体的关系是：带电体（人体）→绝缘体→大地（杆塔）。

三种作业方式的特点如图 1-1 所示。

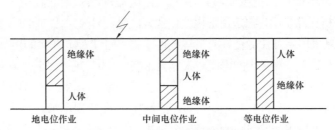

图 1-1　三种作业方式的特点

二、带电作业工作原理

1. 地电位作业工作原理

地电位作业的位置示意图及等效电路图如图 1-2 所示。

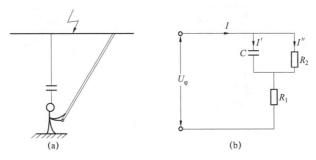

图 1-2　地电位作业的位置示意图及等效电路
（a）位置示意图；（b）等效电路图

作业人员位于地面或杆塔上，人体电位与大地（杆塔）保持同一电位。此时通过人体的电流有两条通道：① 带电体→绝缘操作杆（或其他工具）→人体→大地，构成电阻通道；② 带电体→空气间隙→人体→大地，构成电容电流回路。这两个回路电流都经过人体流入大地（杆塔）。严格地说，不仅在工作相导线与人体之间存在电容电流，另两相导线与人体之间也存在电容电流。但电容电流与空气间隙的大小有关，距离越远，电容电流越小，所以在分析中可以忽略另两相导线的作用，或者把电容电流作为一个等效的参数来考虑。

由于人体电阻 R_1 远小于绝缘工具的电阻 R_2，即 $R_1 \ll R_2$，人体电阻 R_1 也远远小于人体与导线之间的容抗 X_C，即 $R_1 \ll X_C$，因此在分析流入人体的电流时，人体电阻可忽略不计。设 I' 为流过绝缘杆的泄漏电流，I'' 为电容电流，那么流过人体总电流 I 是上述两个电流分量的和，即：

$$I = I' + I'' \qquad\qquad (1-1)$$

带电作业所用的环氧树脂类绝缘材料的电阻率很高，如 3640 绝缘管材的体积电阻率在常态下均大于 $10^{12}\Omega \cdot cm$。间接作业时，人体电容电流也是微安级，I' 与 I'' 的相量和也是微安级，小于人体电流的感知值（1mA）。

以上分析计算说明，在应用地电位作业方式时，只要人体与带电体保持足够的安全距离，且采用绝缘性能良好的工具进行作业，通过人体的泄漏电流和电容电流都非常小（微安级）；这样小的电流对人体无影响，因此，足以保证作业人员的安全。

但是必须指出的是，绝缘工具的性能直接关系到作业人员的安全，如果绝缘工具表面脏污，或者内外表面受潮，泄漏电流将急剧增加，当增加到人体的感知电流以上时，就会出现麻电感甚至触电事故。因此，在使用绝缘工具时应保持工具表面干燥清洁，并注意妥当保管防止受潮。

2. 中间电位作业工作原理

中间电位作业的位置示意图及等效电路图如图 1-3 所示。

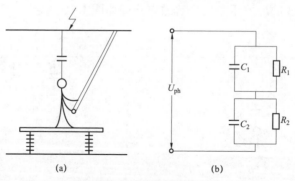

图 1-3　中间电位作业的位置示意图及等效电路

（a）位置示意图；（b）等效电路图

当作业人员站在绝缘梯上或绝缘平台上用绝缘杆进行作业，即属中间电位作业。此时人体电位是低于导电体电位、高于地电位的某一悬浮的中间电位。

采用中间电位法作业时，人体与导线之间构成一个电容 C_1，人体与地（杆塔）之间构成另一个电容 C_2，绝缘杆的电阻为 R_1，绝缘平台的绝缘电阻为 R_2，相电压为 U_{ph}。

作业人员通过两部分绝缘体分别与接地体和带电体隔开，这两部分绝缘体共同起着限制流经人体电流的作用，同时人体还要通过组合间隙来防止带电体通过人体对接地体发生放电。组合间隙由两段空气间隙组成。

一般来说，只要绝缘操作工具和绝缘平台的绝缘水平满足相关规定，由 R_1 和 R_2 组成的绝缘体即可将泄漏电流限制到微安级水平。只要两段空气间隙达到规定的作业间隙，由 C_1 和 C_2 组成的电容回路也可将通过人体的电容电流限制到微安级水平。

需要指出的是，在采用中间电位法作业时，带电体对地电压由组合间隙共同承受，人体电位是一悬浮电位，与带电体和接地体是有电位差的；因此，在作业过程中有以下要求。

（1）地面作业人员不允许直接用手向中间电位作业人员传递物品，原因：① 若直接接触或传递金属工具，由于二者之间的电位差，可能出现静电电击现象；② 若地面作业人员直接接触中间电位人员，相当于短接了绝缘平台，使绝缘平台的电阻 R_2 和人与地之间的电容 C_2 趋于零，不仅可能使泄漏电流急剧增大，而且因组合间隙变为单间隙，有可能发生空气间隙击穿，导致作业人员电击伤亡。

（2）当系统电压较高时，空间场强较高，中间电位作业人员应穿屏蔽服，避免因场强过大引起人的不适感。

（3）绝缘平台和绝缘杆应定期检验，保持良好的绝缘性能，其有效绝缘长度应满足相应电压等级规定的要求。除了有明确规定，其组合间隙一般应比相应电压等级的单间隙大 20% 左右。

3. 等电位作业工作原理

电造成人体有麻电感甚至伤亡的原因不在于人体所处电位的高低，而取决于流经人体的电流的大小。根据欧姆定律，当人体不同时接触有电位差的物体时，人体中就没有电流通过。从理论上讲，与带电体等电位的作业人员全身是同一电位，流经人体的电流为零，所以等电位作业是安全的。

当人体与带电体等电位后，假如两手（或两足）同时接触带电导线，且两手间的距离为 1m，那么作用在人体上的电位差即该段导线上的电压降。如导线型号为 LGJ－150，该段电阻为 0.00021Ω，当负荷电流为 200A 时，那么该电位差为 0.042V，设人体电阻为 1000Ω，那么通过人体的电流为 42μA，远小于人的感知电流 1mA（1000μA），人体无任何不适感。如果作业人员是穿屏蔽服作业，屏蔽服有旁路电流的作用，那么流过人体的电流将更小。

在等电位作业中，最重要的是进入或脱离等电位过程中的安全防护。带电导线周围的空间中存在着电场，一般来说，距带电导线的距离越近，空间场强越高。当把一个导电体置于电场之中时，在靠近高压带电体的一面将感应出与带电体极性相反的电荷；当作业人员沿绝缘体进入等电位时，由于绝缘体本身的绝缘电阻足够大，通过人体的泄漏电流将很小，但随着人与带电体的逐步靠近，人体与导线之间的局部电场越来越高。当人体与带电体之间距离减小到场强足以使空气发生游离时，带电体与人体之间将发生放电。当人体接近带电导线时，就会看见电弧发生并产生"啪啪"的放电声，这是正负电荷中和过程中电能转化成声、光、热能的缘故。当人体完全接触带电体后，中和过程完成，人体与带电体达到同一电位。

在实现等电位的过程中，将发生较大的暂态电容放电电流，其等值电路及放电回路如图 1－4 所示。U_C 为人体与带电体之间的电位差，这一电位差作用在人体与带电体所形成的电容 C 上，在等电位的过渡过程中，形成一个放电回路，放电瞬间相当于开关 S 接通瞬间，此时限制电流的只有人体电阻 R_1，冲击电流初始值 I 可由欧姆定律求得：

$$I = U_C/R_1 \qquad\qquad (1-2)$$

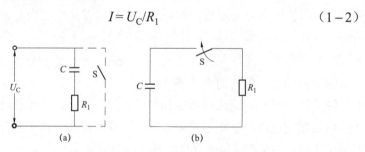

图 1－4   等电位作业等值电路及放电回路
（a）等值电路；（b）过渡过程中的放电回路

对于 110kV 或更高等级的输电线路，冲击电流初始值一般约为十几至数十安培，由此可见，冲击电流的初始值较大，因此作业人员必须身穿全套屏蔽服，通过导电手套或等电位转移棒去接触导线。如果直接徒手接触导线，则会对人体产生强烈的刺激，有可能导致电气烧伤或引发二次事故。由于冲击电流是一脉冲放电电流，持续时间短、衰减快，穿用屏蔽服可起到良好的旁路效果，使直接流入人体的冲击电流非常小，而且屏蔽服的持续通流容量较大，暂态冲击电流也不会对屏蔽服造成损坏。

在作业人员脱离高电位时，即人体与带电体分开并有一空气间隙时，相当于出现了电容器的两个极板，静电感应现象同时出现，电容器复被充电。当这一间隙很小，场强高到足以使空气发生游离时，带电体与人体之间又将发生放电，就会出现电弧并发出"啪啪"的放电声。所以每次移动作业位置时，若人体没有与带电体保持同电位的话，都要出现充电和放电的过程。当等电位作业人员靠近导线时，如果动作迟缓并与导线保持在空气间隙易被击穿的临界距离，那么空气绝缘时而击穿、时而恢复，就会发生电容与系统之间的能量反复交换，这些能量部分转化为导电手套的热能，因此进入等电位和脱离等电位都应动作迅速。

等电位过渡的时间是非常短的，当人手与导线握紧之后，大约经过零点几微秒，冲击电流就衰减到最大值的 1%以下，等电位进入稳态阶段。虽然人体有两点与该带电导线接触，但由于两点之间的电压降很小，流过人体的电流是微安级的水平。从以上分析来看，等电位作业是安全的，但应注意以下几点：

（1）作业人员借助某一绝缘工具（硬梯、软梯、吊篮、吊杆等）进入高电位时，该绝缘工具应性能良好且保持与电压等级相适应的有效绝缘长度，使通过人体的泄漏电流控制在微安级的水平。

（2）其组合间隙的长度必须满足相关规程规定，使放电概率控制在 10^{-5} 以下。

（3）在进入或脱离等电位时，要防止暂态冲击电流和高电场对人体的影响。因此，在等电位作业中，作业人员必须穿戴全套屏蔽用具，实施安全防护。

三、带电作业常用安全数据

（一）绝缘配合

考虑绝缘配合有惯用法和统计法两种方法。

1. 绝缘配合的惯用法

惯用法是目前在带电作业中采用得最广泛的绝缘配合方法，其基本出发点是使带电作业间隙或工具的耐受电压值高于系统可能出现的最大过电压值，并留有一定的安全裕度。

在绝缘配合惯用法中，系统最大过电压、绝缘耐受电压与安全裕度三者之间的关系为：

$$A = \frac{U_W}{U_{0 \cdot max}} = \frac{U_W}{U_N \sqrt{2/3} K_r K_0} \qquad （1-3）$$

式中：A 为安全裕度；U_W 为绝缘的耐受电压（kV）；$U_{0 \cdot max}$ 为系统最大过电压（kV）；U_N 为系统额定电压（有效值）（kV）；K_r 为电压升高系数；K_0 为系统过电压倍数。

2. 绝缘配合的统计法

统计法是根据在计算和大量统计资料的基础上得到的过电压概率密度分布曲线，以及通过试验得到的绝缘放电电压的概率密度分布曲线，用计算的方法求出由过电压引起绝缘损坏的故障概率，正确地确定绝缘水平。

在实际工程中采用统计法进行绝缘配合是相当烦琐和困难的，因此通常采用简化统计法。IEC 推荐的简化统计法，是对过电压和绝缘电气强度的统计规律做出一些合理的假设，使得过电压和绝缘电气强度的概率分布曲线可用与某一参考概率相对应的点来表示（称为统计过电压和统计绝缘耐压），在此基础上可以计算绝缘的故障率。

目前，绝缘配合的统计法只能用于自恢复绝缘，而要得出非自恢复绝缘击穿电压的概率分布是非常困难的。通常对 220kV 及以下的自恢复绝缘采用惯用法，而对 330kV 及以上的自恢复绝缘采用简化统计法考虑绝缘配合。

（二）绝缘损坏危险率

在带电作业中，通常将绝缘破坏的概率称为危险率。不同塔型上，用不同的作业方式进行带电作业时，其安全程度是不一样的，因此必须逐一经过检验。目前的检验方法是首先进行真型塔试验，然后根据试验结果计算出危险率。可以接受的危险率判据为小于 10^{-5}，即每出现一次最大过电压，带电作业间隙的放电概率应小于十万分之一。

设系统操作过电压的概率分布和空气间隙击穿的概率都服从正态分布，带电作业的危险率 R_0 为：

$$
\begin{cases}
R_0 = \dfrac{1}{2} \displaystyle\int_0^\infty P_0(U) P_d(U) \mathrm{d}U \\[2ex]
P_0(U) = \dfrac{1}{\sigma_0 \sqrt{2\pi}} \mathrm{e}^{-\frac{1}{2}\left(\frac{U-U_{av}}{\sigma_0}\right)^2} \\[2ex]
P_d(U) = \displaystyle\int_0^U \dfrac{1}{\sigma_d \sqrt{2\pi}} \mathrm{e}^{-\frac{1}{2}\left(\frac{U-U_{50\%}}{\sigma_d}\right)^2} \mathrm{d}U
\end{cases}
\tag{1-4}
$$

式中：$P_0(U)$ 为操作过电压幅值 U 的概率密度分布函数；$P_d(U)$ 为空气间隙在幅值为 U 的操作过电压下放电的概率分布函数；U_{av} 为操作过电压平均值（kV）；

σ_0 为操作过电压的标准偏差（kV）；$U_{50\%}$ 为空气间隙的 50% 操作冲击放电电压（kV）；σ_d 为空气间隙 50% 操作冲击放电电压的标准偏差。

运用上述数学模型可编制计算程序，根据试验结果计算相应的带电作业危险率。在计算中，系统相对地最大操作过电压为 $U_{0.13\%}$，操作过电压平均值 U_{av} 为：

$$U_{av} = \frac{U_{0.13\%}}{1 + 3[\delta]} \qquad (1-5)$$

式中：$[\delta]$ 为过电压相对标准偏差。

如加挂保护间隙后，带电作业危险率的计算须将保护间隙的放电特性考虑进去。

以 $P_p(U)$ 表示保护间隙在操作冲击电压下的放电概率分布函数，则保护间隙在操作冲击电压下的放电概率为 $P_p(U)$，不放电的概率为 $1 - P_p(U)$。因此，带电作业的危险率 R_1 为：

$$R_1 = \int_{U_{ph \cdot m}}^{\infty} P_0(U)[1 - P_p(U)]P_d(U)dU \qquad (1-6)$$

（三）带电作业的事故率

带电作业的事故率是指开展带电作业工作时，作业间隙因操作过电压而放电所造成事故的概率。事故率的大小取决于许多因素，如一年中进行带电作业的天数、作业人员处于"危险状态或位置"的实际时间、一年中线路的操作与跳闸次数、系统操作过电压极性以及作业间隙的放电危险率等。

带电作业的事故率与带电作业的危险率是两个不同的概念，两者有紧密的联系，危险率大，事故率也必然高。危险率是无量纲的数值。事故率习惯采用每百千米线路在一年中发生的次数进行统计，故以 1/（百千米·年）为单位。

（四）带电作业的安全距离

安全距离是指为了保证人身安全，地电位作业人员与带电体之间或等电位作业人员与接地体之间所应保持的最小空气距离。确定最小安全距离的基本原则是在最小电气间隙距离的基础上增加一个合理的人体活动增量。一般而言，增量可取 0.5m。最小组合间隙是指在作业间隙中的作业人员处于最低的 50% 操作冲击放电电压位置时，人体对接地体和对带电体两者应保持的距离之和。

在规定的安全间距下，带电作业中即使产生了最高过电压，该间隙可能发生击穿的概率总是低于预先规定的可接受值。在确定带电作业安全距离时，过去基本上不考虑系统、设备和线路长短，一律按系统可能出现的最大过电压来确定。这对部分小塔窗线路、紧凑型线路、升压改造线路的带电作业带来了限制和困难。实际上，当线路长度不一样、系统结构不一样、设备不一样、作业工况不一样时，不同线路的操作过电压会有较大差别。如果装有合闸电阻或在带电作业时已停用自动重合闸，带电作业时的实际过电压倍数将较系统中的最大过电压低。因此，在计算带电作业的安全距离和危险率时，应根据作业时的实际过电压倍数来计算分析。不同系统的过电压值可通过暂态网络分析仪（TNA）或数字计算机应用专用程序计算求得。在实际作业中，如果无该线路的操作过电压计算数据和测量数据，无法确定带电作业时的实际过电压倍数时，则应按该系统可能出现的最大过电压倍数来确定安全距离。如果通过计算和测量已知该线路的实际过电压倍数，则可采用相关标准中推荐的方法进行计算并通过试验来加以校核确定。

带电作业最小安全距离包括带电作业最小电气间隙及人体允许活动范围。在 IEC 标准中，最小电气间隙是指在带电作业工作点可防止发生电气击穿的最小间隙距离。最小电气间隙的确定受到多种因素的影响，主要包括间隙外形、放电偏差、海拔、电压极性等。一般来说，作业间隙的形状对放电电压有明显的影响。在正极性标准冲击电压下，棒—板结构的放电电压最低，其间隙系数为 1.0。对于其他不同的间隙结构，可通过真型试验求出不同电极结构下的间隙系数。

1. 带电作业间隙操作冲击放电特性

由《绝缘配合 第 2 部分：应用指南》（IEC 60071 – 2—2018）推荐的空气间隙缓波前过电压绝缘特性经验式为：

$$\left. \begin{array}{l} U_{50\%} = KU_{50RP} \\ U_{50RP} = 500S^{0.6} \end{array} \right\} \qquad (1-7)$$

式中：S 为空气间隙距离；K 为间隙系数；U_{50RP} 为相应电压波形及间隙距离下棒—板间隙操作冲击 50% 放电电压。

研究中，可根据各带电作业间隙结构的操作冲击放电试验数据，计算求取其间隙系数 K（考虑安全裕度，本书中 K 取最小值），得出该带电作业间隙结构的操作冲击放电电压计算式及拟合曲线。

2. 海拔修正

试验数据应修正为标准气象条件下的数据。

在确定带电作业最小安全距离和最小组合间隙时，需考虑海拔的影响。海拔校正系数 K_a 采用 IEC 60071.2 推荐公式：

$$K_a = e^{m\left(\frac{H}{8150}\right)} \tag{1-8}$$

式中：H 为海拔（m）；m 为与间隙结构形式及电压幅值相关的系数（m 的取值可以从图 1-5 查出）。

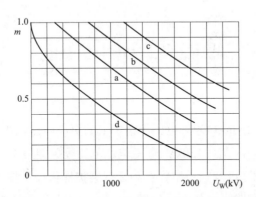

图 1-5　海拔校正公式中系数 m 的取值曲线

a—相对地绝缘；b—纵绝缘；c—相间绝缘；d—棒—板间隙（标准间隙）

第二章

750kV 输电线路带电作业

750kV 输电线路是 330kV 电压等级之上的更高电压输电线路,目前已在我国西北地区广泛应用。在 750kV 输变电示范工程关键技术研究中,为给线路杆塔设计提供参数,以及为带电作业和运行维护提供技术依据和规程规范,需要对 750kV 输电线路带电作业进行试验研究。国外已建有 750kV 输电线路并开展了带电作业,但由于国外的线路结构、线路所经区域的海拔、带电作业方式及工具与国内的均不同,并无现成的方式及参数可供搬用,需要结合我国 750kV 工程及线路实际结构进行带电作业方式及工器具的研究。本章结合 750kV 输变电示范工程,研究了 750kV 线路带电作业的安全距离、组合间隙、作业方式、作业工具和安全防护用具,研究结果为在 750kV 输电线路上安全开展带电作业提供了技术依据。

第一节 750kV 单回输电线路带电作业

一、线路基本情况

1. 塔型结构

750kV 官亭—兰州东输电线路(简称"官兰线")全线为单回路架设,铁塔主要采用了斜柱式基础,共有铁塔 263 基(另有 4 基换位子塔),其中直线塔 228 基(含直线转角塔 13 基、直线拉门塔 5 基)、耐张塔 33 基(含耐张换位 3 基)、终端塔 2 基。共有 258 基自立塔(酒杯塔、干字型塔)和 5 基试验性拉门塔。铁塔最大呼称高为 67.5m(4 号),最小呼称高为 27m(25 号)。750kV 输变电示范工程典型塔型如图 2-1 所示。

2. 运行方式和线路参数

系统最高运行电压为 800kV,导线型号为 6×LGJ-400/50,分裂间距为

400mm，相间距离为 16.5m，地线间距为 28m，导线平均距地高度为 31.5m，地线距地平均高度为 43.5m，线路沿线土壤电阻率为 500Ω·m，一根地线为光纤复合架空地线（OPGW），另一根为铝包钢绞线。

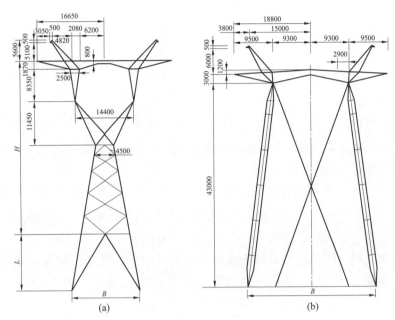

图 2-1 750kV 输变电示范工程典型塔型

（a）酒杯塔；（b）拉门塔

750kV 输变电示范工程不同运行方式下的母线电压和潮流见表 2-1，线路参数见表 2-2。

表 2-1 750kV 输变电示范工程不同运行方式下的母线电压和潮流

运行方式	母线电压（kV）				潮流（MW+jMvar）		
	官亭	兰州东	平凉	关中	官亭—兰州东	兰州—平凉	平凉—关中
夏大	791.0	798.4	800.1	792.8	696.5−j44.8	732.2−j115.7	728.7+j16.3
夏小	785.1	791.0	789.2	779.0	538.1−j13.8	680.6−j80.8	677.4+j54.8
冬大	643.8	650.1	653.6	646.0	305.0−j47.7	227.4−j148.1	226.5+j43.8
冬小	770.5	778.3	787.6	785.8	−575.5−j0.6	−678.7−j125.3	−682.0+j4.9
过渡	784.1	788.1	—	—	596.7+j23.2	—	—

表 2-2   750kV 输变电示范工程线路参数

线路名称	线路长度（km）	正序			零序		
		电阻（Ω/km）	感抗（Ω/km）	电容（μF/km）	电阻（Ω/km）	感抗（Ω/km）	电容（μF/km）
官兰	146						
兰平	305	0.012182	0.26654	0.0138869	0.15715	1.1382	0.00953529
平关	224						

3. 带电作业操作过电压水平

操作过电压幅值、过电压波形是影响带电作业安全间距的关键因素。应根据 750kV 输电系统的过电压实际计算值，并结合带电作业时过电压可能出现的类型来确定作业时的过电压水平。

在考虑带电作业工作中的操作过电压水平时，不需考虑合空载线路过电压。另外，在带电作业工作中，对于中性点有效接地的系统中有可能引起单相接地的作业，按《电业安全工作规程（电力线路部分）》（DL 409—1991）应停用自动重合闸，因此也不必考虑单相重合闸过电压。在带电作业工作中，主要是根据单相接地故障和故障清除过电压来确定操作过电压水平。根据 750kV 输电系统的过电压实际计算值，官兰线的全线最大过电压不大于 1.69p.u.，兰平关线（兰州东—平凉—关中）的全线最大过电压不大于 1.80p.u.。在确定带电作业的安全距离时，可根据以上线路的实际操作过电压水平来计算校核。

4. 危险率的计算

设系统操作过电压的概率分布和空气间隙击穿的概率分布都服从正态分布，带电作业的危险率可由式（1-6）求得。在计算中，根据设计要求，取 750kV 系统的最高工作电压 800kV，操作过电压的相对标准偏差为 12%。根据数学模型编制计算程序，根据试验结果计算相应的带电作业危险率。

5. 海拔修正

为满足工程实际需求，分别计算了海拔 0（标准气象条件）、1000、1500、2000、2500、3000m 处的带电作业最小安全距离及最小组合间隙。

二、试验条件

试验是在特高压户外试验场进行的。场地面积为（120×445）m²，试验在 3#门型塔上进行，3#门型塔高 60m，南北宽度为 70m。试验布置如图 2-2 所示。

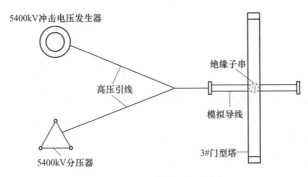

图 2-2　试验布置示意图

1. 模拟塔

（1）直线塔边相试验所用的模拟塔头结构。由模拟横担与模拟塔腿两部分组成，采用轻型高强度角钢拼接，悬挂在 3#门型塔下。模拟横担长 12m、宽1.4m；模拟塔腿长 20m、宽 1.4m。绝缘子串挂在模拟横担下，距塔腿的距离可按试验需要自由调节。绝缘子串下端挂有模拟导线。模拟导线离地高度为26m，悬垂角为 5°～8°，与实际线路相接近。

（2）中相试验所用的模拟塔窗结构。

1）酒杯塔中相试验所用的模拟塔窗结构。酒杯塔中相试验所用的模拟塔窗采用轻型高强度角钢拼接，悬挂在 3#门型塔下。模拟导线离地高度为26m，悬垂角为 5°～8°，与实际线路相接近。绝缘子串采用 V 形悬挂方式，每串采用 35 片 LXP-300 型绝缘子，两端金具长度分别为 1370mm 及 480mm。通过改变塔窗构架与中相导线间的距离，进行不同间隙距离及不同工况下的放电试验。

2）拉门塔中相试验所用的模拟塔窗结构。拉门塔中相试验所用的模拟塔窗悬挂在 3#门型塔下。绝缘子串采用 V 形悬挂方式。试验所用的模拟导线、绝缘子、悬挂金具等与酒杯塔试验相同通过改变塔窗构架与中相导线间的距离，进行不同间隙距离及不同工况下的放电试验。

（3）耐张塔。利用特高压户外场内现有的 2#与 3#门型塔之间的耐张线段。在 3#塔侧的双联耐张绝缘子串上，自导线侧向 3#门型塔方向 30 片绝缘子处，架设了一个模拟塔腿。在绝缘子串水平面以上的塔腿部分长为 8m，绝缘子串水平面下的塔腿部分长为 12m，塔腿总长为 20m、宽为 1.4m。

2. 模拟导线

选择六分裂导线作为本次试验的主要对象。每根子导线直径为 ϕ23mm，子导线中心线间距为 400mm，分裂直径为 800mm，总长为 20m，悬垂角为 5°～8°，采用镀锌铁管制成。两端各有一个直径为 $\phi1.8m$ 的均压环。

3. 模拟人

模拟人由铝合金制成，与实际人体的形态及结构一致，四肢可以自由弯曲，以便调整其各种姿态。其站姿高度为 1.8m，坐姿高度为 1.45m，身宽为 0.5m。

4. 绝缘子串

采用工程实际使用的绝缘子，型号为 LXP-300，其结构高度为 195mm，伞裙直径为 320mm。

三、带电作业安全距离试验研究

1. 直线塔边相带电作业安全距离试验研究

大量的试验表明，人在导线（高电位）时对杆塔构架的放电电压 $U_{50\%}$ 要比人在塔身（地电位）对导线的放电电压 $U_{50\%}$ 低。因此，着重进行了人在高电位对杆塔各间隙的放电试验。

直线塔边相带电作业安全距离试验如图 2-3 所示。

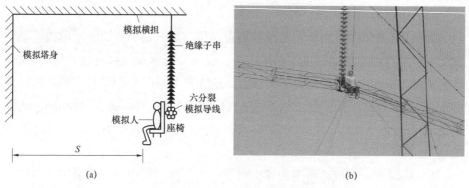

(a)　　　　　　　　　　　　(b)

图 2-3　直线塔边相带电作业安全距离试验

(a) 试验布置示意图；(b) 现场实景

改变杆塔构架至模拟人之间的距离 S，得出操作冲击放电电压 $U_{50\%}$。当安全距离 S 在 3.13～4.5m 之间变化时，放电电压 $U_{50\%}$ 随 S 的变化曲线如图 2-4 所示。

直线塔边相带电作业最小安全距离的确定。在系统最高工作电压为 800kV，最大过电压为 1.69p.u. 和 1.80p.u. 时，直线塔边相带电作业最小安全距离见表 2-3。带电作业最小安全距离是满足放电危险率的最小间隙距离并考虑人体允许活动范围 0.5m 后求得。

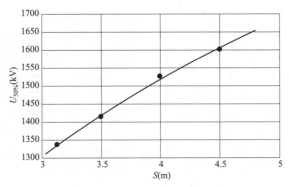

图 2-4 直线塔边相带电作业安全距离试验放电特性曲线

表 2-3   直线塔边相带电作业最小安全距离

线路名称	系统最高工作电压（kV）	最大过电压（p.u.）	放电电压 $U_{50\%}$（kV）	最小间隙距离（m）	危险率	人体允许活动范围（m）	最小安全距离（m）
官兰	800	1.69	1350	3.2	6.04×10^{-6}	0.5	3.7
兰平关	800	1.80	1440	3.6	5.70×10^{-6}	0.5	4.1

在《带电作业工具基本技术要求与设计导则》（GB/T 18037—2008）中，规定可以接受的危险率水平为 1.0×10^{-5}，在满足表 2-3 所规定的安全距离时，计算得出的危险率应小于这一数值。

直线塔边相带电作业最小安全距离海拔修正结果，海拔修正结果见表 2-4。

表 2-4   直线塔边相带电作业最小安全距离海拔修正结果   （m）

操作过电压倍数		海拔					
		0（标准气象条件）	1000	1500	2000	2500	3000
官兰	最小间隙距离	3.2	3.7	3.9	4.3	4.6	5.0
	最小安全距离	3.7	4.2	4.4	4.8	5.1	5.5
兰平关	最小间隙距离	3.6	4.0	4.3	4.6	4.9	5.2
	最小安全距离	4.1	4.5	4.8	5.1	5.4	5.7

2. 酒杯塔中相带电作业安全距离试验研究

（1）作业人员与塔窗侧边构架安全距离试验。

1）等电位作业位置。模拟人身穿绝缘屏蔽服，头部与模拟导线上沿在同一水平面，直接与模拟导线紧密接触（等电位）。酒杯塔中相等电位带电作业人员与塔窗侧边构架安全距离试验如图 2-5 所示。

改变杆塔侧边构架与模拟人之间的间隙距离 S，求取放电电压 $U_{50\%}$ 与变异

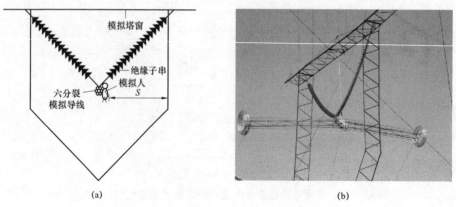

(a)　　　　　　　　　　　　　　　(b)

图 2-5　酒杯塔中相等电位作业人员与塔窗侧边构架安全距离试验

（a）试验布置示意图；（b）现场实景

系数 Z。酒杯塔中相等电位作业人员与塔窗侧边构架安全距离试验放电特性曲线如图 2-6 所示。

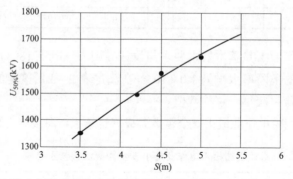

图 2-6　酒杯塔中相等电位作业人员与塔窗侧边构架安全距离试验放电特性曲线

2）地电位作业位置。其试验布置如图 2-7 所示。

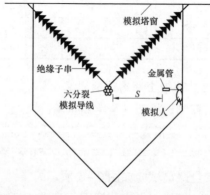

图 2-7　酒杯塔中相地电位作业人员与塔窗侧边构架安全距离试验布置示意图

改变模拟导线与塔窗侧边构架之间的间隙距离 S，求取放电电压 $U_{50\%}$。酒杯塔中相地电位作业人员与塔窗侧边构架安全距离试验放电特性曲线如图 2-8 所示。

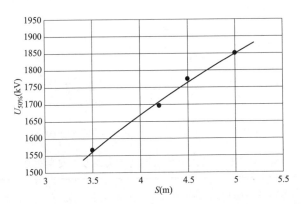

图 2-8 酒杯塔中相地电位作业人员与塔窗侧边构架安全距离试验放电特性曲线

（2）酒杯塔中相作业人员与塔窗顶部构架安全距离试验。其试验布置如图 2-9 所示。

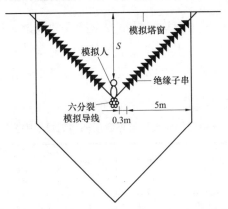

图 2-9 酒杯塔中相作业人员与塔窗顶部构架安全距离试验布置示意图

改变模拟人头部与顶部构架之间的间隙距离 S，求取放电电压 $U_{50\%}$。酒杯塔中相带电作业人员与塔窗顶部构架安全距离放电特性曲线如图 2-10 所示。

（3）酒杯塔中相带电作业最小安全距离的确定。

1）作业人员与塔窗侧边构架最小安全距离的确定。综合作业人员在等电位作业位置和地电位作业位置两种工况下的试验结果，计算求得在系统最大过电压为 1.69p.u.和 1.80p.u.时，酒杯塔中相作业人员与塔窗侧边构架的最小安全距离见表 2-5。

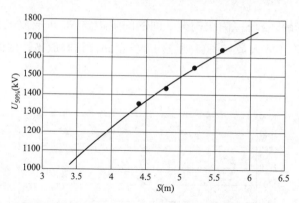

图2-10　酒杯塔中相作业人员与塔窗顶部构架安全距离试验放电特性曲线

表2-5　　　酒杯塔中相作业人员与塔窗侧边构架最小安全距离

线路名称	系统最高工作电压（kV）	最大过电压（p.u.）	放电电压 $U_{50\%}$（kV）	最小间隙距离（m）	危险率	人体允许活动范围（m）	最小安全距离（m）
官兰	800	1.69	1354	3.5	5.37×10^{-6}	0.5	4.0
兰平关	800	1.80	1441	3.9	5.54×10^{-6}	0.5	4.4

2）作业人员与塔窗顶部构架最小安全距离的确定。根据试验结果，当作业人员在塔窗中作业时，尤其是在模拟导线上进行等电位作业时，对顶部构架的安全距离应大于对侧边构架的安全距离。酒杯塔中相作业人员与塔窗顶部构架的最小安全距离见表2-6。

表2-6　　　酒杯塔中相作业人员与塔窗顶部构架最小安全距离

线路名称	系统最高工作电压（kV）	最大过电压（p.u.）	放电电压 $U_{50\%}$（kV）	最小间隙距离（m）	危险率	人体允许活动范围（m）	最小安全距离（m）
官兰	800	1.69	1366	4.5	3.77×10^{-6}	0.5	5.0
兰平关	800	1.80	1445	4.8	4.96×10^{-6}	0.5	5.3

从试验结果可看出：在同样的间隙距离下，模拟人（等电位）对侧边构架的放电电压要高于对顶部构架的放电电压。这是因为当模拟人成站姿或坐姿位于模拟导线上时，对塔窗顶部构架形成明显的棒—板电极。所以，当模拟人距侧边构架和顶部构架距离相同时，放电路径大部分为沿模拟人头部至塔窗顶部构架。因此，为提高带电作业的安全性，在选择进入等电位作业的路径时，作业人员应从塔窗侧面水平进入，而不应从塔窗顶部垂直进入。

　　酒杯塔中相带电作业最小安全距离海拔修正结果，对塔窗侧边构架带电作业修正结果见表 2-7，对塔窗顶部构架带电作业校正结果见表 2-8。

表 2-7　　　　　酒杯塔中相带电作业人员与塔窗侧边构架最小

安全距离海拔修正结果　　　　　　　　　　（m）

操作过电压倍数		海拔					
		0（标准气象条件）	1000	1500	2000	2500	3000
官兰	最小间隙距离	3.5	4.0	4.2	4.5	4.9	5.3
	最小安全距离	4.0	4.5	4.7	5.0	5.4	5.8
兰平关	最小间隙距离	3.9	4.3	4.6	4.8	5.1	5.5
	最小安全距离	4.4	4.8	5.1	5.3	5.6	6.0

表 2-8　　　　　酒杯塔中相作业人员与塔窗顶部构架最小

安全距离海拔修正结果　　　　　　　　　　（m）

操作过电压倍数		海拔					
		0（标准气象条件）	1000	1500	2000	2500	3000
官兰	最小间隙距离	4.5	4.9	5.1	5.3	5.6	5.9
	最小安全距离	5.0	5.4	5.6	5.8	6.1	6.4
兰平关	最小间隙距离	4.8	5.2	5.3	5.5	5.8	6.0
	最小安全距离	5.3	5.7	5.8	6.0	6.3	6.5

3. 拉门塔中相带电作业安全距离试验研究

（1）作业人员与塔窗侧边构架安全距离试验。

1）等电位作业位置。试验布置如图 2-11 所示。

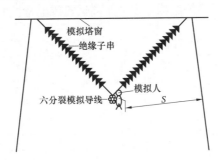

图 2-11　拉门塔中相等电位作业人员与塔窗侧边构架安全距离试验布置示意图

　　改变杆塔侧边构架与模拟人之间的间隙距离 S，求取 $U_{50\%}$。拉门塔中相等电位作业人员与塔窗侧边构架安全距离试验放电特性曲线如图 2-12 所示。

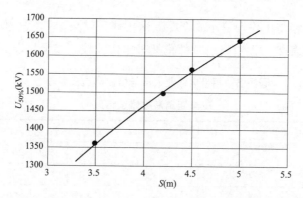

图2-12　拉门塔中相等电位作业人员与塔窗侧边构架安全距离试验放电特性曲线

2）地电位作业位置。拉门塔中相地电位作业人员与塔窗顶部构架安全距离试验如图2-13所示。

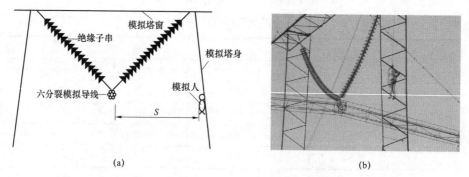

图2-13　拉门塔中相地电位作业人员与塔窗顶部构架安全距离试验
（a）试验布置示意图；（b）现场实景

改变模拟导线与塔窗侧边构架的间隙距离 S，求取放电电压 $U_{50\%}$。拉门塔中相地电位作业人员与塔窗侧边构架安全距离试验放电特性曲线如图2-14所示。

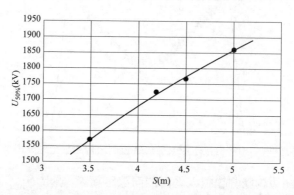

图2-14　拉门塔中相地电位作业人员与塔窗顶部构架安全距离试验放电特性曲线

（2）作业人员与塔窗顶部构架安全距离试验，如图 2-15 所示。

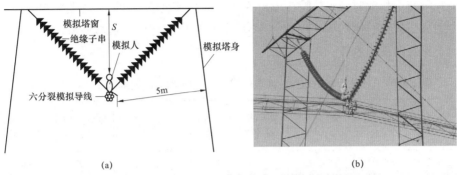

（a）　　　　　　　　　　　　　　　　（b）

图 2-15　拉门塔中相作业人员与塔窗顶部构架安全距离试验

（a）试验布置示意图；（b）现场实景

改变模拟人头部与杆塔构架的间隙距离 S，求取放电电压 $U_{50\%}$。拉门塔中相作业人员与塔窗顶部构架安全距离试验放电特性曲线如图 2-16 所示。

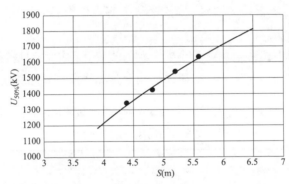

图 2-16　拉门塔中相作业人员与塔窗顶部构架安全距离试验放电特性曲线

（3）拉门塔中相带电作业最小安全距离的确定。

1）作业人员与塔窗侧边构架最小安全距离的确定。综合作业人员在等电位作业位置和地电位作业位置两种工况下的试验结果，计算求得在系统最大过电压为 1.69p.u. 和 1.80p.u. 时，拉门塔中相作业人员与塔窗侧边构架的最小安全距离见表 2-9。

表 2-9　　　　拉门塔中相作业人员与塔窗侧边构架最小安全距离

线路名称	系统最高工作电压（kV）	最大过电压（p.u.）	放电电压 $U_{50\%}$（kV）	最小间隙距离（m）	危险率	人体允许活动范围（m）	最小安全距离（m）
官兰	800	1.69	1359	3.5	4.63×10^{-6}	0.5	4.0
兰平关	800	1.80	1444	3.9	5.10×10^{-6}	0.5	4.4

作业人员与塔窗顶部构架最小安全距离的确定。根据试验结果，当作业人员在塔窗中作业时，尤其是在模拟导线上进行等电位作业时，对顶部构架的安全距离应大于对侧边构架的安全距离。拉门塔中相作业人员与塔窗顶部构架的最小安全距离见表2-10。

表2-10　　　　　拉门塔中相作业人员与塔窗顶部构架最小安全距离

线路名称	系统最高工作电压（kV）	最大过电压（p.u.）	放电电压 $U_{50\%}$（kV）	最小间隙距离（m）	危险率	人体允许活动范围（m）	最小安全距离（m）
官兰	800	1.69	1360	4.5	4.50×10^{-6}	0.5	5.0
兰平关	800	1.80	1439	4.8	5.85×10^{-6}	0.5	5.3

从试验结果可看出：与酒杯塔类似，在同样的间隙距离下，模拟人（等电位）对侧边构架的放电电压要高于对顶部构架的放电电压。放电路径大部分为沿模拟人头部至塔窗顶部构架。在选择进入等电位作业的路径时，作业人员应从塔窗侧面水平进入。

2）拉门塔中相带电作业最小安全距海拔修正结果，对塔窗侧边构架带电作业校正结果见表2-11，对塔窗顶部构架带电作业校正结果见表2-12。

表2-11　　　　　拉门塔中相带电作业人员与塔窗侧边构架最小
安全距离海拔修正结果　　　　　　　　　　（m）

操作过电压倍数		海拔					
		0（标准气象条件）	1000	1500	2000	2500	3000
官兰	最小间隙距离	3.5	4.0	4.3	4.6	4.9	5.4
	最小安全距离	4.0	4.5	4.8	5.1	5.4	5.9
兰平关	最小间隙距离	3.9	4.3	4.6	4.8	5.2	5.5
	最小安全距离	4.4	4.9	5.1	5.4	5.7	6.0

表2-12　　　　　拉门塔中相带电作业人员与塔窗顶部构架最小
安全距离海拔修正结果　　　　　　　　　　（m）

操作过电压倍数		海拔					
		0（标准气象条件）	1000	1500	2000	2500	3000
官兰	最小间隙距离	4.5	4.9	5.1	5.3	5.6	5.9
	最小安全距离	5.0	5.4	5.6	5.8	6.1	6.4

续表

操作过电压倍数		海拔					
		0 (标准气象条件)	1000	1500	2000	2500	3000
兰平关	最小间隙距离	4.8	5.2	5.4	5.6	5.8	6.0
	最小安全距离	5.3	5.7	5.9	6.1	6.3	6.5

四、带电作业组合间隙试验研究

1. 直线塔边相带电作业组合间隙试验研究

对 750kV 线路等电位作业时进入高电位的方式有多种：沿绝缘硬梯水平进入，人在吊篮中水平摆入，软、硬梯摆入或用吊椅沿滑轨水平进入。这些方式中，作业人员都是采用坐姿或蹲姿，其外形尺寸基本相同，运动轨迹十分接近。在试验中，采用坐吊椅沿滑轨水平进入的方式。结合作业人员进入等电位的实际作业工况，试验求取在不同组合间隙下的放电电压 $U_{50\%}$。

根据已进行的大量杆塔试验可知：在 3～5m 的范围内，对于任一固定值的组合间隙，在人体离开导线（高电位）的某一位置处，该组合间隙具有最低的 $U_{50\%}$。因此本项试验分为两个部分：

一是在固定 $S=S_1+S_2$ 不变的情况下，改变人体在组合间隙中的位置，求取最低放电电压位置及最低放电电压 $U_{50\%}$。其中，S_1 为人体距塔身的距离，S_2 为人体距模拟导线的距离，S 为 S_1 与 S_2 两间隙之和。

二是将模拟人吊放在最低放电位置处不变，改变塔身与模拟人之间的距离 S_1，求取相应的 $U_{50\%}$，并作出 $U_{50\%}$—S 的曲线，从而求出最小组合间隙 S 值。

直线塔边相带电作业组合间隙试验如图 2-17 所示。

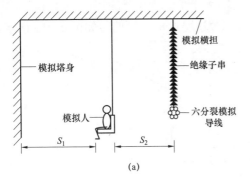
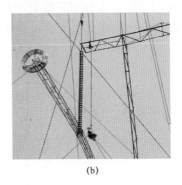

(a)　　　　　　　　　　　　(b)

图 2-17　直线塔边相带电作业组合间隙试验

（a）试验布置示意；（b）现场实景

（1）确定最低放电位置。取总间隙不变，分别改变 S_1、S_2 的值，进行操作冲击放电试验，当 $S=4.5\text{m}$ 时，试验结果列于表 2-13 中。

表 2-13   直线塔边相带电作业最低放电位置

最小组合间隙 S（m）	模拟导线与模拟人距离 S_2（m）	塔身与模拟人距离 S_1（m）	放电电压 $U_{50\%}$（kV）	变异系数 Z（%）
4.5	0	4.5	1602	6.1
	0.4	4.1	1516	4.2
	0.8	3.7	1655	4.9
	1.5	3.0	1671	5.0

从试验结果可以看出，最低放电位置在距导线（高电位）约 0.4m 处。直线塔边相作业人员在不同位置时的放电特性曲线如图 2-18 所示。

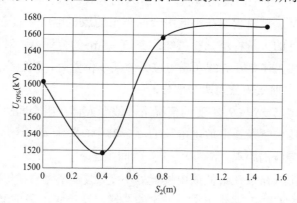

图 2-18   直线塔边相作业人员在不同位置时的放电特性曲线

（2）确定组合间隙放电。取 $S_2=0.4\text{m}$ 不变，改变 S_1 的值，进行操作冲击放电试验。直线塔边相带电作业组合间隙试验放电特性曲线如图 2-19 所示。

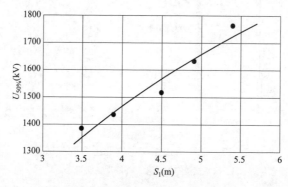

图 2-19   直线塔边相带电作业组合间隙试验放电特性曲线

（3）确定最小组合间隙。在系统最大过电压为 1.69p.u.和 1.80p.u.时，对应的组合间隙及放电危险率见表 2-14。其放电危险率小于 1.0×10^{-5}，满足带电作业的安全要求。

表 2-14　　　　　　直线塔边相带电作业最小组合间隙

线路名称	系统最高工作电压（kV）	最大过电压（p.u.）	放电电压 $U_{50\%}$（kV）	最小间隙距离（m）	危险率	人体占位间隙（m）	最小组合间隙（m）
官兰	800	1.69	1352	3.5	5.70×10^{-6}	0.5	4.0
兰平关	800	1.80	1445	3.9	4.96×10^{-6}	0.5	4.4

直线塔边相带电作业最小组合间隙海拔修正结果，校正结果见表 2-15。

表 2-15　　　直线塔边相带电作业最小组合间隙海拔修正结果　　　　（m）

操作过电压倍数		海拔					
		0（标准气象条件）	1000	1500	2000	2500	3000
官兰	最小间隙距离	3.5	4.0	4.2	4.5	4.8	5.2
	最小组合间隙	4.0	4.5	4.7	5.0	5.3	5.7
兰平关	最小间隙距离	3.9	4.3	4.6	4.8	5.1	5.4
	最小组合间隙	4.4	4.8	5.0	5.3	5.6	6.0

2. 酒杯塔中相带电作业组合间隙试验研究

在试验中，采用坐吊椅沿滑轨水平进入的方式，作业人员头部与模拟导线在同一水平线上。模拟进入等电位的实际作业工况，试验求取在不同组合间隙下的放电电压 $U_{50\%}$。酒杯塔中相带电作业组合间隙试验如图 2-20 所示。

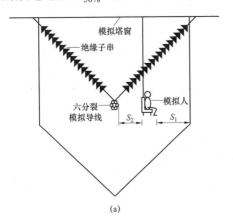
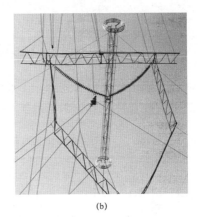

图 2-20　酒杯塔中相带电作业组合间隙试验

（a）试验布置示意图；（b）现场实景

（1）确定最低放电位置。改变模拟人在组合间隙中的位置，根据最低放电电压来确定最低放电位置。从试验结果得出，最低放电位置在距导线（高电位）约 0.4m 处。酒杯塔中相带电作业人员在不同位置时的放电特性曲线如图 2－21 所示。

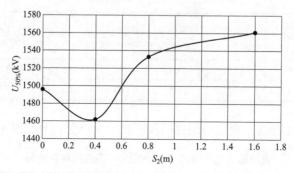

图 2－21　酒杯塔中相作业人员在不同位置时的放电特性曲线

（2）确定组合间隙放电。取 $S_2 = 0.4\text{m}$ 不变，改变 S_1 的值，进行操作冲击放电试验。酒杯塔中相带电作业组合间隙试验放电特性曲线如图 2－22 所示。

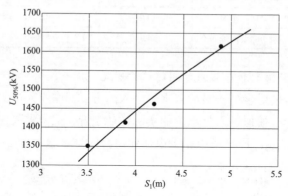

图 2－22　酒杯塔中相带电作业组合间隙试验放电特性曲线

（3）确定最小组合间隙。在系统最大过电压为 1.69p.u.和 1.80p.u.时，对应的组合间隙及放电危险率见表 2－16。

表 2－16　　　酒杯塔中相带电作业最小组合间隙及放电危险率

线路名称	系统最高工作电压（kV）	最大过电压（p.u.）	放电电压 $U_{50\%}$（kV）	最小间隙距离（m）	危险率	人体占位间隙（m）	最小组合间隙（m）
官兰	800	1.69	1358	3.6	4.77×10^{-6}	0.5	4.1
兰平关	800	1.80	1444	4.0	5.10×10^{-6}	0.5	4.5

酒杯塔中相带电作业最小组合间隙海拔修正结果，校正结果见表 2-17。

表 2-17　　　　　酒杯塔中相带电作业最小组合间隙海拔修正结果　　　　（m）

操作过电压倍数		海拔					
		0（标准气象条件）	1000	1500	2000	2500	3000
官兰	最小间隙距离	3.6	4.1	4.3	4.6	5.0	5.4
	最小组合间隙	4.1	4.6	4.8	5.1	5.5	5.9
兰平关	最小间隙距离	4.0	4.4	4.7	4.9	5.3	5.6
	最小组合间隙	4.5	4.9	5.2	5.4	5.7	6.1

3. 拉门塔中相带电作业组合间隙试验研究

拉门塔中相带电作业组合间隙试验布置如图 2-23 所示。

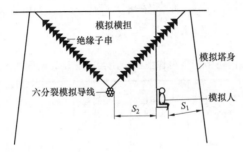

图 2-23　拉门塔中相带电作业组合间隙试验布置示意图

（1）确定最低放电位置。改变模拟人在组合间隙中的位置，根据最低放电电压来确定最低放电位置。从试验结果得出，最低放电位置在距导线（高电位）约 0.4m 处。拉门塔中相作业人员在不同位置时的放电特性曲线如图 2-24 所示。

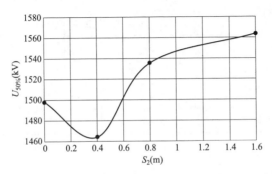

图 2-24　拉门塔中相作业人员在不同位置时的放电特性曲线

（2）确定组合间隙放电。当 $S_2 = 0.4\text{m}$，改变人与杆塔侧边构架间的距离 S_1，分别求取放电电压 $U_{50\%}$ 及变异系数 Z。拉门塔中相带电作业组合间隙放电特性曲线如图 2-25 所示。

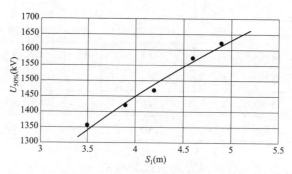

图 2-25　拉门塔中相带电作业组合间隙放电特性曲线

（3）确定最小组合间隙。在系统最大过电压为 1.69p.u.和 1.80p.u.时，对应的最小组合间隙及放电危险率见表 2-18。

表 2-18　　　　　拉门塔中相带电作业最小组合间隙及放电危险率

线路名称	系统最高工作电压（kV）	最大过电压（p.u.）	放电电压 $U_{50\%}$（kV）	最小间隙距离（m）	危险率	人体占位间隙（m）	最小组合间隙（m）
官兰	800	1.69	1364	3.6	4.00×10^{-6}	0.5	4.1
兰平关	800	1.80	1449	4.0	4.44×10^{-6}	0.5	4.5

拉门塔中相带电作业最小组合间隙海拔修正结果，校正结果见表 2-19。

表 2-19　　　　　拉门塔中相带电作业最小组合间隙海拔修正结果　　　　　（m）

操作过电压倍数		海拔					
		0（标准气象条件）	1000	1500	2000	2500	3000
官兰	最小间隙距离	3.6	4.0	4.3	4.7	5.0	5.4
	最小组合间隙	4.1	4.5	4.8	5.2	5.5	5.9
兰平关	最小间隙距离	4.0	4.4	4.7	4.9	5.3	5.6
	最小组合间隙	4.5	4.9	5.2	5.4	5.7	6.1

4. 耐张串组合间隙试验研究

（1）试验布置。试验在特高压户外试验场 2#与 3#门型塔之间的耐张线段上进行。在 3#塔侧，按照所需的间隙长度（5m），将模拟塔身放置在自导线侧 30 片绝缘子处（单片绝缘子高度为 170mm），导线与模拟塔身间的实测间隙长度为 5.2m。耐张串组合间隙试验如图 2－26 所示。

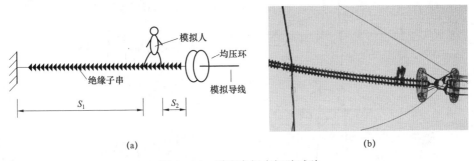

（a）　　　　　　　　　　　　　　　　　（b）

图 2－26　耐张串组合间隙试验

（a）试验布置示意图；（b）现场实景

（2）安全性的验证。从试验结果得出：最低放电位置时的放电电压 $U_{50\%\cdot\min}=1624kV$。官兰线（1.69p.u.）的危险率 $R_0=1.09\times10^{-9}$，兰平关线（1.80p.u.）的危险率 $R_0=2.75\times10^{-8}$，均远小于 1.0×10^{-5}，说明在沿耐张串进入等电位时，作业人员在耐张串的各个作业位置均具有足够的安全性。

第二节　750kV 同塔双回路输电线路带电作业

为了确定 750kV 同塔双回输电线路带电作业安全距离、组合间隙及作业方式等技术要求，本节结合实际线路工程，得出了不同带电作业位置的最小安全距离和最小组合间隙；采用仿真计算和模拟试验的方法，得到了带电作业典型工况下的作业间隙放电特性曲线，一回带电、一回停电时停电回路上的感应电压和流过接地线的电流。研究结果为 750kV 同塔双回输电线路带电作业的开展提供了技术依据。

一、线路基本情况

1. 塔型结构

线路典型塔型及相关尺寸参数如图 2－27 所示。

2. 运行方式和线路参数

线路导、地线型号及相关参数见表 2－20。双回线路为同塔双回逆相序排列，双回反向换位；导线型号为 6×LGJ－400/50；子导线分裂间距为 400mm；地线型号为 GJ－100。

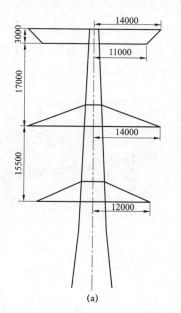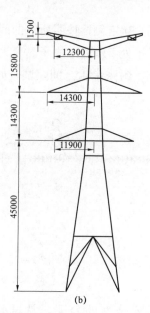

图 2-27　线路典型塔型及相关尺寸

（a）兰平线典型塔；（b）平关线典型塔

表 2-20　　　　　　　　　　　导、地线型号及相关参数

导线	型号	股数×单丝直径 （mm）	直径 （mm）	直流电阻 （Ω/km）	相分裂数	子导线分 裂间距 （mm）	子导线分 裂状态
导线：钢芯铝 绞线	LGJ-400/50	7×3.07 钢芯 54×3.07 铝股	27.63	0.07232	6	400	正六边形
地线：钢绞线	GJ-100	19×2.6	13.00	—	—	—	—
OPGW 地线： 铝包钢绞线	OPGW	6×2.5（内层） 10×3.2（外层）	14.00	0.53	—	—	—

子导线的排列形式如图 2-28 所示。

同塔双回线路两侧导线相序排列：逆相序。

线路典型档距：450m。

避雷线接地方式：OPGW 逐基杆塔接地；钢绞线分段接地，每 8 基杆塔接地一次。

线路换位方式：双回反向换位，兰平线全换位 2 次，平关线全换位 1 次。最高运行电压：800kV。

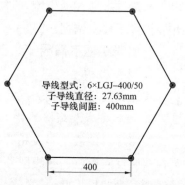

导线型式：6×LGJ-400/50
子导线直径：27.63mm
子导线间距：400mm

图 2-28　子导线排列形式示意图

铁塔接地电阻：进线段 5Ω，其余不大于 15Ω。

变电站/开关站地网接地电阻：0.5Ω。

图 2-29 所示为线路系统接线图，750kV 同塔双回兰平关线总长 450km，由兰（州东）—平（凉）和平（凉）—关（中）两段组成，其中兰平段长 273km，平关段长 177km。

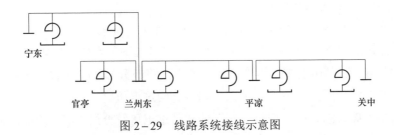

图 2-29　线路系统接线示意图

高压电抗器：兰平关线高压电抗器和小电抗器配置见表 2-21。

表 2-21　　　　　　　　　兰平关线高压电抗器和小电抗器配置

配置项目	兰平线（逆相序）		平关线（逆相序）	
	兰州东	平凉	平凉	关中
高压电抗器（Mvar）	300	300	210	210
高压电抗器值（Ω）	2133.3	2133.3	3047.6	3047.6
小电抗器（Ω）	1050	1050	1300	1300

不同运行方式下母线电压和潮流：正常运行时，兰平关线母线电压和潮流见表 2-22。

表 2-22　　　　　　　　　兰平关线母线电压和潮流

运行方式	母线电压（kV）			潮流（MW+jMvar）	
	兰州东	平凉	关中	兰平线（双回）	平关线（双回）
2007 年丰大方式	782	782	776	1323-j171	1314+j80
2007 年冬小方式	789	792	787	-1014-j167	-1021+j159

在 2007 年丰大方式和冬小方式下，兰平关线母线电压和潮流见表 2-23。

表 2-23　　　　　　　　兰平关线母线电压和潮流

运行方式	母线电压（kV）			潮流（MW+JMvar）	
	兰州东	平凉	关中	兰平线（双回）	平关线（双回）
2007 年丰大方式	782	782	776	1323-j171	1314+j80
2007 年冬小方式	789	792	787	-1014-j167	-1021+j159

3. 带电作业过电压水平

在考虑带电作业工作中的操作过电压水平时，不需考虑合空载线路过电压。另外，在带电作业工作中，对于中性点有效接地的系统中有可能引起单相接地的作业，按《电业安全工作规程（电力线路部分）》（DL 409—1991）应停用自动重合闸。因此，也不必考虑单相重合闸过电压。

由于工频暂态过电压相对单相接地故障过电压及分闸（切除接地故障）过电压来说相对较低；并且站内故障（如变压器故障）线路三相跳闸甩负荷时，线路侧断路器动作，相当于线路无故障跳三相，此时线路上的过电压水平较低。因此，在带电作业中，主要是根据线路单相接地故障和故障清除过电压来确定操作过电压水平。

带电作业中，由于重合闸退出，因此线路发生单相接地故障后将导致三相分闸，此时的线路单相接地三相分闸过电压水平及其概率密度是确定带电作业最小安全距离的决定因素。

表 2-24 列出了兰平关线在不同运行方式下线路单相接地三相分闸过电压的计算结果。

表 2-24　　　兰平关线不同运行方式下线路单相接地三相分闸过电压

运行方式	接线方式	故障点	分闸侧	分闸线路	相地 2%过电压（p.u.）			
					首端	平凉	末端	沿线最大
2007 年丰大方式	兰平关线一回停运接地，一回运行	兰州	兰州	兰平	1.21	1.26	1.33	1.33
		关中	关中	平关	1.19	1.39	1.45	1.45
	兰平关线一回停运不接地，一回运行	兰州	兰州	兰平	1.14	1.24	1.39	1.39
		关中	关中	平关	1.19	1.45	1.56	1.56
	兰平关线一回停运不接地，一回运行，宁兰线开断	关中	兰州	兰平	1.10	1.24	1.36	1.36
		关中	关中	平关	1.22	1.53	1.68	1.68
	兰平关线一回停运接地，一回运行，宁兰线开断	关中	关中	平关	1.22	1.46	1.56	1.56

运行方式	接线方式	故障点	分闸侧	分闸线路	相地 2%过电压（p.u.）			
					首端	平凉	末端	沿线最大
2007 年冬小方式	兰平关线一回停运接地，一回运行	兰州	兰州	兰平	1.29	1.33	1.40	1.40
		关中	关中	平关	1.12	1.22	1.28	1.28
	兰平关线一回停运不接地，一回运行	兰州	兰州	兰平	1.17	1.34	1.52	1.52
		关中	关中	平关	1.11	1.25	1.36	1.36
	兰平关线一回停运不接地，一回运行，宁兰线开断	关中	兰州	兰平	1.17	1.33	1.54	1.54
		关中	关中	平关	1.08	1.27	1.38	1.38

由表 2-24 可见，在 2007 年丰大运行方式下，当宁兰线开断，兰平关线一回停运不接地，一回运行时，兰平关线的关中侧线路单相接地三相分闸时，其健全相上沿线的最大相地 2%过电压可达 1.68p.u.，相应最大相地过电压为 1.83p.u.。考虑到带电作业的安全性，从严考虑以最大相地过电压 1.83p.u.为带电作业最大操作过电压。

4. 海拔修正

为满足工程实际需求，分别计算了标准气象条件下海拔 0、1000、1500、2000、2500m 及海拔 2800m 处的带电作业最小安全距离及最小组合间隙。

二、试验条件

试验是在特高压户外试验场进行的。试验中采用高强度角钢按设计塔型以 1:1 比例制作真型塔头。试验用绝缘子串和模拟导线与实际线路相同。其中，直线塔绝缘子串为 40 片 XP-210，绝缘子单片结构高度 170mm；耐张塔绝缘子串为 XP-420，双联装；模拟导线为 6×LGJ-400/50，长 20m，两端装有 ϕ1.5m 的均压环，以改善端部电场分布。

试验用模拟人由铝合金制成，与实际人体的形态及结构一致，四肢可自由弯曲，以便调整其各种姿态。模拟人站姿高 1.8m，坐姿高 1.45m，身宽 0.5m。

三、带电作业安全距离试验研究

1. 直线塔带电作业安全距离试验研究

（1）等电位作业人员与塔身安全距离试验研究。等电位作业人员与塔身安全距离试验如图 2-30 所示。

当模拟人位于等电位，试验得出操作冲击 50%放电电压 $U_{50\%}$，相应的放电特性曲线如图 2-31 所示。

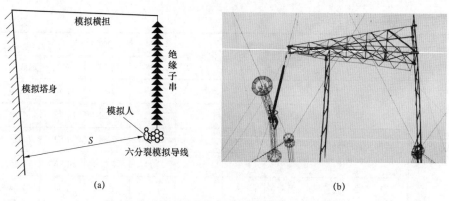

图 2-30　等电位作业人员与塔身安全距离试验

（a）试验布置示意图；（b）现场实景

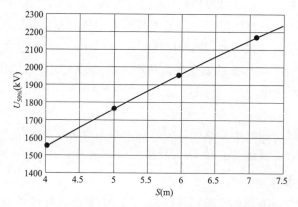

图 2-31　等电位作业人员与塔身安全距离试验放电特性曲线

当系统最高工作电压为 800kV、最大过电压为 1.83p.u.时，根据最小安全距离操作冲击放电特性及不同海拔下的海拔校正系数 K_a，可计算得到对塔身的最小间隙距离。表 2-25 中给出了考虑人体允许活动范围（0.5m）后的带电作业最小安全距离。

表 2-25　　　　　　　等电位作业人员与塔身最小安全距离

海拔（m）	放电电压 $U_{50\%}$（kV）	最小间隙距离（m）	危险率	人体允许活动范围（m）	最小安全距离（m）
0（标准气象条件）	1445	3.6	9.50×10^{-6}	0.5	4.1
1000	1461	4.1	6.18×10^{-6}	0.5	4.6
1500	1454	4.3	7.46×10^{-6}	0.5	4.8
2000	1445	4.5	9.50×10^{-6}	0.5	5.0

续表

海拔（m）	放电电压 $U_{50\%}$（kV）	最小间隙距离（m）	危险率	人体允许活动范围（m）	最小安全距离（m）
2500	1453	4.8	7.67×10^{-6}	0.5	5.3
2800	1459	5.0	6.52×10^{-6}	0.5	5.5

（2）中相及上相导线等电位作业人员与其下横担上平面安全距离试验研究。750kV 同塔双回输电线路中，作业人员位于等电位对中相及上相导线带电作业时，人员与其下横担上平面的距离就成为带电作业危险率的控制因素之一。试验中，调整模拟人位置，使其胸部与分裂导线中间子导线平齐。中相及上相导线等电位作业人员与其下横担上平面安全距离试验如图 2-32 所示。

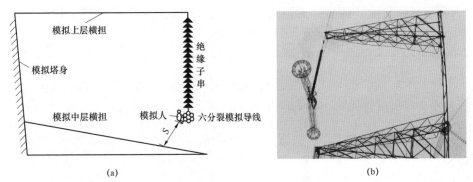

（a）　　　　　　　　　　　（b）

图 2-32　中相及上相导线等电位作业人员与其下横担上平面安全距离试验
（a）试验布置示意图；（b）现场实景

模拟人位于中相及上相导线等电位时，试验得出操作冲击 50%放电电压 $U_{50\%}$，相应的放电特性曲线如图 2-33 所示。

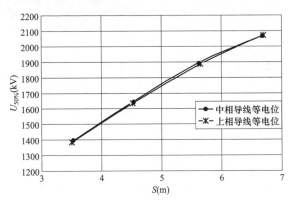

图 2-33　中相及上相导线等电位作业人员与
其下横担上平面安全距离试验放电特性曲线

当系统最高工作电压为 800kV、最大过电压为 1.83p.u.时，可计算得到带电作业中对其下横担的最小间隙距离及对应的 $U_{50\%}$ 和危险率，见表 2-26。

表 2-26　　　　　　　　中相及上相导线等电位作业作业人员与

其下横担上平面最小安全距离

海拔（m）	放电电压 $U_{50\%}$（kV）	最小间隙距离（m）	危险率	人体允许活动范围（m）	最小安全距离（m）
0（标准气象条件）	1459	3.8	6.52×10^{-6}	0.5	4.3
1000	1449	4.2	8.54×10^{-6}	0.5	4.7
1500	1461	4.5	6.18×10^{-6}	0.5	5.0
2000	1450	4.7	8.31×10^{-6}	0.5	5.2
2500	1455	5.0	7.26×10^{-6}	0.5	5.5
2800	1460	5.2	6.35×10^{-6}	0.5	5.7

（3）等电位作业人员与其上横担安全距离试验研究。等电位作业人员与上横担安全距离试验如图 2-34 所示。

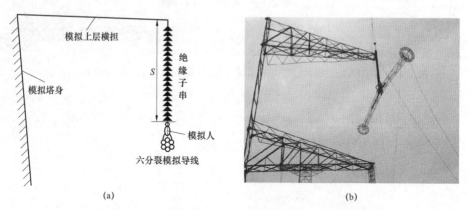

图 2-34　等电位作业人员与上横担安全距离试验
（a）试验布置示意图；（b）现场实景

模拟人骑跨于导线上，试验得出对上横担的操作冲击 50% 放电电压 $U_{50\%}$，相应的放电特性曲线如图 2-35 所示。

当系统最高工作电压为 800kV、最大过电压为 1.83p.u.时，可计算得到带电作业中对上横担的最小间隙距离及对应的 $U_{50\%}$ 和危险率。

考虑到在导线上作业时，作业人员是骑跨在分裂导线上或站立于分裂导线的下面两根子导线上，按作业人员站姿高1.8m、坐姿高1.2m计，在 6×LGJ-400/50

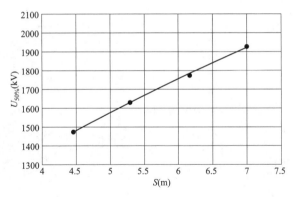

图 2-35　等电位作业人员与其上横担安全距离试验放电特性曲线

导线上作业时，人头顶高出均压环最大距离为 0.6m。因此，在确定等电位作业人员与其上横担最小安全距离时，按 0.6m 考虑人体活动范围即可，其结果见表 2-27。

表 2-27　　　　　　　　等电位作业人员与其上横担最小安全距离

海拔（m）	放电电压 $U_{50\%}$（kV）	最小间隙距离（m）	危险率	人体允许活动范围（m）	最小安全距离（m）
0（标准气象条件）	1447	4.4	9.01×10^{-6}	0.6	5.0
1000	1448	5.1	8.77×10^{-6}	0.6	5.7
1500	1450	5.5	8.31×10^{-6}	0.6	6.1
2000	1448	5.9	8.77×10^{-6}	0.6	6.5
2500	1455	6.4	7.26×10^{-6}	0.6	7.0
2800	1456	6.7	7.07×10^{-6}	0.6	7.3

（4）位于下层横担的地电位作业人员与中相导线安全距离试验研究。带电作业中，当对下相导线或绝缘子串进行检修、更换等作业时，作业人员可能在下层横担上走动。由于在横担某些位置，人体高度高于横担护栏高度，此时，人员头顶与中相导线就构成放电间隙；因此，带电作业中必须研究作业人员位于下层横担上对中相导线的最小安全距离。

根据杆塔设计图，作业人员以站姿直立于下相导线绝缘子串挂点处时，其头顶与中相导线距离最小，由此，该位置的操作冲击放电特性曲线决定了作业人员位于下层横担上时，对中相导线的最小安全距离。位于下层横担的地电位作业人员与中相导线安全距离试验如图 2-36 所示。

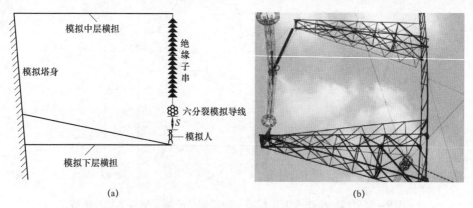

图 2-36 位于下层横担的地电位作业人员与中相导线安全距离试验

（a）试验布置示意图；（b）现场实景

模拟人以站姿直立于下相导线绝缘子串挂点处时，试验得出其头顶与中相导线的操作冲击 50% 放电电压 $U_{50\%}$，图 2-37 所示为相应的放电特性曲线。

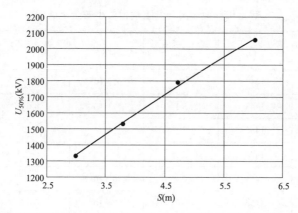

图 2-37 位于下层横担地电位作业人员与中相导线安全距离试验放电特性曲线

当系统最高工作电压为 800kV、最大过电压为 1.83p.u. 时，可计算得到带电作业中对应的 $U_{50\%}$ 和危险率，结果见表 2-28。

表 2-28 位于下层横担上的地电位作业人员与

中相导线最小安全距离

海拔（m）	放电电压 $U_{50\%}$（kV）	最小间隙距离（m）	危险率	人体允许活动范围（m）	最小安全距离（m）
0（标准气象条件）	1463	3.5	5.85×10^{-6}	1.5	5.0
1000	1460	3.9	6.35×10^{-6}	1.5	5.4
1500	1455	4.1	7.26×10^{-6}	1.5	5.6

续表

海拔（m）	放电电压 $U_{50\%}$（kV）	最小间隙距离（m）	危险率	人体允许活动范围（m）	最小安全距离（m）
2000	1448	4.3	8.77×10^{-6}	1.5	5.8
2500	1458	4.6	6.70×10^{-6}	1.5	6.1
2800	1448	4.7	8.77×10^{-6}	1.5	6.2

注　表中最小间隙距离指带电作业过程中，作业人员与中相导线的最小净空距离；最小安全距离指中相
　　导线至其下横担下平面的距离。

考虑到地电位作业人员在下层横担上移动时，可以采用弯腰低头等低姿；在作业中，可以采用蹲姿作业，以降低人体占位高度。因此，表 2−28 中同时给出了考虑人体活动范围 1.5m 后的最小安全距离。

（5）位于中层横担的地电位作业人员与上相导线安全距离试验研究。带电作业中还必须研究作业人员位于中层横担上，对上相导线的最小安全距离。作业人员以站姿直立于中层横担、上相导线正下方时，其头顶与上相导线距离最小，由此，该位置的操作冲击放电特性曲线决定了作业人员位于中层横担上时，对上相导线的最小安全距离。其试验布置如图 2−38 所示。

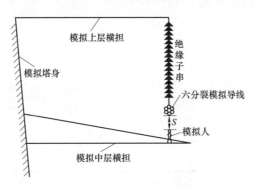

图 2−38　位于中层横担的地电位作业人员与
上相导线安全距离试验布置示意图

模拟人以站姿直立于中层横担、上相导线正下方处，试验得出其头顶与上相导线的操作冲击 50%放电电压 $U_{50\%}$，图 2−39 所示为相应的放电特性曲线。

当系统最高工作电压为 800kV、最大过电压为 1.83p.u.时，计算得到带电作业中，作业人员位于中层横担上，对上相导线的最小间隙距离及对应的 $U_{50\%}$ 和危险率，结果见表 2−29。表 2−29 同时给出了考虑人体活动范围 1.5m 后的

最小安全距离。

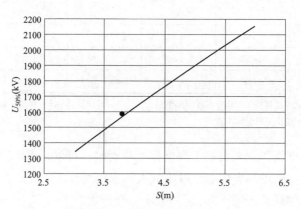

图 2-39　位于中层横担的地电位作业人员与
上相导线安全距离试验放电特性曲线

表 2-29　　　　　　位于中层横担上的地电位作业人员与

上相导线最小安全距离

海拔（m）	放电电压 $U_{50\%}$（kV）	最小间隙距离（m）	危险率	人体允许活动范围（m）	最小安全距离（m）
0（标准气象条件）	1453	3.5	7.67×10^{-6}	1.5	5.0
1000	1450	3.9	8.31×10^{-6}	1.5	5.4
1500	1445	4.1	9.50×10^{-6}	1.5	5.6
2000	1458	4.4	6.70×10^{-6}	1.5	5.9
2500	1448	4.6	8.77×10^{-6}	1.5	6.1
2800	1456	4.8	7.07×10^{-6}	1.5	6.3

注　表中最小间隙距离指带电作业过程中，作业人员与上相导线的最小净空距离；最小安全距离指上相
　　导线至其下横担下平面的距离。

2. 耐张塔带电作业安全距离试验

大量试验研究表明，人在等电位时对杆塔构架的放电电压要比人在地电位
对导线的低。因此，着重进行了人在等电位对杆塔间隙的放电试验。

沿耐张串进入等电位带电作业位置时，模拟人身穿屏蔽服，以"跨二短三"
方式俯姿蹲在耐张串与导线均压环联结处，模拟人两肩宽度为 0.5m。沿耐张
串进入等电位带电作业安全距离试验如图 2-40 所示。

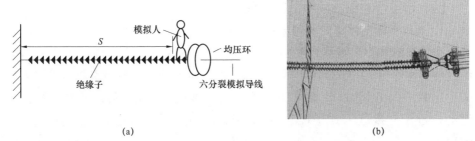

图 2-40　沿耐张串进入等电位带电作业安全距离试验

（a）试验布置示意图；（b）现场实景

改变杆塔构架至模拟人之间的距离，通过试验求取 $U_{50\%}$ 及变异系数 Z，图 2-41 所示为相应的放电特性曲线。

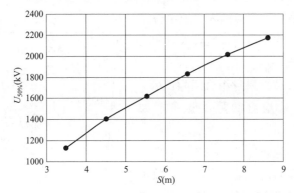

图 2-41　沿耐张串进入等电位带电作业安全距离试验放电特性曲线

当系统最高工作电压为 800kV、最高过电压为 1.83p.u. 时，可计算得到最小间隙距离及对应的 $U_{50\%}$ 和危险率，见表 2-30，表中同时给出了考虑人体占位间隙（3 片绝缘子，0.6m）后的最小安全距离。

表 2-30　　　　　　　　沿耐张串进入等电位带电作业最小安全距离

海拔（m）	放电电压 $U_{50\%}$（kV）	最小间隙距离（m）	危险率	人体允许活动范围（m）	最小安全距离（m）
0（标准气象条件）	1459	4.7	6.52×10^{-6}	0.6	5.3
1000	1453	5.1	7.67×10^{-6}	0.6	5.7
1500	1445	5.3	9.50×10^{-6}	0.6	5.9
2000	1453	5.6	7.67×10^{-6}	0.6	6.2
2500	1456	5.9	7.07×10^{-6}	0.6	6.5
2800	1459	6.1	6.52×10^{-6}	0.6	6.7

四、带电作业组合间隙试验研究

1. 直线塔带电作业组合间隙试验研究

在 750kV 同塔双回线路上带电作业时，可采用如下方式进入高电位：沿绝缘硬梯水平进入；吊篮水平摆入；软、硬梯摆入或用吊椅沿滑轨水平进入。采用这些进入方式时，作业人员均采用蹲姿或坐姿，其外形尺寸基本相同、运动轨迹十分接近。试验中，采用水平摆入方式进行带电作业最小组合间隙研究。

根据已进行的大量杆塔试验可知，对于某一组合间隙，在人体离开导线（高电位）的某一位置处，该组合间隙具有最低的放电电压。因此，最小组合间隙试验分为两个部分进行：① 固定 $S=S_1+S_2$ 不变，改变人体在组合间隙中的位置，进行操作冲击放电试验，求取最低放电电压位置；② 将模拟人固定在最低放电位置不变，改变模拟人与地电位距离 S_1，进行操作冲击放电试验，求取相应的 50%放电电压 $U_{50\%}$。

（1）作业人员与塔身组合间隙试验。直线塔带电作业组合间隙试验布置如图 2-42 所示。

固定组合间隙长度 S 为 3.5m 不变，分别改变 S_1、S_2 的值，进行操作冲击放电试验，图 2-43 所示为相应的放电电压 $U_{50\%}$ 随 S_2 变化曲线。

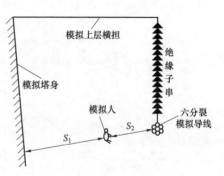

图 2-42　直线塔作业人员与至塔身组合间隙试验布置示意图

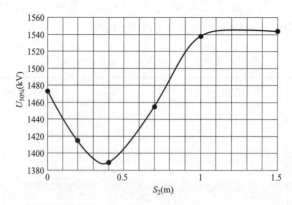

图 2-43　直线塔作业人员至塔身组合间隙的 $U_{50\%}$ 随 S_2 变化曲线

由试验结果可见，最低放电位置在模拟人距导线（高电位）约 0.4m 处。

固定 $S_2 = 0.4$m 不变，改变 S_1 进行操作冲击放电试验，图 2-44 所示为相应放电特性曲线。

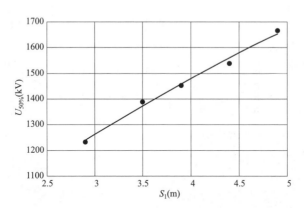

图 2-44 直线塔作业人员至塔身组合间隙放电特性曲线

当系统最高工作电压为 800kV、最大过电压为 1.83p.u.时，计算得到最小组合间隙及对应的 $U_{50\%}$ 和危险率示于表 2-31 中，表中列出了考虑人体占位间隙 0.5m 后的带电作业与塔身最小组合间隙。

表 2-31   直线塔作业人员与塔身最小组合间隙

海拔（m）	放电电压 $U_{50\%}$（kV）	最小间隙距离（m）	危险率	最小组合间隙（m）
0（标准气象条件）	1447	4.0	9.01×10^{-6}	4.5
1000	1453	4.5	7.67×10^{-6}	5.0
1500	1460	4.8	6.35×10^{-6}	5.3
2000	1447	5.0	9.01×10^{-6}	5.5
2500	1450	5.3	8.31×10^{-6}	5.8
2800	1453	5.5	7.67×10^{-6}	6.0

（2）中相及上相导线等电位作业人员与其下横担上平面组合间隙试验。750kV 同塔双回输电线路中，作业人员进入中相或上相导线等电位过程中，作业人员对其下横担上平面的组合间隙就成为带电作业危险率的控制因素之一。

中相导线及上相导线对其下横担上平面构成的组合间隙结构基本一致，由此，只需在中层横担进行试验。试验中，调整模拟人位置，使其胸部与中相分裂导线中间子导线平齐，试验布置如图 2-45 所示。

固定模拟人与六分裂导线的距离为 $S_2 = 0.4$m 不变，改变 S_1 分别进行操作冲击放电试验，图 2-46 所示为相应 $U_{50\%}$ 随 S_1 变化曲线。

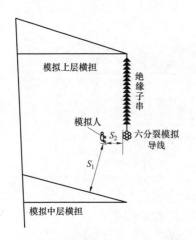 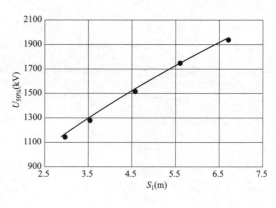

图 2-45　直线塔中相及上相导线等电
位作业人员与其下横担上平面组合间
　　隙试验布置示意图

图 2-46　直线塔中相及上相导线等
电位作业人员与其下横担上平面
组合间隙试验放电特性曲线

计算得到中相及上相导线作业至其下横担上平面最小组合间隙及对应的 $U_{50\%}$ 和危险率，表 2-32 中列出了考虑人体占位间隙 0.5m 后的带电作业最小组合间隙。

表 2-32　直线塔中相及上相导线等电位作业人员与其下横担上平面最小组合间隙

海拔（m）	放电电压 $U_{50\%}$（kV）	最小间隙距离（m）	危险率	最小组合间隙（m）
0（标准气象条件）	1464	4.3	5.70×10^{-6}	4.8
1000	1462	4.8	6.01×10^{-6}	5.3
1500	1449	5.0	8.54×10^{-6}	5.5
2000	1451	5.3	8.09×10^{-6}	5.8
2500	1451	5.6	8.09×10^{-6}	6.1
2800	1452	5.8	7.88×10^{-6}	6.3

2. 耐张塔带电作业组合间隙试验

试验中，结合作业人员进入等电位的实际作业工况，采用常规的作业人员沿耐张串进入的方式，求取在不同组合间隙下的操作冲击 50% 放电电压。试验布置如图 2-47 所示。

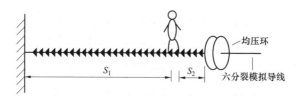

图 2-47　沿耐张串进入等电位带电作业组合间隙试验布置示意图

取总间隙为 30 片绝缘子不变，调整模拟人距均压环位置分别为 0、2、3、5、7 片绝缘子，通过试验求取其操作冲击 50%放电电压 $U_{50\%}$，图 2-48 所示为相应的放电特性曲线。

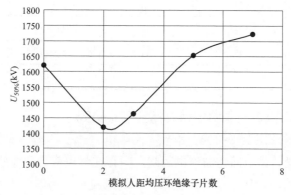

图 2-48　沿耐张串进入等电位作业人员在不同位置时的放电电压曲线

由结果可见，耐张串最低放电位置在模拟人距均压环（高电位）绝缘子片数约 2 片处。

将模拟人置于距导线均压环 2 片绝缘子处，改变模拟塔腿至导线均压环分别为 25、30、35、40、45 片绝缘子时，进行操作冲击放电试验，图 2-49 所示为相应的放电特性曲线。

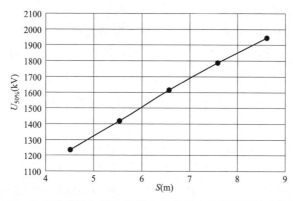

图 2-49　沿耐张串进入等电位带电作业组合间隙试验放电特性曲线

当系统最高工作电压为 800kV、最高过电压为 1.83p.u.时，计算得到最小组合间隙及对应的 $U_{50\%}$ 和危险率见表 2-33，表中同时给出了考虑人体占位间隙（3 片绝缘子，0.6m）后的耐张串最小组合间隙。

表 2-33　　　　　　　沿耐张串进入等电位带电作业最小组合间隙

海拔（m）	放电电压 $U_{50\%}$（kV）	最小间隙距离（m）	危险率	最小组合间隙（m）
0（标准气象条件）	1454	5.6	7.46×10^{-6}	6.2
1000	1448	6.1	8.77×10^{-6}	6.7
1500	1448	6.4	8.77×10^{-6}	7.0
2000	1445	6.7	9.50×10^{-6}	7.3
2500	1452	7.1	7.88×10^{-6}	7.7
2800	1448	7.3	8.77×10^{-6}	7.9

五、一回带电、一回停电检修作业方式研究

750kV 同塔双回兰平关线会出现一回带电、一回停电检修的情况，由于双回线路同塔并架，带电回路与停电回路之间存在静电耦合和电磁感应，会在停电回路上产生感应电压，从而对检修工作构成威胁。为确保 750kV 同塔双回兰平关线一回带电、一回停电检修情况下检修工作的安全开展，需要根据具体的线路参数计算停电回路上的感应电压，并在此基础上结合工程实际研究合适的作业方式。

1. 停电回路各相导线上的稳态感应电压

（1）停电回路两端均不接地时各相导线上的稳态感应电压。750kV 同塔双回兰平关线一回带电一回停电检修，在停电回路两端均不接地的条件下，计算停电回路各相导线上的稳态感应电压。

1）当停电的一回线路的兰平段和平关段彼此联通时，计算得到停电回路各相沿线稳态感应电压（有效值）分布曲线如图 2-50（a）所示。计算可得，此条件下停电回路 A、B、C 相稳态感应电压有效值最高分别为 63.47、64.80、63.87kV。由于导线换位使得此条件下各相参数比较一致，停电回路 A、B、C 三相稳态感应电压电差别较小。

2）当停电的一回线路的兰平段和平关段彼此断开时，计算得到停电回路各相沿线稳态感应电压（有效值）分布曲线如图 2-50（b）所示。计算可知此种条件下，停电回路兰平段 A、B、C 相稳态感应电压有效值最高分别为 61.89、62.93、62.42kV，平关段 A、B、C 相稳态感应电压有效值最高分别为 66.41、

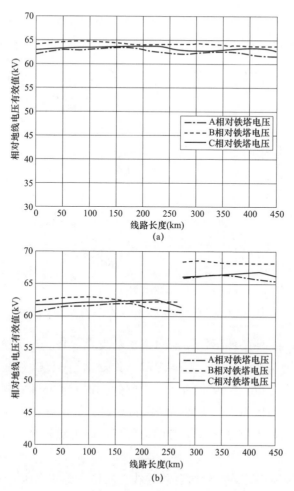

图 2-50 停电回路沿线稳态感应电压（有效值）分布曲线
(a) 兰平段和平关段彼此联通；(b) 兰平段和平关段彼此断开

68.55、66.71kV。由于停电回路两端均不接地时，稳态感应电压主要为静电耦合电压，与杆塔尺寸有关，而平关段沿线杆塔尺寸略小于兰平段沿线杆塔，因而平关段线停电回路上的稳态感应电压略高于兰平段停电线路上的稳态感应电压。

可见当 750kV 同塔双回兰平关线一回带电、一回停电，停电回路两端均不接地时，停电回路各相稳态感应电压均较高，有效值最高达到 68.55kV。

（2）停电回路仅一端接地时各相导线上的稳态感应电压。750kV 同塔双回兰平关线一回带电、一回停电检修，在停电回路仅一端接地的条件下，计算停电回路各相导线上的稳态感应电压。

以停电回路的兰平段和平关段分别在首端接地为例进行计算，计算得到停电回路各相沿线稳态感应电压（有效值）分布曲线如图2-51所示。

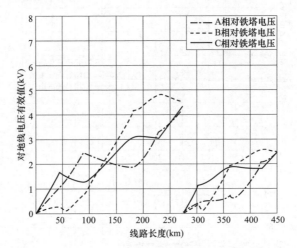

图2-51　停电回路沿线稳态感应电压（有效值）分布曲线

计算可得，此种条件下，停电回路兰平段 A、B、C 相稳态感应电压有效值最高分别为 4.22、4.80、4.34kV，平关段 A、B、C 相稳态感应电压有效值最高分别为 2.46、2.59、2.45kV。比较可知，当 750kV 同塔双回兰平关线一回带电、一回停电，停电回路一端接地时，停电回路各相稳态感应电压较停电回路两端均不接地情况下有明显降低，但仍然较高，有效值最高达到 4.80kV。

（3）停电回路两端均接地时各相导线上的稳态感应电压。750kV 同塔双回兰平关线一回带电、一回停电检修，在停电回路两端接地的条件下，计算停电回路各相导线上的稳态感应电压。

以停电回路的兰平段和平关段分别两端接地为例进行计算，计算得到停电回路各相沿线稳态感应电压（有效值）分布曲线如图2-52所示。计算可得在此条件下，停电回路兰平段 A、B、C 相稳态感应电压有效值最高分别为 852、670、623V，平关段 A、B、C 相稳态感应电压有效值最高分别为 661、393、411V。

比较可知，当 750kV 同塔双回兰平关线一回带电、一回停电、停电回路两端接地时，停电回路各相稳态感应电压较停电回路仅一端接地情况下有明显降低。由于电压等级高、线路长，在停电回路两端接地时，其上仍然存在一定的稳态感应电压。

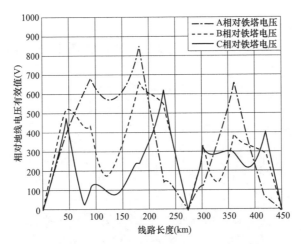

图 2-52 停电回路沿线稳态感应电压（有效值）分布曲线

为保证检修作业的安全，进一步降低稳态感应电压，考虑检修时加挂临时接地线。由前面的计算可知，在线路的 186km 处 A 相的稳态感应电压为停电回路全线最高，计算得到在此处当 A 相感应电压达到最大值、挂接临时接地线时，流过临时接地线的电流随时间的变化曲线如图 2-53 所示。

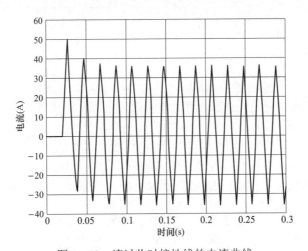

图 2-53 流过临时接地线的电流曲线

计算可知，加挂临时接地线时流过临时接地线的瞬态电流幅值为 50A，稳定后的有效值为 25A。稳定后停电回路沿线的感应电压分布曲线如图 2-54 所示。

由图 2-54 可知，停电回路加挂临时接地线后，沿线的稳态感应电压又有所降低，但因仅一处加挂临时接地线，停电回路沿线感应电压仍然较高。计算得到在该处相隔 8 基杆塔（依次编号为 1～9）的两端分别加挂临时接地线后，临时接地线间稳态感应电压（有效值）分布曲线如图 2-55 所示。

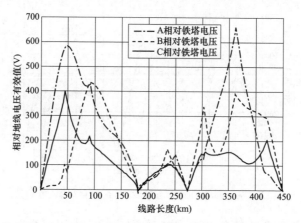

图 2-54　加挂临时接地线后停电回路沿线的稳态感应电压（有效值）分布曲线

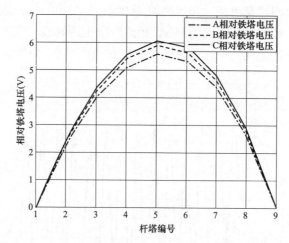

图 2-55　临时接地线间稳态感应电压（有效值）分布曲线

由计算结果可知，当停电回路相隔 8 基杆塔的两端分别加挂临时接地线后，临时接地线间的停电回路 A、B、C 三相的感应电压（有效值）电压最大值分别为 5.53、5.85、6.04V。

2. 避雷线上的稳态感应电压

由于避雷线在同塔双回线路的带电回路侧时距带电回路的距离小于距停电回路的距离，在其他条件不变的情况下，避雷线在同塔双回线路的带电回路侧时的感应电压要高于在停电回路侧时的感应电压。为确保作业安全，从严考虑，计算了避雷线在同塔双回线路带电回路侧时的感应电压作为检修工作的依据。

由于 OPGW 逐基杆塔接地，计算表明，OPGW 上的稳态感应电压有效值最高不超过 1V，基本消除。

计算了钢绞避雷线在同塔双回线路带电侧时的稳态感应电压。由于避雷线是采用一点接地、分段绝缘方式，每 8 基杆塔接地一次，8 基杆塔中距一点接地处最远的那一基杆塔上避雷线上的稳态感应电压最高。将避雷线上的最高稳态感应电压（有效值）及对应位置取出连成曲线，如图 2–56 所示。

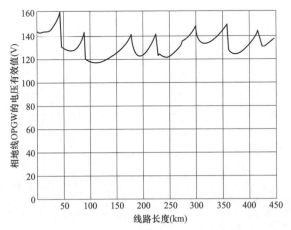

图 2–56　钢绞线沿线稳态感应电压（有效值）分布曲线

计算可知，钢绞线上沿线稳态感应电压有效值最高为 160V。由于钢绞线分段接地，其上存在一定的稳态感应电压。为保证检修作业安全，应在钢绞线上加挂临时接地线。在钢绞线沿线稳态感应电压最高处加挂临时接地线，计算得到挂接临时接地线时流过接地线的瞬态感应电流随时间的变化曲线如图 2–57 所示。

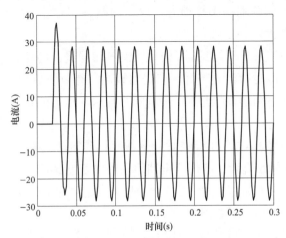

图 2–57　流过接地线的瞬态电流曲线

计算可知流过临时接地线的瞬态电流幅值为37A，稳定后的有效值为20A。计算可得稳定后加挂临时接地线的那一段钢绞线上的感应电压（有效值）分布曲线如图2-58所示。该钢绞线的一个分段共8个档距9基杆塔，依次编号为1～9，其中1号塔处钢绞线在线路设计中已经接地，9号塔处的钢绞线通过临时接地线接地。

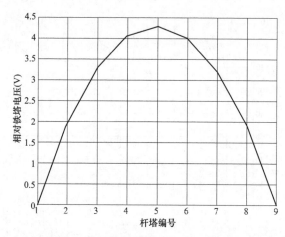

图2-58 稳定后8挡距内钢绞线上的感应电压（有效值）分布曲线

计算可知，加挂临时接地线的那一段钢绞线上的感应电压有效值不超过4.28V。

3. 一回带电、一回停电检修作业方式及安全防护措施

根据计算结果可知，在750kV同塔双回兰平关线一回带电、一回停电时：

（1）停电回路两端均不接地时，停电回路各相导线上的稳态感应电压较高，有效值最高达到68.55kV。

（2）停电回路仅一端接地时，停电回路各相导线上的稳态感应电压较停电回路两端均不接地时有明显下降，但仍然较高，有效值最高为4.80kV。

（3）停电回路两端均接地时，停电回路各相导线上的稳态感应电压较停电回路仅一端接地时进一步明显下降，有效值最高为852V；若再在感应电压最高处加挂接临时接地线，挂接临时接地线瞬间流过临时接地线的电流幅值为50A，稳定后的有效值为25A，停电回路沿线的稳态感应电压又有所降低；当停电回路在相隔8基杆塔以内加挂两临时接地线后，临时接地线间的停电回路上的感应电压有效值将不超过6.04V。

（4）钢绞避雷线分段每8基杆塔接地一次，存在一定的稳态感应电压，有

效值最高为 160V；挂接临时接地线瞬间流过临时接地线的电流幅值不超过 37A，稳定后的有效值不超过 20A，加挂临时接地线的那一段（共 8 基杆塔）钢绞线上的稳态感应电压不超过 4.28V。

（5）由于 OPGW 逐基杆塔接地，其上的稳态感应电压基本消除。根据计算结果，结合工程特点，当 750kV 同塔双回兰平关线一回带电、一回停电，对停电回路各相导线检修时，为保证作业安全，可采用以下两种方式进行：

1）等电位检修方式。当停电回路两端均不接地时，停电回路上稳态感应电压很高，应将停电检修线路仍视作带电回路进行检修作业。作业人员进出检修线路时，按进出带电回路高电位的方式进行，作业人员需穿戴全套屏蔽服、应用绝缘工器具进出高电位。在进入高电位后，作业人员应保持与接地构件足够的安全距离。杆塔构架上的地电位电工也应穿全套屏蔽服，向检修线路上作业的等电位电工传递工具或配合作业时，也应通过绝缘工器具进行，并与被检修线路保持足够的安全距离。

2）地电位方式。当停电回路一端接地时，停电回路的稳态感应电压可降至最高有效值 4.80kV 左右；当停电回路两端接地时，停电回路上的稳态感应电压可进一步降至最高有效值 852V；当停电回路在相隔 8 基杆塔以内加挂两临时接地线后，临时接地线间的停电回路上的感应电压有效值将不超过 6.04V，此时可按地电位方式作业，即作业人员进出检修线路时不需采用进出高电位的绝缘工具，也不必考虑与接地构件之间的安全距离，塔上电工与导线上电工配合作业不需限定用绝缘工器具。但是，无论是塔上电工还是导线上电工，都必须穿戴全套屏蔽服（包括导电鞋）：① 对空间电场进行屏蔽防护；② 保持与导线或接地构件的同一地电位；③ 当接触传递绳上的金属工具时，屏蔽服可旁路静电感应电流，防止因"麻电"引发二次事故。在停电回路接地前，作业人员不允许接触该线路，并应保持足够的距离，只有通过绝缘工具将临时接地线挂上，并检查良好接地后，才能触及该检修线路。选择的临时接地线的通流容量应满足要求，接地方式、步骤必须严格按相关规定进行。

当在 750kV 同塔双回兰平关线上对避雷线检修作业时，为保证作业安全，作业人员应采取以下作业方式及安全防护措施：

（1）由于 OPGW 逐基接地，其上的感应电压基本消除，作业人员可直接进入开展工作。

（2）由于钢绞避雷线分段接地，其上存在较低的稳态感应电压，为保证作业安全，作业人员应先用临时接地线将其接地后方可进入开展工作。

（3）作业人员应穿戴全套屏蔽服（包括手套、鞋、帽），一是可屏蔽强电场的影响；二是可起到旁路静电感应电流的作用。选择的临时接地线的通流容量应满足要求，接地方式、步骤必须严格按相关规定进行。

第三节　750kV 输电线路带电作业人员的安全防护

一、750kV 带电作业用屏蔽服

根据 750kV 线路电压等级高、空间场强高的特点，研制了 750kV 带电作业屏蔽服，按照相关标准测试其衣料和成品性能，并针对线路实况测量了等电位时人体不同部位 750kV 带电作业用屏蔽服内外电场强度及流经人体的电流。本节中试验所用屏蔽服为 750kV 带电作业屏蔽服。

（一）功能

屏蔽服是用均匀分布的导电材料和纤维材料等制成的服装，穿后使处在高电场中的人体表面形成一个等电位屏蔽面，防护人体免受强电场的影响。屏蔽服应具有以下功能。

（1）屏蔽电场。在人体接近超高压导线或与超高压导线等电位时，会出现较高的体表场强，而且由于人体形状复杂及人体各部位与带电体的方位距离不同，各部位的电场强度是不同的，若不采取屏蔽措施，会使作业人员皮肤感到重麻、刺激，而屏蔽服能有效地屏蔽高压电场。屏蔽效率是衡量屏蔽服性能的一项相对指标，是屏蔽前后接收极上的电压比值的分贝值，计算公式为：

$$SE = 20\lg\frac{U_{ref}}{U} \qquad (2-1)$$

式中：SE 为屏蔽服屏蔽效率（dB）；U_{ref} 为没有屏蔽服时，测试设备接收电极上测得的电压值（V）；U 为有屏蔽服时，测试设备接收电极上测得的电压值（V）。

我国相关国家标准中规定：屏蔽服的屏蔽效率不得小于 40dB，良好的屏蔽服应能屏蔽 99% 以上的外部场强。

（2）旁路电流。在人体接触和脱离具有不同电位物体的瞬间会发生充放电的暂态过程，穿上屏蔽服以后，由于屏蔽服电阻小，旁路了大部分暂态放电电流，对于人体与屏蔽服组成的并联回路，流过屏蔽服的电流约为总电流的 99% 以上。同样，屏蔽服也旁路稳态电容电流。

（3）代替电位转移线。穿上屏蔽服后，手套和衣服连为一体，代替了电位转移线，等电位作业人员可以直接接触或脱离带电导线，省去了电位转移线的操作步骤，简化了作业程序。

成套屏蔽服包括上衣、裤子、帽子、手套、短袜、鞋子及相应的连接线和连接头。一般来说，屏蔽服应具有较好的屏蔽性能、较低的电阻、适当的载流容量、一定的阻燃性及较好的服用性能，整套屏蔽服间应有可靠的电气连接。另外，屏蔽服还应具有耐汗蚀、耐洗涤、耐电火花等性能。

对于屏蔽服，各最远端点间的电阻值不大于 20Ω，在规定的使用电压等级下，衣服内的体表场强不大于 15kV/m，流经人体的电流不大于 50μA，人体外露部位的体表局部场强不得大于 240kV/m。在进行整套屏蔽服的通流容量试验时，屏蔽服任何部位的温升不得超过 50℃。对于屏蔽服的各部分电阻值要求见表 2－34。

表 2－34 　　　　　　　屏蔽服的各部分电阻值要求 　　　　　　（Ω）

类别	电阻值
上衣	<15（最远端点之间）
裤子	<15（最远端点之间）
手套	<15
短袜	<15
鞋子	<500

另外，帽子的保护盖舌和外伸边缘必须确保人体外露部位不产生不舒适感，并确保在最高使用电压的情况下，人体外露部位的表面场强不大于 240kV/m。

750kV 带电作业用屏蔽服与 500kV 带电作业用屏蔽服保护人体的机理是相同的，二者的区别是 750kV 带电作业用屏蔽服使用的电压等级较高，电场强度较高。为了使 750kV 带电作业人员体表场强满足标准，以防人体产生不适的异常感觉，根据目前国产 500kV 带电作业用屏蔽服运行及试验经验，采用衣料屏蔽效率不小于 40dB 的布料制成 750kV 带电作业用屏蔽服；为了减小裸露面积，该屏蔽服采用帽子和上衣连成一体的式样；为了降低面部场强，加大了屏蔽服的帽檐，并采用了用导电材料和阻燃纤维编织而成的网状屏蔽面罩。全套屏蔽服及模拟人穿戴照片如图 2－59 所示。

图 2-59　全套屏蔽服及模拟人穿戴屏蔽服照片

(a) 模拟人穿戴屏蔽服；(b) 全套屏蔽服

（二）试验

试验作为 750kV 带电作业用屏蔽服衣料的主要技术参数，检测在最高运行相电压为 $800/\sqrt{3}=463.3$kV 工频电压下，750kV 线路带电作业用屏蔽服衣外及衣内体表电场强度，通过试验判别该屏蔽服能否用于 750kV 带电作业。

试验参照的主要标准包括：《标称交流电压 800kV 以下和直流电压 ±600kV 的带电作业用导电衣着》（IEC 60895—2002）、《带电作业用屏蔽服装》（GB/T 6568—2008）、《电业安全工作规程（电力线路部分）》（DL 409—1991）。

1. 屏蔽服衣料试验

该套屏蔽服衣料及成品性能试验结果见表 2-35。

表 2-35　　750kV 带电作业用屏蔽服衣料及成品性能试验结果

序号	试验项目		标准规定值		测量值
			GB/T 6568	IEC 60895	
1	屏蔽效率（dB）		>40	>40	64.35
2	衣料电阻（Ω）		0.8	1.0	0.0819
3	衣料熔断电流（A）		>5	>5	10.3
4	耐燃	炭长（mm）	300	300	65
		烧坏面积（cm²）	100	100	14.25
5	上衣电阻（Ω）	左、右袖口之间	15	60	12
6	裤子电阻（Ω）	左、右裤口之间	15	60	12
7	整套屏蔽服电阻（Ω）	任意最远端点之间	20	40	18

需要说明的是,《标称交流电压 800kV 以下和直流电压±600kV 的带电作业用导电衣着》(IEC 60895—2002)中对分件组装的屏蔽服,其电阻值要求不超过 60Ω,而对于连体服装的导电服,其电阻值要求不超过 40Ω。相关国家标准规定整套服装电阻不超过 20Ω,要求更严格一些。经试验,750kV 带电作业用屏蔽服的各项技术指标均符合 IEC 标准和国家标准,满足带电作业的安全要求。

2. 屏蔽服内、外电场强度试验

(1)试验。在等电位作业时,由模拟人穿戴全套屏蔽服(含上衣、裤子、手套、导电袜和导电鞋,面部屏蔽罩等),双脚站在六分裂模拟导线的下侧两子导线上,面向绝缘子串,离开绝缘子串 1.5m 远。

(2)试验布置。

1)绝缘子:采用 45 片玻璃绝缘子串。

2)导线:采用长度为 20m 的六分裂模拟导线,其分裂间距为 400mm,分裂直径为 800mm。导线对地高度为 18m。

(3)试验结果(见表 2-36)。

表 2-36 屏蔽服内、外电场强度测试结果 (kV/m)

序号	测试部位	测试结果	
		750kV	500kV
1	头顶帽外	1318~1338	1078~1149
2	头顶帽内	3~8	—
3	胸前衣外	280~320	—
4	胸前衣内	2~4	—
5	面部(无屏蔽罩)	710~714	—
6	面部(有屏蔽罩)	157~163.6	—
7	手尖处(手平伸)	909.5~916	754~761

(4)试验结果分析:在试验电压升至 500kV 最高运行电压的相电压 318kV 时,测量了带电作业人员头顶、手平伸时手尖两个部位的电场强度,以做比较。试验结果表明:试验电压分别为 750kV 和 500kV 最高运行电压的相电压时,测得上述两个部位的电场强度,前者(750kV 最高运行电压的相电压时)均为后者(500kV 最高运行电压的相电压时)的 1.2 倍左右。500kV 最高运行电压的相电压时的试验数据与以往测试结果基本吻合。

　　屏蔽服衣内场强测量值为2～8kV/m，符合《带电作业用屏蔽服装》（GB/T 6568—2008）中"小于15kV/m"的规定。所以，该屏蔽服衣料可用于制作750kV带电作业屏蔽服。

　　在没戴屏蔽面罩时，面部场强测量值为710～714kV/m，大于《带电作业用屏蔽服》（GB/T 6568—2008）中规定值240kV/m；当戴上屏蔽面罩时，屏蔽面罩内面部场强测量值为157～163.6kV/m，符合《带电作业用屏蔽服装》（GB/T 6568—2008）中"小于240kV/m"的规定。所以，在750kV电力设备上进行带电作业时，需加戴面部屏蔽罩。

　　3. 屏蔽服内流经人体的电流测量

　　流经屏蔽服及模拟人人体的电流测量原理如图2-60所示，测量结果见表2-37。

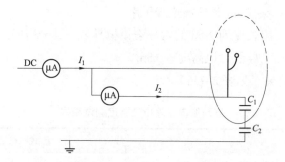

图2-60　流经屏蔽服及模拟人人体的电流测量原理图

C_1—人体与屏蔽服间的电容；C_2—屏蔽服与大地间电容；
I_1—流经屏蔽服和人体的总电流；I_2—流经人体的电流

表2-37　　　　　　　　　　　　　流经人体的电流　　　　　　　　　　　（μA）

流经屏蔽服和人体的总电流 I_1	3460
屏蔽服内流经人体的电流 I_2	28μA

　　测量结果表明：作业人员穿戴全套屏蔽服后，该屏蔽服内人体体表场强为2～8kV/m，流经人体的电流值为28μA，均小于相关标准规定的限值。

二、750kV输电线路作业人员的安全防护措施

　　1. 作业人员在不同工作位置的体表场强

　　作业人员的体表场强的分布规律受较多因素的影响，其中最主要的影响因素是作业人员距离各带电体的距离及人体的各部位特征。一般来说，当人体的某一部位在空间形成一尖端面时，电场畸变更明显；如果这一尖端部位又距带

电体较近时，该部位的体表场强达到较大值。

沿杆塔攀登面作业人员体表场强的分布规律是：随着离地高度的增加，作业人员与带电导线的空间距离逐渐减小，体表场强逐渐增大。当作业人员攀登到与带电体等高处，作业人员与带电体的空间垂直距离最小，体表场强达到较大值。此处人体体表的头部、肩部、脚尖等部位都可能形成尖端点，主要与人在该处的形体位置和外伸突出部位有关，即最大场强不一定出现在头部位置。另外，在各横担绝缘子串悬挂点处作业人员的体表场强较大。经测量，在以上各作业位置，屏蔽服内的场强为 0.5~2kV/m，远小于 15kV/m 的规定值。

在作业人员从杆塔地电位进入等电位的过程中，最高体表场强随着与带电体距离的减小而增大。当作业人员沿水平方向从塔体接近带电体时，身体各部位的体表场强中，头顶和脚尖最高，胸、腹部场强较低。在到达等电位作业位置时，人体体表场强最高，但屏蔽服内的场强值较低，为 2~8kV/m，小于 15kV/m 的规定值。在进入高电位过程中及等电位作业时，身体各部位也无明显可感的不适。

2. 作业中的安全注意事项

（1）等电位作业中应注意的安全事项。

1）等电位作业人员必须穿戴 750kV 带电作业专用屏蔽服，在标准气象条件下，考虑人体活动范围 0.5m 后，边相导线等电位电工与塔身之间最小安全距离应不小于 3.7m（官兰线）和 4.1m（兰平关线），中相导线等电位电工与塔身之间最小安全距离应不小于 4.0m（官兰线）和 4.4m（兰平关线），与横担之间最小安全距离应不小于 5.0m（官兰线）和 5.3m（兰平关线）。

2）在标准气象条件下，考虑人体活动范围 0.5m 后，等电位电工进出边相带电体时组合间隙应不小于 4.0m（官兰线）和 4.4m（兰平关线），进出中相带电体时组合间隙应不小于 4.1m（官兰线）和 4.5m（兰平关线）。

3）等电位电工转移电位时，人体裸露面部与带电体距离应不小于 0.5m。

4）等电位电工进出强电场时应有后备保险带。

5）等电位电工攀上导线或回落吊椅时，距船形线夹距离应不小于 1.5m，以免人体短接导线端绝缘子。

6）从杆塔、地面向等电位电工传递工具等时，要用干燥、清洁的绝缘绳。

（2）地电位作业中应注意的安全事项。

1）地电位作业人员应穿戴屏蔽用具。

2）在标准气象条件下，考虑人体活动范围 0.5m 后，地电位电工与边相带电体之间最小安全距离应不小于 3.7m（官兰线）和 4.1m（兰平关线），与中相带电体之间最小安全距离应不小于 4.0m（官兰线）和 4.4m（兰平关线）。

3. 感应电压的安全防护

在超高压输电线路的检修作业中，对塔上作业人员的安全防护主要包括两个方面：① 对电场的防护，需屏蔽电场对人体的影响；② 对感应电压的防护，需防止由于静电感应造成的"麻电"引发二次事故。

当 750kV 输电线路运行时，在周围空间产生电场，由于电场的作用，皮肤表面积聚的电荷将对人体产生刺激。当刺激水平较高时，这类意外刺激有可能引发二次事故。

根据计算和现场测量，当 500kV 输电线路运行时，杆塔构架上作业人员在不穿屏蔽服而对杆塔绝缘的情况下，感应电压最高可达数千伏。而当塔上作业人员接触处于空中悬浮电位的金属物体时，在接触瞬间也会产生静电放电。由于 750kV 输电线路运行电压更高、空间场强更强，这一问题将更为突出。

因此，在对 750kV 输电线路进行检修和维护作业时，塔上作业人员应采取以下防护措施：① 作业人员应穿戴全套屏蔽服（包括导电手套和导电鞋），该屏蔽服的各个连接点必须接触良好；② 塔上电工接触传递绳上较长的金属物体前，应先使其接地。

应特别注意的是，在 750kV 输电线路上，登塔作业人员不允许穿绝缘鞋，尤其不允许身穿屏蔽服、足穿绝缘鞋登塔作业。

当对避雷线进行检修作业时，为保证作业安全，塔上电工应采取以下安全防护措施：如果避雷线是分段绝缘、一点接地时，应视作带电体对待，塔上电工应对其保持足够的距离；在接触地线前，应先通过绝缘工具使架空地线在杆塔构件上良好接地，接地方式、步骤必须严格按相关规定执行。对经过良好接地后的避雷线，穿戴屏蔽服的作业人员可直接进入进行检修作业。

三、750kV 输电线路带电作业安全工作规程

（一）适用范围

适用于 750kV 输电线路的带电检修、维护及检测工作。

（二）作业方式

在 750kV 输电线路带电作业中，其作业方式主要有：

（1）地电位作业。是指作业人员人体电位为地电位，通过绝缘工具对带电体进行的作业。

（2）等电位作业。是指作业人员通过绝缘体对大地绝缘后，人体与带电体处于同一电位时进行的作业。

（3）中间电位作业。是指作业人员通过绝缘体对大地绝缘，同时又与带电

体保持一定间距，人体的电位为悬浮的中间电位时进行的作业。

（三）一般要求

1. 人员要求

（1）带电作业人员应身体健康，无妨碍作业的生理和心理障碍。

（2）应具有电工原理和电力线路的基本知识，掌握带电作业的基本原理和操作方法，熟悉作业工具的适用范围和使用方法。通过专门培训，考试合格并具有上岗证。

（3）熟悉《电业安全工作规程（电力线路部分）》（DL 409—1991）和本规程。会紧急救护法、触电解救法和人工呼吸法。

（4）工作负责人（包括安全监护人）应具有 3 年以上的带电作业实际工作经验，熟悉设备状况，具有一定组织能力和事故处理能力，经本单位总工程师批准后，负责现场的安全监护。

2. 气象条件要求

（1）作业应在良好的天气下进行。如遇雷、雨、雪、雾不得进行带电作业，风力大于 5 级时，一般不宜进行作业。

（2）在特殊或紧急条件下，若必须在恶劣气候下进行带电抢修时，工作负责人应针对现场气候和工作条件，组织全体作业人员充分讨论，制定可靠的安全措施，经本单位总工程师批准后方可进行。

（3）夜间抢修作业应有足够的照明设施。

（4）带电作业过程中若遇天气突然变化，有可能危及人身或设备安全时，应立即停止工作，尽快恢复设备正常状况，或采取临时安全措施。

3. 其他要求

（1）带电作业的新项目、新工具必须经过技术鉴定合格，通过在模拟设备上实际操作，确认切实可行，并制定出相应的操作程序和安全技术措施，经本单位总工程师批准后方能在设备上进行作业。

（2）凡是比较重大或较复杂的作业项目，必须组织有关技术人员、作业人员研究讨论，制定出相应的操作程序和安全技术措施，经本部门技术负责人审核、本单位总工程师批准后方能执行。

（3）带电作业班组在接受带电作业任务后，应根据任务和作业设备情况，查阅资料或查勘现场；了解设备情况以及作业环境，根据作业内容确定作业方法、所需工（器）具。

（四）技术要求

（1）在 750kV 输电线路上开展带电作业应停用自动重合闸。带电作业工作负责人在带电作业工作开始前，应与调度联系，工作结束后应向调度汇报，严禁约时使用或恢复重合闸。

（2）作业人员在进行地电位作业时，带电作业电气间隙不得小于表2-38的数值。

表2-38　　　　　　　　　带电作业电气间隙　　　　　　　　（m）

海拔		0（标准气象条件）	1000	2000	3000
带电作业电气间隙	边相塔身	3.6	4.0	4.6	5.2
	中相塔身	3.9	4.3	4.8	5.5
	中（边）相顶部构架	4.8	5.2	5.6	6.0

带电作业最小安全距离为带电作业电气间隙加上人体活动范围0.5m。

（3）海拔1000m及以下地区绝缘工具的最小有效绝缘长度不得小于5.0m。

（4）更换直线绝缘子串或移动导线的作业，当采用单吊线装置时，应采取防止导线脱落的后备保护措施。

（5）在绝缘子串未脱离导线前，拆、装靠近横担的第一片绝缘子时，必须采用专用短接线方可直接进行操作。

（6）在杆塔构件上作业的地电位作业人员应穿着全套屏蔽服。

（7）用绝缘绳索传递金属物品时，杆塔上作业人员应将金属物品接地后再接触，以防电击。

（8）等电位作业人员通过绝缘工具进入高电位时，作业人员与带电体和接地体之间的最小安全组合间隙（含人体占位间隙0.5m）不得小于表2-39的数值。

表2-39　　　　　　　　　带电作业组合间隙　　　　　　　　（m）

海拔		0（标准气象条件）	1000	2000	3000
带电作业组合间隙	边相	4.4	4.8	5.3	5.9
	中相	4.5	4.9	5.4	6.1

（9）等电位作业人员对杆塔侧边构架的电气间隙不得小于表1的规定。

（10）海拔1000m及以下地区等电位作业人员与杆塔构架上作业人员传递物品应采用绝缘工具或绝缘绳索，绝缘工具或绝缘绳索的最小有效绝缘长度不得小于5.0m。

（11）等电位作业人员必须穿合格的全套屏蔽服（包括帽、衣、裤、面罩、手套、袜和鞋），且各部分应连接良好，屏蔽服内还应穿阻燃内衣。

（12）等电位作业人员在电位转移前，应得到工作负责人的许可，并系好安全带。转移电位时，人体面部与带电体的距离不得小于 0.5m。

（13）海拔 1000m 及以下地区等电位作业人员沿耐张绝缘子串进入高电场时，人体短接绝缘子片数不得多于 4 片。耐张绝缘子串中扣除人体短接和零值绝缘子片数后，良好绝缘子不得少于 26 片（170mm）或 23 片（195mm）。

（14）等电位作业人员进入高电场时，应避免行进过程中身体动作幅度过大。

（15）海拔 1000m 及以下地区带电检测不良绝缘子时，绝缘工具的最小有效绝缘长度不得小于 5.0m，检测装置应便于现场操作，检测工作应在干燥晴朗气候下进行。

（五）作业工具

（1）在使用绝缘工具前，应用绝缘电阻表（2500～5000V）对其进行分段测量，每 2cm 测量电极间的绝缘电阻值不低于 700MΩ。使用绝缘工具时应戴清洁、干燥的手套，并应防止绝缘工具在使用中脏污和受潮。

（2）带电作业使用的金属丝杆、卡具及连接工具在作业前应经试组装，确认各部件操作灵活、性能可靠，现场不得使用不合格和非专用工具进行带电作业。

（3）带电更换绝缘子、线夹等作业时，承力工具应固定可靠，并应有后备保护。

（4）屏蔽服应无破损和孔洞，各部分应连接完好，屏蔽服衣裤最远端点之间的电阻值均不大于 20Ω。

（六）作业中的注意事项

（1）所有作业工具在使用前经检查良好后方可使用。屏蔽服在使用前若发现破损和毛刺状时，应进行整套衣服的电阻测量，符合要求后方可使用。

（2）绝缘操作杆的中间接头如为活动式，不管其材质如何，均应满足在承受冲击、推拉和扭转各种荷重时，不得脱离和松动，不允许将绝缘操作杆当承力工具使用。操作杆前端的加长金属件不得短接有效的绝缘间隙。在杆塔上暂停作业时，操作杆应垂直吊挂或平放在水平塔材上，但不得在塔材上拖动，以免损坏操作杆的外表。使用较长绝缘操作杆时，应在前端杆身适当位置加装绝缘吊绳，以防杆身过分弯曲，并减轻操作者劳动强度。

（3）绝缘吊梯、绝缘杆应架起隔离地面；绝缘绳索不得在地面上或水中拖放，严防与杆塔摩擦。受潮的绝缘绳索严禁在带电作业中使用。

（4）导线卡具的夹嘴直径应与导线外径相适应，严禁代用，否则将出现导线滑移或压伤导线。紧线器应根据荷载大小和紧线方式正确使用其规格。

（5）绝缘拉、吊杆是更换耐张和直线绝缘子的承力和主绝缘工具，其电气绝缘性能应通过工频和操作冲击耐压试验，其有效绝缘长度不应小于 5.0m。

（6）在电位转移工作中，严禁等电位电工用裸露部位进行，否则将有幅值较大的暂态电流流经人体。

（7）更换直线绝缘子串或移动导线的作业，当采用单吊线装置时，应采用防止导线脱落的后备保护措施。

（8）在线路下放置有汽车或体积较大的金属作业机具时，必须先行接地才能徒手触及。

（9）在传递较重的工器具时，应系好控制绳，防止被传物品相互碰撞及误碰处于工作状态的承力工器具。

（七）工具的试验

（1）用于 750kV 输电线路的绝缘工器具均应通过型式试验，经试验合格后方可应用于作业中。

（2）发现绝缘工具受潮或表面损伤、脏污时，应及时处理并经试验合格后方可使用。不合格的带电作业工具应及时检修或报废，不得继续使用。

（3）作业工具应定期进行电气试验及机械试验，其试验周期如下。

1）电气试验：预防性试验每年一次，检查性试验每年一次。

2）机械试验：绝缘工具每年一次，金属工具每两年一次。

（4）试验项目。

1）电气试验。

a. 工频耐压试验：耐受电压 780kV，耐压 3min，电极间绝缘长度为 4.7m。

b. 冲击耐压试验：耐受电压 1300kV，耐压 15 次，电极间绝缘长度为 4.7m。

工频耐压试验以无击穿、无闪络及过热为合格；操作冲击耐压应采用 250/2500μs 的标准波，以无一次击穿、闪络为合格。试验应整根进行，不得分段。

c. 例行试验：将绝缘工具分成若干段进行工频耐压试验。每 300mm 耐压 75kV，时间为 1min，应无闪络、无击穿、无发热。

2）机械试验。

a. 静负荷试验：1.2 倍允许工作负荷下持续 1min，工具应无变形或损伤。

b. 动负荷试验：1.0 倍允许工作负荷下实际操作 3 次，工具灵活、轻便、无卡住现象者为合格。

　　3）屏蔽服检查性试验。衣裤最远端点之间的电阻值均不得大于 20Ω。

（八）工具的运输与保管

　　（1）在运输过程中，绝缘工具应装在专用工具袋、工具箱或专用工具车内，以防受潮和损伤。

　　（2）铝合金工具、表面硬度较低的卡具、夹具及不宜磕碰的金属机具（例如丝杆），运输时应有专用的木质和皮革工具箱，每箱容量以一套工具为限，零散的部件在箱内应予固定。

　　（3）带电作业工具库房应配有通风、干燥、除湿设施。库房内的相对湿度不大于 60%，超过时应设置除湿机降低湿度。

　　（4）存放设施。绝缘杆件的存放设施应设计成垂直吊放的排列架，绝缘硬梯、拖瓶的存放设施应设计成能水平摆放的多层式构架，绝缘绳索及其滑车组的存放设施应设计成垂直吊挂的构架。

第三章

1000kV 交流输电线路带电作业

随着电网的建设和发展，特别是 1000kV 特高压交流输电线路的建设及投运，对更高电压等级输电线路的带电作业提出了新的研究课题。针对 1000kV 交流输电线路开展的带电作业可行性及安全性研究主要包括：

（1）带电作业安全距离、组合间隙试验研究。

（2）安全作业方式及安全防护用具试验研究。

（3）安全作业方式及人体安全防护用具试验研究。

（4）带电作业技术导则的制定。

（5）同塔双回线路的感应电压及安全检修方式研究。

第一节　1000kV 单回输电线路带电作业

一、线路基本情况

1. 塔型结构

1000kV 特高压交流示范工程线路塔型及塔头尺寸如图 3−1 所示。

2. 运行方式和线路参数

1000kV 特高压交流试验示范工程由晋东南—南阳（363.0km）和南阳—荆门（290.8km）两段组成，线路导线型号为 8×LGJ−500/35，分裂间距半径为 400mm，地线型号为 LBGJ−150−20AC 和 OPGW−150，晋东南—南阳导线为水平排列，南阳—荆门导线为三角排列。其线路参数见表 3−1。

表 3−1　　　　　1000kV 特高压交流试验示范工程线路参数

导线排列方式	正序				零序			
	电阻（Ω/km）	感抗（Ω/km）	电容	（μF/km）	电阻（Ω/km）	感抗（Ω/km）	电容	（μF/km）
水平	0.00815	0.26302	0.	01400	0.21741	0.73902	0.	00951
三角	0.00819	0.26301	0.	01387	0.21499	0.73768	0.	00917

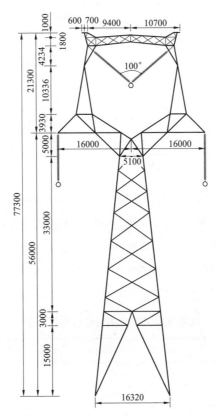

图 3-1 1000kV 特高压交流示范工程线路塔型及塔头尺寸

3. 带电作业过电压水平

（1）带电作业操作过电压水平及概率密度。表 3-2 列出了 2008 年晋东南—南阳—荆门线不同运行方式下的单相接地三相分闸过电压。

表 3-2 单相接地三相分闸过电压

运行方式	故障线路	故障分闸侧	相地过电压（p.u.）			相间过电压（p.u.）		避雷器能量（MJ）	分闸电阻能量（MJ）
			首端	末端	沿线最大	首端	末端		
大方式	晋南线	晋东南	1.52	1.51	1.69	2.57	2.35	3.95	—
		晋东南*	1.46	1.10	1.46	1.67	1.75	0	21.8
	南荆线	荆门	1.52	1.55	1.72	2.68	2.85	6.51	—
		荆门*	1.51	1.53	1.66	2.39	2.49	5.07	18.2

续表

运行方式	故障线路	故障分闸侧	相地过电压（p.u.）			相间过电压（p.u.）		避雷器能量（MJ）	分闸电阻能量（MJ）
			首端	末端	沿线最大	首端	末端		
小方式	晋南线	晋东南	1.48	1.33	1.49	1.83	1.86	0	—
		晋东南*	1.48	1.15	1.48	1.70	1.76	0	9.1
	南荆线	荆门	1.44	1.51	1.54	2.06	2.10	0.67	—
		荆门*	1.26	1.49	1.49	1.93	1.96	0	8.8

注　不带*和带*者分别代表无分闸电阻和有分闸电阻（700Ω）。

由表 3-2 可见，当无分闸电阻时，单相接地三相分闸过电压水平最大为 1.72p.u.（线路）和 1.55p.u.（母线侧）；而带分闸电阻（700Ω）时，则分别为 1.66p.u.（线路）和 1.53p.u.（母线侧）。

表 3-3 列出了线路发生单相接地三相分闸时的过电压分布，图 3-2 所示为过电压分布概率密度。

表 3-3　　　　　　　　　单相接地三相分闸时的过电压分布

过电压倍数（p.u.）	过电压幅值（kV）	出现频率	累积频率
有分闸电阻　　1.59	1428.1	1	0
1.60	1436.8	4	5
1.61	1445.8	5	10
1.62	1454.8	11	21
1.63	1463.8	29	50
1.64	1472.8	21	71
1.65	1481.8	19	90
1.66	1490.7	10	100
无分闸电阻　　1.65	1481.9	0	0
1.66	1490.9	2	2
1.67	1499.9	0	2
1.68	1508.9	12	14
1.69	1517.9	29	43
1.70	1526.8	25	68
1.71	1535.8	17	85
1.72	1544.8	15	100

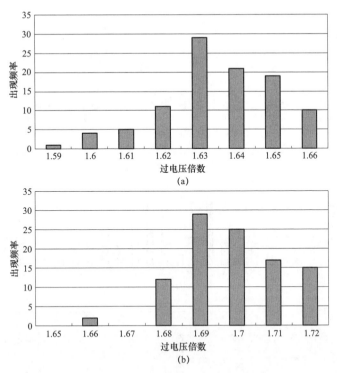

图 3-2　单相接地三相分闸时的过电压概率密度

（a）有分闸电阻；（b）无分闸电阻

（2）操作过电压波前长度。表 3-4 为晋南及南荆沿线相地过电压水平最高时的波前时间 t_f（ms），图 3-3 所示为三相波前时间分布。

表 3-4　　　　　相地过电压水平最高时的波前时间　　　　　（ms）

波前时间 t_f			过电压幅值最高的前 5 次波前时间 t_f
平均值	标偏	最小	
4.88	0.32	3.13	3.13～3.69

由表 3-4 可见，晋南及南荆沿线相地过电压水平最高时的波前时间最小在 3000μs 以上，远大于标准操作波的波前时间 250μs。

4. 海拔修正

为满足工程实际需求，分别计算了海拔 0（标准气象条件）、500、1000、1500、2000m 处的带电作业最小安全距离及最小组合间隙。

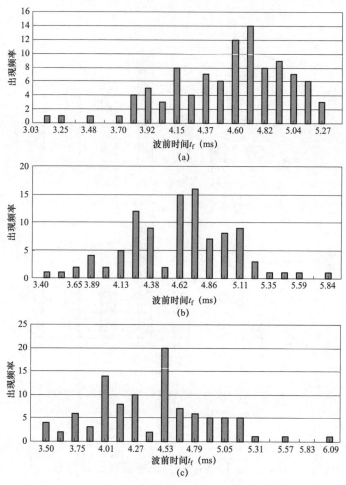

图 3-3　三相波前时间分布

（a）A 相；（b）B 相；（c）C 相

二、试验条件

试验是在特高压户外试验场进行的，其面积为（120×445）m^2，特高压试验线段长 200m，中部直线塔是拉 V 塔。拉 V 塔呼称高 40m，塔总高 47m，塔宽 47.6m。导线三相水平排列，导线八分裂，分裂直径为 1.04m，分裂间距为 400mm，子导线直径 27.6mm（LGJQ-400 型），导线两端部均安装 ϕ1.5m 的双环。边相为单 I 形绝缘子串，绝缘子串为 48 片，绝缘子型号为 LXP-300；中相为 V 形绝缘子串，绝缘子串为 43 片，绝缘子型号为 LXP-300；耐张串绝缘子型号为 LXP-300，结构高度为 170mm。

试验中采用宽为 1.4m 的高强度角钢制成模拟塔腿，悬挂在拉 V 塔边相和中相横担上，并调节间隙距离，将拉 V 塔改成猫头塔形状。同时，还改变塔身宽度进行了安全距离、组合间隙操作冲击放电试验。

　　试验用模拟人由铝合金制成，与实际人体的形态及结构一致，四肢可以自由弯曲，以便调整其各种姿态。模拟人站姿高为 1.8m，坐姿高为 1.45m，身宽为 0.5m。边相带电作业试验布置如图 3－4 所示。

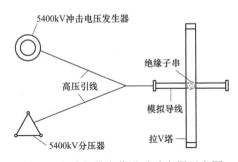

图 3－4　边相带电作业试验布置示意图

　　结合操作过电压波前时间计算结果，在带电作业试验中采用 720/4000μs 操作冲击波形进行试验，得出的试验结果具有一定的安全裕度。

三、带电作安全距离试验研究

（一）边相带电作业最小安全距离试验研究

　　大量的试验研究表明，人在导线（高电位）时对杆塔构架的放电电压 $U_{50\%}$ 要比人在塔身（地电位）对导线的低。因此，着重进行了人在高电位对杆塔各间隙的放电试验。

　　边相带电作业最小安全距离试验如图 3－5 所示。

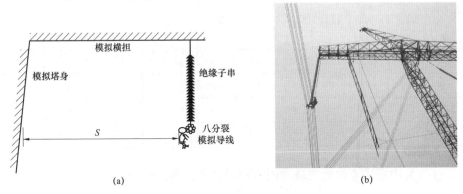

(a)　　　　　　　　　　　　　　　　　(b)

图 3－5　边相带电作业最小安全距离试验

（a）试验布置示意图；（b）现场实景

　　改变杆塔构架至模拟人之间的距离 S，通过试验求取放电电压 $U_{50\%}$ 和变异系数 Z。边相带电作业安全距离试验放电特性曲线如图 3－6 所示。

　　当取系统最高工作电压为 1100kV、系统最大过电压分别为 1.72p.u.（无分闸电阻）及 1.66p.u.（有分闸电阻）时，根据操作冲击放电特性曲线及不同海拔下的海拔校正系数 K_a，可计算得到边相带电作业最小间隙距离。边相带电作业最小安全距离（考虑人体允许活动范围 0.5m 及海拔修正）见表 3-5。

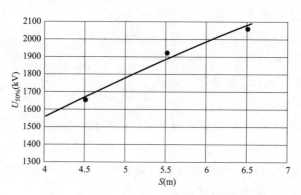

图 3-6   边相带电作业安全距离试验放电特性曲线

表 3-5   边相带电作业最小安全距离

海拔 （m）	最大过电压 （p.u.）		$U_{50\%}$（kV）		最小间隙距离 （m）		危险率		最小安全距离 （m）	
	有分闸 电阻	无分闸 电阻	有分闸 电阻	无分闸 电阻	有分闸 电阻	无分闸 电阻	有分闸电阻	无分闸电阻	有分闸 电阻	无分闸 电阻
0（标准 气象 条件）	1.66	1.72	1802	1863	5.2	5.5	8.47×10^{-6}	9.23×10^{-6}	5.7	6.0
500	1.66	1.72	1798	1877	5.4	5.8	9.24×10^{-6}	6.90×10^{-6}	5.9	6.3
1000	1.66	1.72	1808	1864	5.7	6.0	7.44×10^{-6}	9.04×10^{-6}	6.2	6.5
1500	1.66	1.72	1800	1872	5.9	6.3	8.85×10^{-6}	7.66×10^{-6}	6.4	6.8
2000	1.66	1.72	1805	1874	6.2	6.6	7.94×10^{-6}	7.34×10^{-6}	6.7	7.1

（二）中相带电作业与塔窗侧边构架安全距离试验研究

1. 等电位作业

中相等电位作业位置时，模拟人身穿屏蔽服，头部与模拟导线的上沿子导线在同一水平面，直接与模拟导线紧密接触（等电位）。中相等电位作业人员与塔窗侧边构架安全距离试验如图 3-7 所示。

改变杆塔侧边构架至模拟人之间的距离 S，通过试验求取放电电压 $U_{50\%}$ 和变异系数 Z。中相等电位作业人员与塔窗侧边构架安全距离试验放电特性曲线如图 3-8 所示。

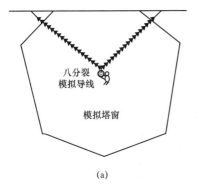
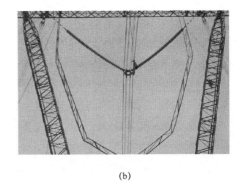

(a)　　　　　　　　　　　　　　(b)

图 3-7　中相等电位作业人员与塔窗侧边构架安全距离试验

（a）试验布置示意图；（b）现场实景

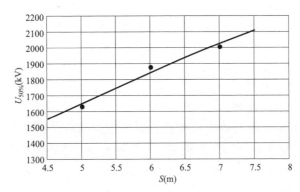

图 3-8　中相等电位作业人员与塔窗侧边构架安全距离试验放电特性曲线

2. 地电位作业

中相地电位作业位置时，模拟人身穿全套屏蔽服位于杆塔构架上。中相地电位作业人员与塔窗侧边构架安全距离试验如图 3-9 所示。

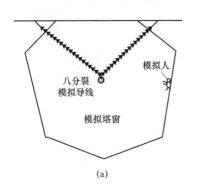
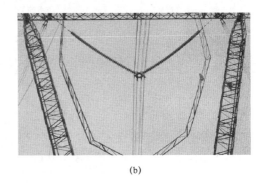

(a)　　　　　　　　　　　　　　(b)

图 3-9　中相地电位作业人员与塔窗侧边构架安全距离试验

（a）试验布置示意图；（b）现场实景

改变模拟导线与塔窗侧边构架之间的间隙距离 S，通过试验求取放电电压 $U_{50\%}$ 和变异系数 Z。中相地电位作业人员与塔窗侧边构架安全距离试验放电特性曲线如图 3-10 所示。

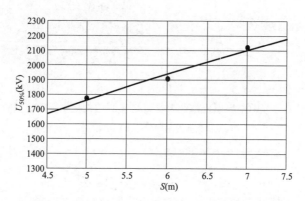

图 3-10　中相地电位作业人员与塔窗侧边构架安全距离试验放电特性曲线

3. 确定最小安全距离

综合作业人员在中相等电位作业位置和中相地电位作业位置两种工况下的试验结果，可见在相同间隙距离下，当作业人员处于地电位作业位置时，其操作冲击 50% 放电电压比在等电位作业位置时的高。由此，在计算求取中相带电作业最小安全距离时，只需以等电位作业位置进行计算即可。

根据图 3-10 中的操作冲击放电特性曲线及不同海拔下的海拔校正系数 K_a，可计算得到中相带电作业最小间隙距离，见表 3-6。

表 3-6　　　　　　　　　　　中相带电作业最小安全距离

海拔（m）	最大过电压（p.u.）		$U_{50\%}$（kV）		最小间隙距离（m）		危险率		最小安全距离（m）	
	有分闸电阻	无分闸电阻	有分闸电阻	无分闸电阻	有分闸电阻	无分闸电阻	有分闸电阻	无分闸电阻	有分闸电阻	无分闸电阻
0（标准气象条件）	1.66	1.72	1794	1868	5.8	6.2	9.96×10^{-6}	8.32×10^{-6}	6.3	6.7
500	1.66	1.72	1804	1875	6.1	6.5	8.12×10^{-6}	7.19×10^{-6}	6.6	7.0
1000	1.66	1.72	1808	1875	6.4	6.8	7.44×10^{-6}	7.19×10^{-6}	6.9	7.3
1500	1.66	1.72	1796	1860	6.6	7.0	9.64×10^{-6}	9.83×10^{-6}	7.1	7.5
2000	1.66	1.72	1796	1873	6.9	7.4	9.64×10^{-6}	7.50×10^{-6}	7.4	7.9

（三）耐张串带电作业安全距离试验研究

由于带电作业人员处于等电位作业位置时的操作冲击 50%放电电压 $U_{50\%}$ 要比在地电位作业位置时的低。因此，着重进行人在等电位作业位置时的试验。通过改变杆塔构架至模拟人之间的距离 S，通过试验求取 $U_{50\%}$ 和 Z，耐张串带电作业安全距离试验放电特性曲线如图 3-11 所示。

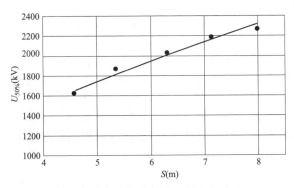

图 3-11　带电作业试验放电特性曲线

根据操作冲击放电特性曲线及不同海拔下的海拔校正系数 K_a，得到耐张串带电作业最小安全距离，见表 3-7。

表 3-7　　　　　　　　　　　耐张串带电作业安全距离

海拔（m）	最大过电压（p.u.）		放电电压 $U_{50\%}$（kV）		最小间隙距离（m）		危险率		最小安全距离（m）	
	有分闸电阻	无分闸电阻	有分闸电阻	无分闸电阻	有分闸电阻	无分闸电阻	有分闸电阻	无分闸电阻	有分闸电阻	无分闸电阻
0（标准气象条件）	1.66	1.72	1795	1877	5.3	5.7	9.85×10^{-6}	6.90×10^{-6}	5.8	6.2
500	1.66	1.72	1812	1871	5.6	5.9	6.82×10^{-6}	7.82×10^{-6}	6.1	6.4
1000	1.66	1.72	1802	1860	5.8	6.1	8.47×10^{-6}	9.83×10^{-6}	6.3	6.6
1500	1.66	1.72	1795	1867	6.0	6.4	9.85×10^{-6}	8.50×10^{-6}	6.5	6.9
2000	1.66	1.72	1801	1871	6.3	6.7	8.66×10^{-6}	7.82×10^{-6}	6.8	7.2

四、组合间隙试验研究

（一）边相带电作业组合间隙试验研究

试验采用带电作业人员乘坐吊椅进入的方式，求取在不同组合间隙下的操作冲击 50%放电电压。边相带电作业组合间隙试验如图 3-12 所示。

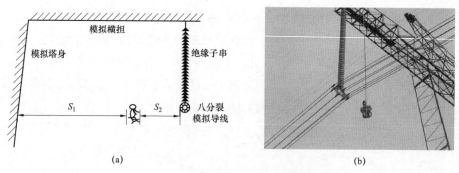

图 3-12　边相带电作业组合间隙试验

(a) 试验布置示意图；(b) 现场实景

取总间隙 $S = S_1 + S_2 = 6.5$m 不变，改变 S_1 和 S_2 的值，通过试验求取其操作冲击 50% 放电电压，试验结果见表 3-8。边相带电作业模拟人在不同位置时的放电特性曲线如图 3-13 所示。

表 3-8　　　　　边相带电作业组合间隙最低放电位置试验结果

S（m）	S_2（m）	S_1（m）	$U_{50\%}$（kV）	Z（%）
6.5	0	6.5	2058	4.5
	0.2	6.3	1977	3.3
	0.4	6.1	1940	5.1
	0.7	5.8	2033	4.2
	1.0	5.5	2149	2.4
	1.5	5.0	2157	2.7

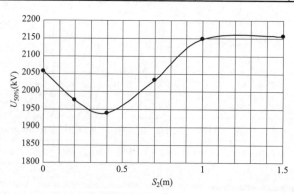

图 3-13　边相带电作业模拟人在不同位置时的放电特性曲线

由图 3-13 可见，最低放电位置在模拟人距导线（高电位）约 0.4m 处。

取 $S_2 = 0.4$m 不变，改变 S_1、S 的值进行操作冲击放电试验，边相带电作业组合间隙试验放电特性曲线如图 3−14 所示。

根据图 3−14 中的操作冲击放电特性曲线及不同海拔下的海拔校正系数 K_a，可计算得到边相带电作业最小组合间隙，见表 3−9。

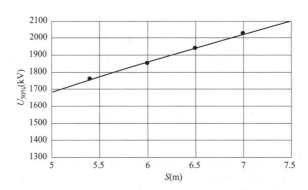

图 3−14 边相带电作业组合间隙的试验放电特性曲线

表 3−9 边相带电作业最小组合间隙

海拔（m）	最大过电压（p.u.）		放电电压 $U_{50\%}$（kV）		最小间隙距离（m）		危险率		最小组合间隙（m）	
	有分闸电阻	无分闸电阻	有分闸电阻	无分闸电阻	有分闸电阻	无分闸电阻	有分闸电阻	无分闸电阻	有分闸电阻	无分闸电阻
0（标准气象条件）	1.66	1.72	1808	1864	5.8	6.1	7.44×10^{-6}	9.04×10^{-6}	6.3	6.6
500	1.66	1.72	1800	1872	6.0	6.4	8.84×10^{-6}	7.66×10^{-6}	6.5	6.9
1000	1.66	1.72	1805	1873	6.3	6.7	7.94×10^{-6}	7.50×10^{-6}	6.8	7.2
1500	1.66	1.72	1810	1875	6.6	7.0	7.13×10^{-6}	7.19×10^{-6}	7.1	7.5
2000	1.66	1.72	1810	1872	6.6	7.3	7.13×10^{-6}	7.66×10^{-6}	7.4	7.8

（二）中相带电作业组合间隙试验研究

试验采用带电作业人员乘坐吊椅进入的方式，模拟进入等电位的实际作业工况，求取在不同组合间隙下的操作冲击 50% 放电电压。中相带电作业组合间隙试验如图 3−15 所示。

固定 S 为 6.0m 不变，改变 S_1、S_2 的值，通过试验求取其操作冲击 50% 放电电压，试验结果见表 3−10。中相带电作业模拟人在不同位置时的放电特性曲线如图 3−16 所示。

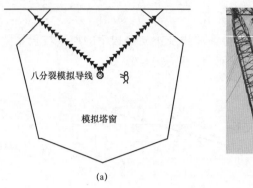
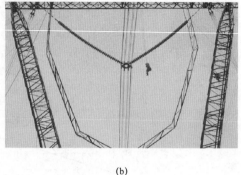

(a)　　　　　　　　　　　　　　　　　　(b)

图 3-15　中相带电作业组合间隙试验

（a）试验布置示意图；（b）现场实景

表 3-10　　　　　　中相带电作业组合间隙最低放电位置试验结果

S（m）	S_2（m）	S_1（m）	$U_{50\%}$（kV）	Z（%）
6.0	0	6.0	1874	5.6
	0.2	5.8	1826	4.5
	0.4	5.6	1802	3.2
	0.7	5.3	1847	3.8
	1.0	5.0	1890	3.7
	1.5	4.5	1905	5.1

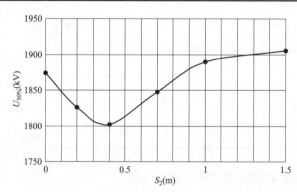

图 3-16　中相带电作业模拟人在不同位置时的放电特性曲线

由图 3-16 可见，最低放电位置在模拟人距导线（高电位）约 0.4m 处。

固定 S_2 为 0.4m 不变，改变 S_1、S 的值进行操作冲击放电试验，试验结果如图 3-17 所示。

根据图 3-17 中的放电特性曲线及不同海拔下的海拔校正系数 K_a，可计算得到中相带电作业最小组合间隙，见表 3-11。

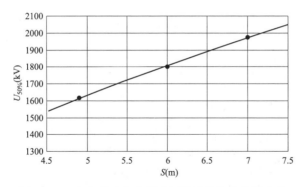

图 3-17　中相带电作业组合间隙试验放电特性曲线

表 3-11　　　　　　　　中相带电作业最小组合间隙

海拔（m）	最大过电压（p.u.）		放电电压 $U_{50\%}$（kV）		最小间隙距离（m）		危险率		最小组合间隙（m）	
	有分闸电阻	无分闸电阻	有分闸电阻	无分闸电阻	有分闸电阻	无分闸电阻	有分闸电阻	无分闸电阻	有分闸电阻	无分闸电阻
0（标准气象条件）	1.66	1.72	1802	1873	6.0	6.4	8.47×10^{-6}	7.50×10^{-6}	6.5	6.9
500	1.66	1.72	1810	1878	6.3	6.7	7.13×10^{-6}	6.75×10^{-6}	6.8	7.2
1000	1.66	1.72	1796	1861	6.5	6.9	9.64×10^{-6}	9.63×10^{-6}	7.0	7.4
1500	1.66	1.72	1799	1861	6.8	7.2	9.04×10^{-6}	9.63×10^{-6}	7.3	7.7
2000	1.66	1.72	1798	1873	7.1	7.6	9.24×10^{-6}	7.50×10^{-6}	7.6	8.1

（三）耐张串带电作业组合间隙试验研究

试验中，结合带电作业人员进入等电位的实际作业工况，采用作业人员沿耐张串进入的方式。

取总间隙为 40 片绝缘子不变，调整模拟人距均压环位置分别为 0、2、3、5、7 片绝缘子，通过试验求取其操作冲击 50%放电电压，试验结果见表 3-12。耐张串带电作业组合间隙模拟人在不同位置时的放电特性曲线如图 3-18 所示。

表 3-12　　　耐张串带电作业组合间隙最低放电位置试验结果

总绝缘子数	人距均压环绝缘子片数	$U_{50\%}$（kV）	Z（%）
40	0	2021.2	7.6
	2	1976.3	2.8
	3	1984.0	2.4
	5	2052.7	2.6
	7	2116.5	3.5

由图 3-18 可见，最低放电位置在模拟人距均压环（高电位）绝缘子片数为 2 片处。

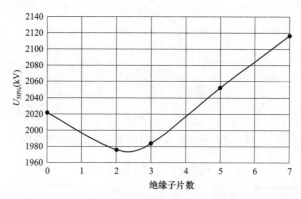

图 3-18　耐张串带电作业组合间隙模拟人在不同位置时的放电特性曲线

将模拟人置于距导线均压环 2 片绝缘子处，改变模拟塔腿至导线均压环分别为 30、40、50 片绝缘子处进行操作冲击放电试验，试验结果如图 3-19 所示。

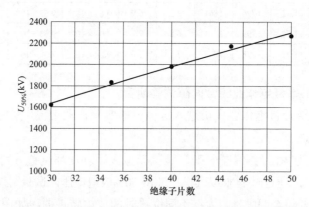

图 3-19　耐张串带电作业组合间隙试验放电特性曲线

由于单片绝缘子高度为 170mm，据此通过曲线拟合及不同海拔下的海拔校正系数 K_a，可计算得到耐张串可接受最小组合间隙，见表 3-13。

五、带电作业人员的安全防护研究

由于 1000kV 输电线路电压水平更高、空间场强更强，作业人员的体表场强也会相应增高，为确保带电作业人员的安全及带电检修的顺利开展，研究相应的安全防护用具和防护措施是十分必要的。

表 3－13　　　　　　　　　　耐张串带电作业最小组合间隙

海拔 （m）	最大过电压 （p.u.）		放电电压 $U_{50\%}$（kV）		最小间隙距离 （m）		危险率		最小组合间隙 （m）	
	有分闸 电阻	无分闸 电阻	有分闸 电阻	无分闸 电阻	有分闸 电阻	无分闸 电阻	有分闸电阻	无分闸电阻	有分闸 电阻	无分闸 电阻
0（标准 气象条 件）	1.66	1.72	1803	1864	6.1	6.5	8.29×10^{-6}	9.04×10^{-6}	6.6	7.0
500	1.66	1.72	1804	1861	6.4	6.8	8.12×10^{-6}	9.63×10^{-6}	6.9	7.3
1000	1.66	1.72	1798	1866	6.7	7.2	9.24×10^{-6}	8.68×10^{-6}	7.2	7.7
1500	1.66	1.72	1806	1871	7.1	7.6	7.77×10^{-6}	7.82×10^{-6}	7.6	8.1
2000	1.66	1.72	1797	1870	7.4	8.0	9.44×10^{-6}	7.98×10^{-6}	8.0	8.5

对研制的 1000kV 带电作业用屏蔽服进行屏蔽服检测试验，试验参照标准包括《标称交流电压 800kV 及以下和直流电压±600kV 时带电作业用的导电衣着》（IEC 60895—2002）、《带电作业用屏蔽服装》（GB/T 6568—2008）和《电业安全工作规程（电力线路部分）》（DL 409—1991）。

试验项目包括 1000kV 带电作业用屏蔽服衣料的主要技术参数、在最高运行相电压下屏蔽服衣外及衣内体表电场强度、进入等电位时的拉弧试验验证等。

1. 屏蔽服衣料及成品电阻测试

1000kV 带电作业屏蔽服衣料及成品电阻测试结果见表 3－14。

表 3－14　　　　　　1000kV 带电作业用屏蔽服衣料及成品电阻测试

序号	试验项目		标准规定值		测量值
			GB/T 6568	IEC 60895	
1	屏蔽效率（dB）		>40	>40	69.44
2	衣料电阻（Ω）		0.8	1.0	0.44
3	衣料熔断电流（A）		>5	>5	11.20
4	耐燃	炭长（mm）	300	300	72.00
		烧坏面积（cm²）	100	100	16.30
5	金属网屏蔽面纱屏蔽效率（dB）		—	—	20.60
6	鞋子（Ω）		500	500	297.00
7	套屏蔽服装电阻（Ω）	任意最远端点之间	20	40	18.50

2. 屏蔽服内、外电场强度测量

（1）试验布置及试验条件。试验在特高压户外试验场进行，试验布置如

图 3-20 所示。

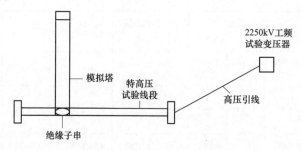

图 3-20　试验布置示意图

（2）试验电压。试验电压按 1000kV 最高运行电压的相电压取值，即 $(1000 \times 1.1) / \sqrt{3} = 635\text{kV}$。

（3）试验结果。工作人员登塔如图 3-21 所示，工作人员身穿屏蔽服在登塔过程中不同位置时的现场实景如图 3-22 所示。

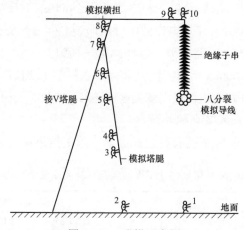

图 3-21　登塔示意图

1—人在导线的正下方位置；2—人站在模拟塔腿下方地面上；3—人在模拟塔腿上距离导线所在的水平方向下方 4m 处；4—人在模拟塔腿上距离导线所在的水平方向下方 3m 处；5—人在模拟塔腿上和导线在同一水平面上的位置；6—人在模拟塔腿上距离导线所在的水平方向上方 2m 处；7—人在模拟塔腿上处于绝缘子串中间所在的水平方向处；8—人处于塔横担下方 1m 的位置；9—人在塔横担上距离边缘 1.5m 的位置；10—人站在导线正上方铁塔横担上的位置

六、带电作业现场试验及应用

（一）交流特高压试验基地带电作业现场试验

为了验证 1000kV 带电作业研究成果，同时为在交流特高压试验示范工程上开展带电作业提供实践经验，在国家电网有限公司 1000kV 交流特高压试验基地单回路试验线段进行了带电作业现场试验。

1. 安全距离、组合间隙、绝缘工具验证试验

在现场试验过程中，作业人员在不同作业位置，对带电作业安全距离、组合间隙等技术参数进行了验证。

（1）作业人员位于塔身地电位处时，保持与导线等带电体的距离满足最小安全距离要求，如图 3-23 所示。

（2）塔上作业人员与塔下作业人员配合，通过滑车和传递绳将工具传至塔上，并将进入等电位运载工具安装好，并保持绝缘工具的最小有效长度满足要求。

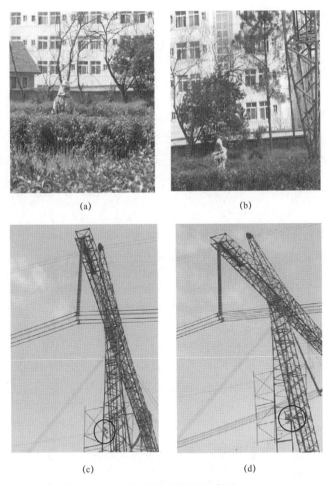

(a)   (b)

(c)   (d)

图 3-22 不同位置登塔现场实景（一）

（a）人在导线的正下方位置（位置 1）；（b）人站在模拟塔腿下方地面上的位置（位置 2）；
（c）人在模拟塔腿上距离导线所在的水平方向下方 4m 处（位置 3）；
（d）人在模拟塔腿上距离导线所在的水平方向下方 3m 处（位置 4）

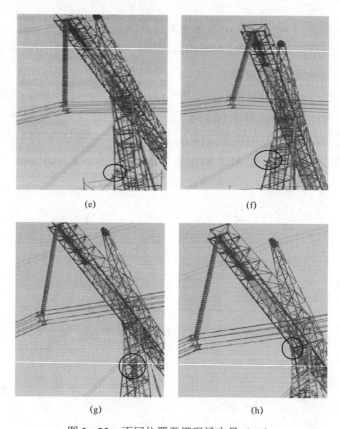

图 3-22　不同位置登塔现场实景（二）

（e）人在模拟塔腿上和导线在同一水平面上的位置（位置 5）；

（f）人在模拟塔腿上距离导线所在的水平方向上方 2m 处（位置 6）；

（g）人在模拟塔腿上处于绝缘子串中间所在的水平方向处（位置 7）；

（h）人处于塔横担下方 1m 的位置（位置 8）

（3）在进出等电位过程中，作业人员处于中间电位，作业人员保持塔身—作业人员—导线（均压环）的组合间隙满足最小组合间隙要求，如图 3-24 所示。

（4）作业人员进入等电位后，保持背对塔身距离、头顶与上横担距离满足最小安全距离要求，如图 3-25 所示。

2. 安全防护试验

等电位作业人员穿戴 1000kV 带电作业用屏蔽服装，进入等电位进行了场强测量、走线、检查金具、间隔棒等作业项目，测量得到的人体体表场强均符合要求，如图 3-26 所示。整个作业过程，作业人员没有任何不舒服的感觉。

图 3-23　地电位时安全距离试验现场实景

图 3-24　绝缘工具及进出等电位时
组合间隙试验现场实景

图 3-25　等电位时安全距离试验现场实景

图 3-26　等电位穿着全套屏蔽服进行
人体体表场强等测量工作现场实景

3. 电位转移试验

通过对试验进行观察可知，作业人员进出等电位时，在距离带电体约 0.5m 时开始拉弧，且电弧较强，拉弧声音较大。作业人员利用电位转移棒可安全顺利地进出等电位，试验现场实景如图 3-27 所示。

（二）1000kV 特高压交流试验示范工程带电作业应用

图 3-27　电位转移试验现场实景

根据 1000kV 特高压带电作业研究成果，于 2009 年 4 月 14 日在运行中的 1000kV 南荆Ⅰ线#471 塔进行了世界上首次架空地线上的带电作业［见图 3-28（a）］。于 2009 年 6 月 17 日在 1000kV 南荆Ⅰ线#551～#552 档导线上首次进行了等电位作业［见图 3-28（b）］。

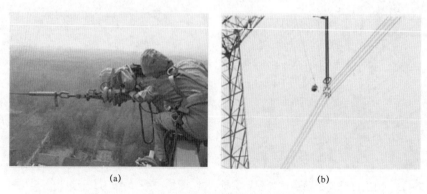

(a)　　　　　　　　　　　　　　(b)

图 3-28　特高压交流试验示范工程带电作业应用

（a）进入特高压架空地线上带电作业；（b）进入 1000kV 线路上等电位作业

这两次带电作业中，作业人员穿戴 1000kV 专用全套屏蔽服装，在各典型作业位置对带电作业安全距离和组合间隙进行了验证，并利用电位转移棒顺利进行了电位转移。在等电位处检查了金具、导线、间隔棒等设备运行情况，完成作业项目后，安全退出等电位并返回地面。

这是世界上首次在运行中的特高压线路上开展带电作业，带电作业的成功不仅检验了研究成果，而且为特高压输电线路带电作业的推广打下了坚实的基础。

第二节　1000kV 同塔双回输电线路带电作业

结合华东 1000kV 交流同塔双回输电线路的塔型、导线布置、人在塔上的作业位置等，开展了带电作业研究。

一、线路基本情况

（一）塔型结构

华东 1000kV 交流同塔双回输电线路直线塔典型塔型如图 3-29（a）所示，还有部分线段直线塔采用图 3-29（b）所示塔型。

（二）运行方式和线路参数

华东 1000kV 交流输电示范工程由淮南—皖南（淮皖）、皖南—浙北（皖浙）和浙北—上海（浙上）三段组成。三段线路均为同塔双回，伞型垂直排列，逆相序，导线型号为 8×LGJ-630/45。一根地线型号为 LBGJ-240-20AC，另一根为 OPGW-240。

由于采用 V 形串和 I 形串的线路参数差异很小，过电压计算中采用 I 形串的线路参数，见表 3-15。

表 3-15 线 路 参 数

线路	正序			零序		
	电阻（Ω/km）	感抗（Ω/km）	电容（μF/km）	电阻（Ω/km）	感抗（Ω/km）	电容（μF/km）
淮皖	0.00689	0.2510	0.01426	0.1573	0.7354	0.00851
皖浙	0.00680	0.2562	0.01426	0.1671	0.7505	0.00851
浙上	0.00690	0.2561	0.01426	0.1565	0.7232	0.00851

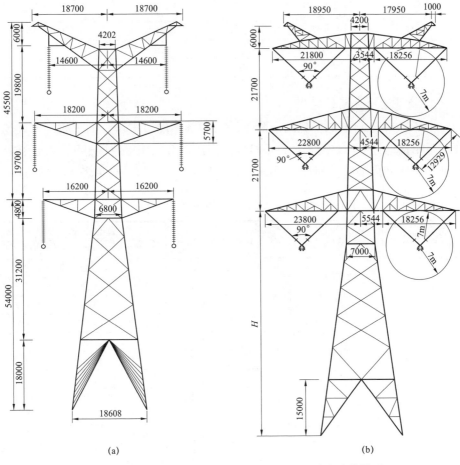

图 3-29 华东 1000kV 交流同塔双回输电线路直线塔塔型

（a）塔型 1（直线 V 串 SZT2）；（b）塔型 2（直线 I 串 SZT1）

（三）带电作业过电压水平

1. 单相接地三相分闸过电压

在不同运行方式下，线路单相接地三相分闸在故障线路健全相上产生的最大过电压为 1.61p.u.，见表 3－16。

表 3－16　　单相接地三相分闸故障线路健全相最大过电压（新线路参数）

线路	运行方式	接地点	跳闸侧	最大过电压（p.u.）
淮皖	大方式 双回运行	H0	淮南	1.45
		H12	皖南	1.50
	小方式 同塔双回运行	H0	淮南	1.44
		H12	皖南	1.45
	大方式 单回运行	H1	淮南	1.47
		H11	皖南	1.61
	小方式 单回运行	H0	淮南	1.38
		H11	皖南	1.54

2. 故障清除分闸过电压

清除故障分闸过电压包括清除不同类型故障的过电压，如单相接地过电压、两相接地过电压、两相短路不接地过电压以及三相接地过电压。对于带电作业，只需考虑清除单相接地故障分闸过电压。其计算结果见表 3－17。

表 3－17　　　　　清除单相接地故障分闸过电压计算结果

运行方式	接地点	故障点位置	相邻线路	过电压（p.u.）		
				首	末	沿线
大方式 2－1－2运行	皖浙线	0	淮皖	1.50	1.52	1.58
		12	浙上	1.36	1.34	1.41
	浙上线	0	淮皖	1.15	1.19	1.26
		12	淮皖	1.23	1.13	1.28
	淮皖线	0	淮皖	1.16	1.20	1.31
		12	淮皖	1.17	1.22	1.33
小方式 2－1－2运行	皖浙线	0	淮皖	1.50	1.51	1.51
		12	浙上	1.38	1.36	1.43
	浙上线	0	淮皖	1.17	1.23	1.30
		12	淮皖	1.26	1.15	1.32
	淮皖线	0	淮皖	1.18	1.25	1.27
		12	淮皖	1.22	1.26	1.37
切除单相接地故障过电压最大值				1.50	1.52	1.58

注　2－1－2运行方式指淮皖线和浙上线均为同塔双回线，皖浙线为单回线。

由表 3-17 可见，华东 1000kV 交流同塔双回输电线路清除单相接地故障分闸过电压最大为 1.58p.u.。

综合以上计算结果，为从严考虑，将华东 1000kV 交流同塔双回输电线路带电作业最大操作过电压确定为 1.61p.u.。

3. 带电作业操作过电压波前时间

华东 1000kV 交流同塔双回输电线路带电作业操作过电压波前时间为 2800μs 以上，远大于标准操作波的波前时间 250μs。根据计算结果，在带电作业试验中采用波前时间为 720μs 的操作冲击波进行试验，具有一定安全裕度。

4. 海拔修正

为满足工程实际需求，分别计算了海拔 0（标准气象条件）、500m 处的带电作业最小安全距离及最小组合间隙。

二、试验条件

试验中采用高强度角钢按实际塔型以 1:1 比例制作模拟塔头，模拟导线长 20m，两端装有 ϕ1.5m 的均压环，以改善端部电场分布。

试验用模拟人由铝合金制成，与实际人体的形态及结构一致，四肢可自由弯曲，以便调整其各种姿态。模拟人站姿高 1.8m，身宽 0.5m。

三、安全距离与组合间隙试验研究

1. 典型直线塔（SZT2）带电作业最小安全距离及最小组合间隙

（1）等电位作业人员对塔身最小安全距离见表 3-18。

表 3-18　　　　　等电位作业人员对塔身最小安全距离

过电压倍数（p.u.）	海拔（m）	最小间隙距离（m）	放电电压 $U_{50\%}$（kV）	危险率	最小安全距离（m）
1.61	0（标准气象条件）	5.2	1748	8.46×10^{-6}	5.7
	500	5.5	1760	6.47×10^{-6}	6.0

（2）中相及上相等电位作业人员对其下横担最小安全距离见表 3-19。

表 3-19　　　　　等电位作业人员对其下横担最小安全距离

过电压倍数（p.u.）	海拔（m）	最小间隙距离（m）	放电电压 $U_{50\%}$（kV）	危险率	最小安全距离（m）
1.61	0（标准气象条件）	5.4	1747	8.65×10^{-6}	5.9
	500	5.7	1756	7.08×10^{-6}	6.2

（3）等电位作业人员对其顶部构架最小安全距离见表 3-20。

表 3-20   等电位作业人员对其顶部构架最小安全距离

过电压倍数（p.u.）	海拔（m）	最小间隙距离（m）	放电电压 $U_{50\%}$（kV）	危险率	最小安全距离（m）
1.61	0（标准气象条件）	6.5	1752	7.74×10^{-6}	7.0
	500	6.8	1752	7.74×10^{-6}	7.3

（4）横担上地电位作业人员对导线最小安全距离见表 3-21。

表 3-21   横担上地电位作业人员对导线最小安全距离

过电压倍数（p.u.）	海拔（m）	最小间隙距离（m）	放电电压 $U_{50\%}$（kV）	危险率	最小安全距离（m）
1.61	0（标准气象条件）	5.0	1747	8.65×10^{-6}	6.5
	500	5.3	1761	6.33×10^{-6}	6.8

注   本表中最小间隙距离指带电作业过程中，横担上地电位作业人员与头顶带电物体应保持的最小净空距离。

（5）作业人员进出等电位时与塔身的最小组合间隙见表 3-22。

表 3-22   作业人员进出等电位时与塔身的最小组合间隙

过电压倍数（p.u.）	海拔（m）	最小间隙距离（m）	放电电压 $U_{50\%}$（kV）	危险率	最小组合间隙（m）
1.61	0（标准气象条件）	5.8	1751	7.91×10^{-6}	6.3
	500	6.1	1757	6.92×10^{-6}	6.6

（6）作业人员进出等电位时与下横担构架的最小组合间隙见表 3-23。

表 3-23   作业人员进出等电位时与下横担构架的最小组合间隙

过电压倍数（p.u.）	海拔（m）	最小间隙距离（m）	放电电压 $U_{50\%}$（kV）	危险率	最小组合间隙（m）
1.61	0（标准气象条件）	6.1	1746	8.85×10^{-6}	6.2
	500	6.4	1749	8.28×10^{-6}	6.5

注   1. 作业工况为人员胸部与分裂导线中间子导线平齐，且两者相距 0.4m。

2. 本表中最小组合间隙距离由人员至其下横担构架最近距离加上人员至导线的 0.4m 构成，并考虑了人员进出等电位时高度控制变化范围 0.5m。

（7）作业人员进出等电位时与顶部构架应满足的最小组合间隙见表 3-24。

表 3-24　　作业人员进出等电位时与顶部构架应满足的最小组合间隙

过电压倍数（p.u.）	海拔（m）	最小组合间隙（m）	放电电压 $U_{50\%}$（kV）	危险率	最小组合间隙（m）
1.61	0（标准气象条件）	7.2	1749	8.28×10^{-6}	7.3
	500	7.5	1744	9.25×10^{-6}	7.6

注　1. 作业工况为人员胸部与分裂导线中间子导线平齐，且两者相距 0.4m。
　　2. 本表中最小组合间隙距离由人员至其顶部构架最近距离加上人员至导线的 0.4m 构成，并考虑了人员进出等电位时高度控制变化范围 0.5m。

2. 耐张串带电作业最小安全距离及最小组合间隙

（1）耐张串带电作业最小安全距离见表 3-25。

表 3-25　　　　　　　耐张串带电作业最小安全距离

过电压倍数（p.u.）	海拔（m）	最小间隙距离（m）	放电电压 $U_{50\%}$（kV）	危险率	最小安全距离（m）
1.61	0（标准气象条件）	5.1	1758	6.77×10^{-6}	5.7
	500	5.3	1756	7.08×10^{-6}	5.9

（2）耐张串带电作业最小组合间隙见表 3-26。

表 3-26　　　　　　　耐张串带电作业最小组合间隙

过电压倍数（p.u.）	海拔（m）	最小组合间隙（m）	放电电压 $U_{50\%}$（kV）	危险率	最小组合间隙（m）
1.61	0（标准气象条件）	5.2	1745	9.05×10^{-6}	5.8
	500	5.5	1748	8.46×10^{-6}	6.1

3. 直线塔（SZT1）带电作业最小间隙距离及最小组合间隙（见表 3-27）

表 3-27　　　　　　　带电作业最小间隙距离及最小组合间隙

作业位置	海拔（m）	最小间隙距离（m）	放电电压 $U_{50\%}$（kV）	危险率	最小组合间隙（m）
进出导线，至塔身	0（标准气象条件）	5.8	1751	7.91×10^{-6}	6.3
	500	6.1	1757	6.92×10^{-6}	6.6
进出中（或上）相导线，至其下横担	0（标准气象条件）	6.0	1743	9.46×10^{-6}	6.1**
	500	6.3	1747	8.65×10^{-6}	6.4**
进出导线，至顶部构架	0（标准气象条件）	7.2	1749	8.28×10^{-6}	7.3***
	500	7.5	1744	9.25×10^{-6}	7.6***

续表

作业位置	海拔（m）	最小间隙距离（m）	放电电压 $U_{50\%}$（kV）	危险率	最小组合间隙（m）
等电位人员对塔身	0（标准气象条件）	5.2	1748	8.46×10^{-6}	5.7
	500	5.5	1760	6.47×10^{-6}	6.0
等电位人员对其下横担	0	5.5	1752	7.74×10^{-6}	6.0
	500	5.7	1742	9.67×10^{-6}	6.2
等电位人员对其顶部构架	0（标准气象条件）	6.4	1751	7.91×10^{-6}	6.9
	500	6.7	1752	7.74×10^{-6}	7.2
横担上地电位人员对导线	0（标准气象条件）	5.0	1747	8.65×10^{-6}	6.5*
	500	5.3	1761	6.33×10^{-6}	6.8*

* 考虑人体占位和活动范围为 1.5m。实际作业中，横担上地电位作业人员应尽量避免在导线正下方开展作业。

** 为了保证作业人员进出等电位时与其下横担构成的组合间隙满足安全要求所需的导线至其下横担的最小距离。

*** 为了保证作业人员进出等电位时与其顶部横担构成的组合间隙满足安全要求所需的导线至其顶部横担的最小距离。

四、场强测量

1000kV 同塔双回线路空间场强水平与单回线路基本相当，且最大值略低于单回线路。在特高压交流试验基地进行了场强试验，选择的测量对象是基地同塔双回第三基杆塔（编号 23#）。23#同塔双回路直线塔 SZ1－54 为三层横担鼓型铁塔，塔身方形断面，塔型如图 3－30 所示。

1. 地电位作业位置

（1）测点的选取。测量点是根据杆塔结构、导线位置以及空间电场分布的基本规律来选取的。

地电位测量点中，从当作业人员攀登到离开地面一定高度时开始取点；由于在与导线等高的塔身处，带电体距塔体垂直距离较小，一般也是场强较高的地方，故在该处安排测点；考虑到绝缘子串悬挂处是带电作业人员在塔上的经常工作位置，故选择绝缘子串悬挂点处为测量点；考虑到同塔双回杆塔两侧电场分布的对称性，测量时只对塔身一侧的电场分布进行测量；另外，对于同塔双回鼓形塔，当作业人员站立在上相导线正下方的中相横担上时，距上相导线距离最小，故该处亦选择为一测点。同塔双回线路地电位测量点分布如图 3－31 所示。

图 3－31 中，测量点①为塔身上与下相导线垂直距离 10m 处，测量点②、④、⑦为塔身上与导线等高处，测量点③、⑥、⑧为横担上绝缘子悬挂点处，

测量点⑤为中相横担上上相导线正下方。

等电位测量选取作业中，常用站立于导线内和骑跨于导线上两种姿势进行测量。

（2）测量结果及分析。作业人员在塔上测量时身穿全套为 1000kV 特高压交流带电作业开发的 1000kV 专用屏蔽服，体表场强是指屏蔽服外的场强，并以测量面向导线的体表部位为准。同塔双回线路地电位体表场强测量现场实景如图 3-32 所示，测量值见表 3-28。

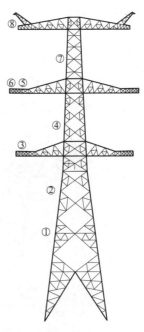

图 3-30　同塔双回线路直线塔塔型　　图 3-31　同塔双回线路地电位测量点分布示意图

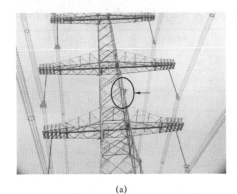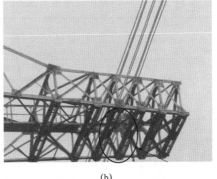

　　　　　　（a）　　　　　　　　　　　　　　　（b）

图 3-32　同塔双回线路地电位体表场强测量现场实景

（a）远景；（b）近景

表3-28　　同塔双回线路地电位各测点作业人员体表场强测量值　　　（kV/m）

人体部位	测量点							
头顶	98.3	265	310	190	338	322	199	259
躯体	35.2～78.9	190～220	198～220	130～162	213～257	202～242	154～178	169～184
屏蔽服内	0.4～0.6	0.8～1.1	0.8～1.3	0.6～0.9	0.9～1.3	0.9～1.2	0.7～1.0	0.8～1.2
面罩内	8.6	24.3	27.1	17.6	31.3	29.3	18.2	22.4

由表3-28可知，在以上各作业位置，屏蔽服内的场强为0.4～1.3kV/m，远小于15kV/m的规定值。

2. 等电位作业位置

选取同塔双回线路中相进行等电位场强测量，作业人员在塔上等电位体表场强测量现场实景如图3-33所示，测量结果见表3-29。

图3-33　同塔双回线路等电位体表场强测量现场实景

表3-29　　同塔双回线路等电位各测点作业人员体表场强测量值　　　（kV/m）

人体部位	同塔双回中相	
	站立于导线	骑跨于导线
头顶	1795～1915	2132～2287
面部	1052～1145	1038～1113
胸	395～436	424～503
膝	103～122	445～522
脚尖	360～420	1825～1910
手（平伸）	2172～2298	2308～2396
屏蔽服内	2～10	3～10
面罩内	112～127	110～134

从表 3-29 可知，在到达等电位作业位置时，人体体表场强很高，尤其是头顶、手、脚尖等突出部位，但屏蔽服内的场强值较低，为 2～11kV/m，小于 15kV/m 的规定值；作业人员面部的场强水平远高于 GB/T 6568 规定的 240kV/m，而面罩内的场强不超过 134kV/m，符合标准规定。因此，等电位作业人员应当加戴面罩。

五、一回带电、一回停电检修作业研究

（一）一回带电、一回停电时停电回路感应电压计算分析

1. 淮南—皖南段一回线路停电时感应电压计算

设淮南—皖南段线路一回正常运行，另一回停电检修，皖南—浙北—上海段线路均同塔双回正常运行。

（1）检修回路两端均不接地时感应电压计算。当检修回路淮南、皖南两端均不接地时，检修回路沿线的感应电压分布曲线如图 3-34 所示。最大感应电压有效值 A 相为 65.24kV，B 相为 76.30kV，C 相为 74.75kV。

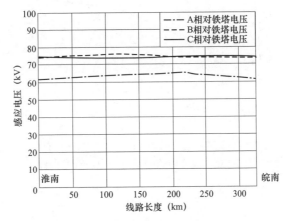

图 3-34　检修回路沿线感应电压分布曲线

计算得分段绝缘一点接地的地线（简称"分段地线"）沿线的感应电压分布曲线如图 3-35 所示，最大感应电压有效值为 668V。

（2）检修回路一端接地时的感应电压计算。

1）淮南端接地时的感应电压。当检修回路淮南端接地、皖南端不接地时，检修回路沿线的感应电压分布曲线如图 3-36 所示。最大感应电压有效值 A 相为 5.78kV，B 相为 7.03kV，C 相为 6.38kV。

计算得分段地线沿线的感应电压分布如图 3-37 所示，感应电压最大有效值为 665V。

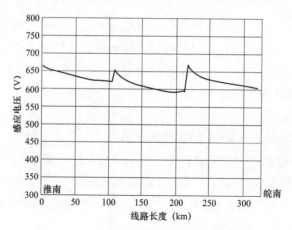

图 3-35　分段地线沿线感应电压分布曲线

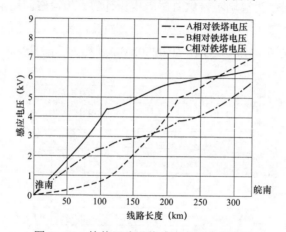

图 3-36　检修回路沿线感应电压分布曲线

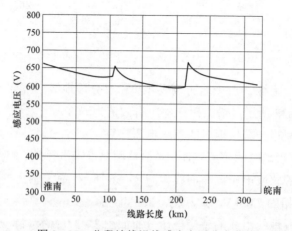

图 3-37　分段地线沿线感应电压分布曲线

2）皖南段接地时的感应电压。当检修回路淮南端不接地、皖南端接地时，检修回路沿线的感应电压分布曲线如图 3-38 所示。最大感应电压有效值 A 相为 5.79kV，B 相为 6.91kV，C 相为 6.39kV。

计算得分段地线沿线的感应电压分布曲线如图 3-39 所示，最大感应电压有效值为 666V。

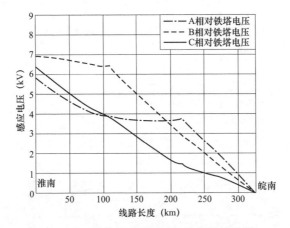

图 3-38　检修回路沿线感应电压分布曲线

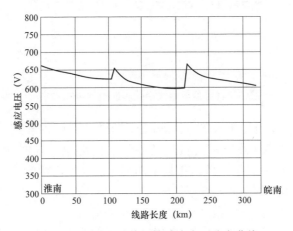

图 3-39　分段地线沿线感应电压分布曲线

（3）检修回路两端接地时的感应电压计算。检修回路淮南、皖南两端均接地时，检修回路沿线的感应电压分布曲线如图 3-40 所示。最大感应电压有效值 A 相为 2.39kV，B 相为 1.74kV，C 相为 2.23kV。

计算得分段地线沿线的感应电压分布曲线如图 3-41 所示，最大感应电压有效值为 659V。

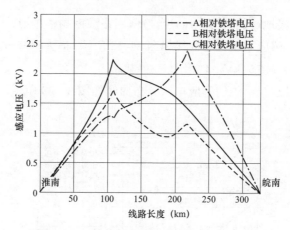

图 3-40　检修回路沿线感应电压分布曲线

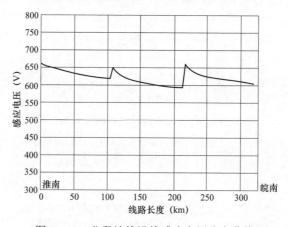

图 3-41　分段地线沿线感应电压分布曲线

感应电压最大值出现在约 217km 处，即淮南—皖南段第二换位点附近。计算得挂接临时接地线时流过接地线的瞬态感应电流随时间的变化曲线如图 3-42 所示。计算得流过临时接地线的瞬态感应电流幅值为 123.66A，稳定后的有效值为 69.85A。

2. 皖南—浙北段一回线路停电时感应电压计算

设皖南—浙北段线路一回正常运行，另一回停电检修。淮南— 皖南段、浙北—上海段线路均同塔双回正常运行。

（1）检修回路两端均不接地时感应电压计算。当检修回路皖南、浙北两端均不接地时，检修回路沿线的感应电压分布曲线如图 3-43 所示。最大感应电压有效值 A 相为 55.09kV，B 相为 59.25kV，C 相为 58.61kV。

计算得分段地线沿线的感应电压分布曲线如图 3-44 所示，最大感应电压有效值为 777V。

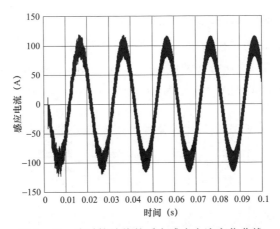

图 3-42 流过接地线的瞬态感应电流变化曲线

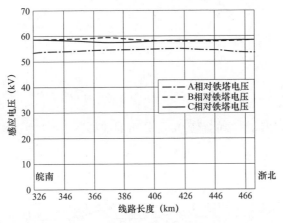

图 3-43 检修回路沿线感应电压分布曲线

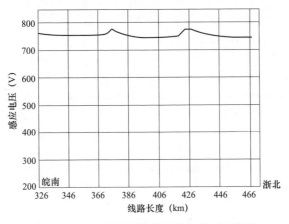

图 3-44 分段地线沿线感应电压分布曲线

（2）检修回路一端接地时的感应电压计算。

1）皖南端接地时的感应电压。当检修回路皖南端接地、浙北端不接地时，检修回路沿线的感应电压分布曲线如图 3-45 所示。最大感应电压有效值 A 相为 3.76kV，B 相为 4.05kV，C 相为 4.01kV。

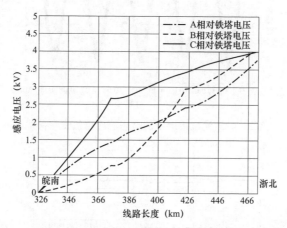

图 3-45　检修回路沿线感应电压分布曲线

计算得分段地线沿线的感应电压分布曲线如图 3-46 所示，最大感应电压有效值为 776V。

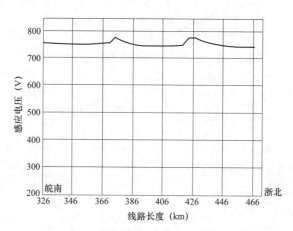

图 3-46　分段地线沿线感应电压分布曲线

2）浙北端接地时的感应电压。当检修回路皖南端不接地、浙北端接地时，检修回路沿线的感应电压分布曲线如图 3-47 所示。最大感应电压有效值 A 相为 3.67kV，B 相为 3.97kV，C 相为 3.92kV。

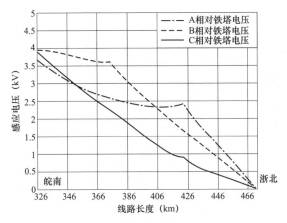

图 3-47　检修回路沿线感应电压分布曲线

计算得分段地线沿线的感应电压分布曲线如图 3-48 所示，最大感应电压有效值为 776V。

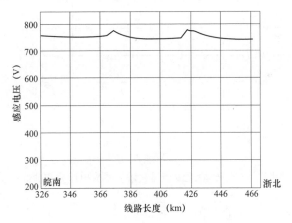

图 3-48　分段地线沿线感应电压分布曲线

（3）检修回路两端接地时的感应电压计算。检修回路皖南、浙北两端均接地时，检修回路沿线的感应电压分布曲线如图 3-49 所示。最大感应电压有效值 A 相为 1.42kV，B 相为 0.96kV，C 相为 1.38kV。

计算得分段地线沿线的感应电压分布曲线如图 3-50 所示，最大感应电压有效值为 771V。

感应电压最大值出现在约 422km 处，即皖南—浙北段第二换位点附近。计算得挂接临时接地线时流过接地线的瞬态感应电流随时间的变化曲线如图 3-51 所示。计算得流过临时接地线的瞬态感应电流幅值为 184.56A，稳定后的有效值为 91.39A。

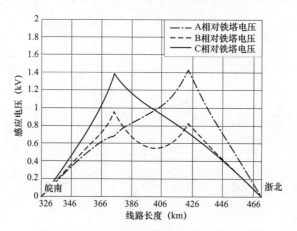

图 3-49　检修回路沿线感应电压分布曲线

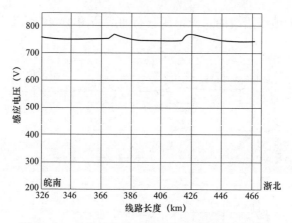

图 3-50　分段地线相对铁塔的感应电压分布曲线

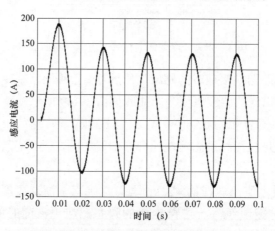

图 3-51　流过接地线的瞬态感应电流

3. 浙北—上海段一回线路停电时感应电压计算

设浙北—上海段线路一回正常运行,另一回停电检修。淮南— 皖南—浙北段线路均同塔双回正常运行。

(1)检修回路两端均不接地时的感应电压计算。当检修回路浙北、上海两端均不接地时,检修回路沿线的感应电压分布曲线如图 3–52 所示。最大感应电压有效值 A 相为 71.56kV,B 相为 70.76kV,C 相为 68.08kV。

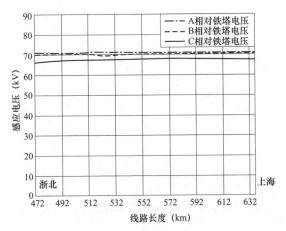

图 3–52 检修回路沿线感应电压分布曲线

计算得分段地线沿线的感应电压分布曲线如图 3–53 所示,最大感应电压有效值为 778V。

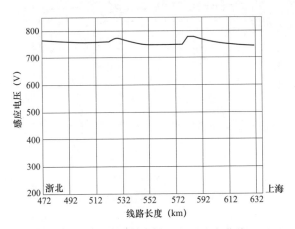

图 3–53 分段地线感应电压分布曲线

(2)检修回路一端接地时感应电压计算。

1)浙北端接地时的感应电压。当检修回路浙北端接地、上海端不接地时,检修回路沿线的感应电压分布曲线如图 3－54 所示。最大感应电压 A 相有效值为 4.08kV，B 相为 3.92kV，C 相为 3.79kV。

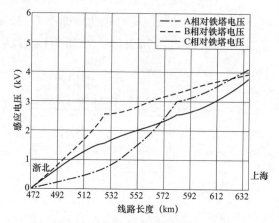

图 3－54　检修回路沿线感应电压分布曲线

计算得分段地线沿线的感应电压分布曲线如图 3－55 所示，最大感应电压有效值为 777V。

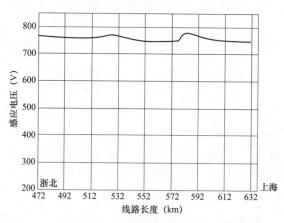

图 3－55　分段地线感应电压分布曲线

2）上海端接地时的感应电压。当检修回路浙北端不接地、上海端接地时，检修回路沿线的感应电压分布曲线如图 3－56 所示。最大感应电压 A 相有效值为 3.96kV、B 相为 3.81kV、C 相为 3.67kV。

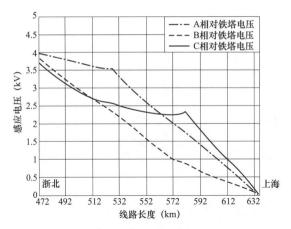

图 3-56 检修回路沿线感应电压分布曲线

计算得分段地线沿线的感应电压分布曲线如图 3-57 所示，最大感应电压有效值为 777V。

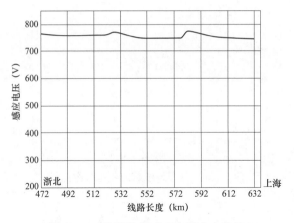

图 3-57 分段地线感应电压分布曲线

（3）检修回路两端接地时感应电压计算。检修回路浙北、上海两端均接地时，检修回路沿线的感应电压分布曲线如图 3-58 所示。最大感应电压有效值 A 相为 0.90kV，B 相为 1.31kV，C 相为 1.41kV。

计算得分段地线沿线的感应电压分布曲线如图 3-59 所示，最大感应电压有效值为 772V。

感应电压最大值出现在约 580km 处，即浙北—上海段第二换位点附近。计算得挂接临时接地线时流过接地线的瞬态感应电流随时间的变化曲线如图 3-60 所示。计算得流过临时接地线的瞬态感应电流幅值为 158.43A，稳定后的有效值为 83.94A。

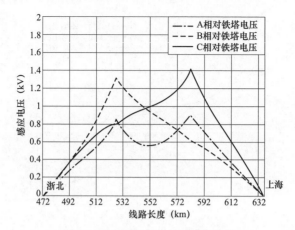

图 3-58 沿线感应电压分布曲线

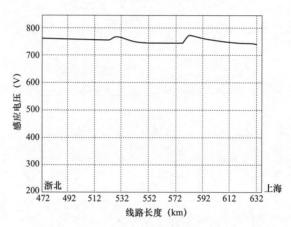

图 3-59 分段地线感应电压分布曲线

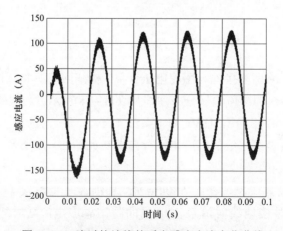

图 3-60 流过接地线的瞬态感应电流变化曲线

（二）安全检修方式

根据对 1000kV 同塔双回线路一回带电运行、一回停电的计算可知：

（1）停电回路两端均不接地时，停电回路各相导线上的感应电压很高，有效值最大达到 76.30kV。

（2）停电回路仅一端接地时，停电回路各相导线上的感应电压较停电回路两端均不接地时有明显下降，但仍然较高，有效值最大为 7.03kV。

（3）停电回路两端均接地时，停电回路各相导线上的稳态感应电压较停电回路仅一端接地时进一步明显下降，有效值最大为 2.39kV。

（4）钢绞避雷线分段接地，存在一定的感应电压，有效值最大为 778V。

根据以上计算结果，结合工程特点，当 1000kV 同塔双回线路一回带电、一回停电，为保证作业安全，检修时可采用以下检修方式及安全防护措施：

（1）对停电回路各相导线检修时。

1）采用带电作业方式。当停电回路两端均不接地或仅一端接地时，停电回路上稳态感应电压很高，应将停电检修线路仍视作带电回路进行检修作业。

2）采用停电检修方式。当停电回路在首末端均接地时，且在工作点的适当位置加挂便携式接地线后，可采用停电检修方式进行作业。

（2）对避雷线检修作业时。

1）由于 OPGW 逐基接地，其上的感应电压基本消除，作业人员可直接进入开展工作。

2）由于钢绞避雷线分段接地，其上存在一定感应电压，为保证作业安全，作业人员应先用临时接地线将其接地后方可进入开展工作。其接地方法及要求与停电检修方式检修导线时临时接地线的接地方法相同。

3）作业人员应穿全套屏蔽服（包括手套、鞋、帽），一是可屏蔽强电场的影响；二是可起到旁路静电感应电流的作用。所选临时接地线的通流容量应满足要求，接地方式、步骤必须严格按相关规定进行。

六、带电作业现场试验及应用

为了验证 1000kV 交流同塔双回输电线路带电作业技术研究成果，在国家电网有限公司特高压交流试验基地 1000kV 同塔双回路带电线段上开展了带电作业现场试验。

（一）主要技术依据

针对 1000kV 交流同塔双回输电线路典型直线塔等塔型进行了大量的试验研究及计算分析，确定了 1000kV 同塔双回输电线路带电作业安全距离、组合间隙、电位转移、安全防护等技术要求。

（二）安全距离

塔上地电位作业人员与带电体间的距离和等电位作业人员与接地构件间的最小安全距离应满足表 3-30 的规定。

表 3-30　　　　　　　最 小 安 全 距 离　　　　　　　（m）

作业位置	人体活动范围	最小安全距离
塔身地电位作业人员对带电体， 中、下层横担地电位作业人员对头顶导线	1.5	6.8
等电位作业人员距塔身	0.5	6.0
等电位作业人员距其顶部横担	0.5	7.3
中、上相等电位作业人员对其下横担	0.5	6.2

注　表中安全距离已包括人体活动范围。

（三）组合间隙

中间电位作业以及进入或脱离等电位过程中，作业人员与带电体及接地构件形成的最小组合间隙应满足表 3-31 的规定。

表 3-31　　　　　　　最 小 组 合 间 隙　　　　　　　（m）

作业位置	人体活动范围	最小组合间隙
带电体至作业人员至塔身	0.5	6.6
中、上相带电体至作业人员至其下横担	0.5	6.9
带电体至作业人员至其顶部横担	0.5	8.0

注　表中组合间隙已包括人体活动范围。

（四）安全防护

（1）1000kV 同塔双回输电线路带电作业使用的屏蔽服应采用屏蔽效率不小于 60dB，其他参数符合《带电作业用屏蔽服装》（GB/T 6568—2008）规定的布料制作，且应做成上衣、裤子与帽子连成一体、帽檐加大的式样，并配有屏蔽效率不小于 20dB 的网状面部屏蔽罩。屏蔽服应配套完整（包括面罩、手套、袜和鞋），各部位无破损和孔洞，接头应连接完好。屏蔽服衣裤最远端点之间的电阻值均不大于 20Ω。

（2）等电位和中间电位作业人员均须穿戴 1000kV 带电作业专用屏蔽服，屏蔽服内还应穿阻燃内衣。屏蔽服各部位应连接良好、可靠。

（3）塔上地电位作业人员应穿全套屏蔽服装（可不戴面罩）后才能登塔作业。严禁穿着屏蔽服后脚穿绝缘鞋。

（4）在 1000kV 同塔双回线路上进行带电作业时，横担上地电位作业人员有可能位于导线的下方，此时地电位人员的体表场强较高，应穿着整套屏蔽服（可不戴面罩）、导电鞋。

（五）进入直线塔等电位方法

进入直线塔等电位的方法主要有滑轨—吊椅法、塔上吊篮法等。考虑到 1000kV 交流同塔双回输电线路杆塔高、横担长，采用软质工具可使作业工具较轻，降低作业人员的工作强度，因此选取塔上吊篮法进入等电位。具体作业方法如下：

（1）登塔及传递工具。塔上电工携带绝缘传递绳和绝缘滑车登塔至横担，在横担靠近塔身处挂好。将吊篮滑车组等工具通过传递绳传至横担上。

（2）安装运载工具。塔上作业人员将吊拉绳索安装在横担上靠近绝缘子挂点处。吊篮或吊椅必须用吊拉绳索稳固悬吊。固定吊拉绳索的长度，应准确计算或实际丈量，使等电位作业人员头部不超过均压环。

（3）进入高电位。塔上作业人员在塔身适当位置和吊篮之间固定好滑车组，等电位作业人员从塔上坐入吊篮中，塔上作业人员控制吊篮移动至导线。吊篮或吊椅的升降速度必须用绝缘滑车组严格控制，做到均匀、慢速，不得过快；在行进过程中，等电位作业人员前后占位应不大于 0.5m，且应避免行进过程中动作幅度过大。

（4）电位转移。塔上人员移动吊篮，等电位电工在距离导线约 0.5m 时，迅速用电位转移棒勾住子导线，完成电位转移。等电位电工转移电位时应确保面部距离带电体距离大于 0.5m；电位转移后，等电位电工将安全带转移到子导线上，用手抓住子导线，从吊篮中转移到导线上，进入导线中。

等电位作业人员电位转移时，动作应迅速、准确。等电位作业人员在电位转移过程中，严禁徒手或用裸露部位接触带电体。等电位作业人员在进入电位前，应得到工作负责人的许可，用电位转移棒转移电位。电位转移棒长度为 0.4m，可由金属硬质材料制成。电位转移棒应与屏蔽服上或吊篮的等电位连线连接可靠。

（六）现场勘察及试验项目的确定

特高压试验基地双回路试验线段如图 3–61 所示，该线段全长近 1km，共有 21#～24# 四基塔，分别为 SDT–35（终端）、SZ1–51（直线）、SZ1–54（直线）、SDT–35（终端）。档距分布为 226、398、294m，杆塔高度分别为 92.5、98、101、92.5m。导线型号采用 8×LGJ–630/55，导线分裂直径为 1050mm，分裂间距为 400mm。地线型号一根为 JLB35–185 铝包钢绞线，另一根为 OPGW–175 光纤复合架空地线。其中，22#、23#塔为双回路典型直线塔，均

图 3-61　1000kV 同塔双回试验线段

适合开展直线塔带电作业。

为了验证相关研究成果，选择在23#塔Ⅱ回中相开展进入等电位及检查导线、绝缘子金具、间隔棒等的试验项目。

中相作业工况较复杂，中相等电位作业人员存在着头顶对上横担、脚对下横担、背对塔身等双回直线塔典型工况；中相横担地电位作业人员存在着头顶对上导线等双回直线塔典型工况。在中相开展带电作业，可以全面验证 1000kV 交流同塔双回输电线路带电作业安全距离、组合间隙、绝缘工具最小有效绝缘长度等技术要求。23#塔Ⅱ回中相绝缘子串为单根FXBW-1000/420 型复合绝缘子。

（七）作业人员及工具

1. 作业人员

作业人员应身体健康，无妨碍作业的生理和心理障碍。应具有电工原理和电力线路的基本知识，掌握带电作业的基本原理和操作方法，熟悉作业工器具的适用范围和使用方法，熟悉《国家电网公司电力安全工作规程（电力线路部分）》，通过专责培训机构的理论、操作培训，考试合格并持有 500kV 带电作业上岗证，同时应具有 500kV 线路带电作业实际经验。针对此次带电作业，学习过 1000kV 同塔输电线路带电作业技术导则及作业指导书。

工作负责人（或安全监护人）应具有 3 年以上的 500kV 及以上电压等级线路带电作业实际工作经验，熟悉设备状况，具有一定的组织能力和事故处理能力，经专门培训、考试合格并持有上岗证。开展此次现场试验的带电作业人员及分工见表 3-32。

表 3-32　　　　　　　　　　带电作业人员及分工

作业人员	作业内容	人数（人）
等电位人员	进入等电位	1
塔上地电位人员	传递及安装工具、协助进入等电位	3
塔上监护人员	对等电位及塔上作业人员进行监护	1
地面作业人员	传递工具	3
工作负责人	对整个工作进行监护	1

2. 作业工具

根据试验杆塔的情况及试验项目，带电作业现场试验工具清单见表 3-33。

表 3-33　　　　　　　　带电作业现场试验工具清单

序号	名称	型号/规格	单位	数量	备注
1	吊篮		个	1	含附属工具
2	绝缘滑车组	2-2	组	1	含绝缘绳，行程 20m
3	绝缘滑车	单轮，1t	个	1	
4	绝缘吊绳	$\phi 16mm \times 140m$	根	1	
5	绝缘保护绳	$\phi 12mm \times 20m$	根	2	
6	绝缘安全带		根	5	
7	绝缘吊篮绳	$\phi 12mm \times 30m$	根	2	
8	绝缘绳套	$\phi 16mm$	个	2	
9	U 形环	1t	个	2	
10	屏蔽服	1000kV 专用	套	5	
11	个人工具		套	5	
12	绝缘电阻表	5000V	块	1	
13	防潮帆布		块	1	
14	温湿度计		个	1	
15	电位转移棒	0.4m	个	1	与吊篮良好电气连接
16	对讲机		个	4	

注　绝缘工具最小有效绝缘长度应满足要求。

（八）现场试验

在双回路试验线段上，作业人员穿上 1000kV 屏蔽服，分别位于地电位、中间电位、等电位等各种典型工况位置，根据 1000kV 同塔双回线路带电作业研究成果，保持规定的最小安全距离、组合间隙以及绝缘工器具最小有效绝缘长度。采用塔上吊篮法进入高电场，通过电位转移棒顺利进入双回试验线段Ⅱ回中相等电位。作业人员在地电位、中间电位以及等电位时均无任何不舒服的感觉，作业人员在等电位进行了检查金具、导线、间隔棒等工作后安全回到地电位。具体过程如下：

（1）现场试验位置。选择了 1000kV 特高压交流试验基地同塔双回试验线段Ⅱ回中相进行试验，此作业点包含了双回直线塔带电作业各种典型工况。现场试验位置如图 3-62 所示。

图 3-62　现场试验位置

（2）穿戴安全防护用具。等电位作业人员穿戴 1000kV 带电作业专用屏蔽服，如图 3-63 所示。该屏蔽服的衣料屏蔽效率大于 60dB，采用帽子、上衣和裤子连体式，帽檐加大并配有屏蔽效率不小于 20dB 的网状面部屏蔽罩。塔上地电位人员穿戴全套屏蔽服，不带屏蔽面罩。

（3）登塔。塔上作业人员携带滑车和传递绳登塔，如图 3-64 所示。

（4）塔身地电位。作业人员位于塔身地电位处，保持与带电体的距离满足最小安全距离要求。塔身地电位作业如图 3-65 所示。

(a)　　　　　　　　　　　　　　　(b)

图 3-63　穿戴 1000kV 带电作业专用屏蔽服

（a）现场穿戴；（b）穿戴完成

图 3-64　登塔

(a) (b)

图 3-65 塔身地电位作业

(a) 远景; (b) 近景

（5）横担地电位。作业人员位于横担地电位处，保持与头顶上导线和下方导线等带电体的距离满足最小安全距离要求。横担地电位作业如图 3-66 所示。

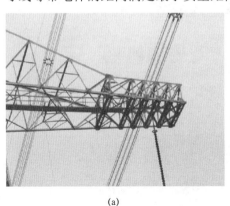

(a) (b)

图 3-66 横担地电位作业

(a) 远景; (b) 近景

（6）传递工具。塔上作业人员与塔下作业人员配合，通过滑车和传递绳将工具传至塔上，并将进入等电位运载工具安装好，并保持绝缘工具的最小有效长度满足要求。传递工具作业如图 3-67 所示。

（7）中间电位。等电位作业人员在横担靠近塔身处坐入吊篮中，在塔上作业人员的配合下，进入高电位。在进入过程中，作业人员处于中间电位，作业人员活动范围不得过大，人体前后占位不超过 0.5m。保持塔身—作业人员—导线（均压环）的距离、上横担—作业人员—导线（均压环）的距离、下横担—作业人员—导线（均压环）的距离等各种组合间隙满足最小组合间隙要求。中间电位作业如图 3-68 所示。

（8）电位转移。当作业人员距离导线约 0.5m 时，通过电位转移棒迅速进行电位转移。随着一声拉弧声，作业人员顺利实现电位转移，进入等电位。电位转移作业如图 3-69 所示。

图 3-67　传递工具作业

图 3-68　中间电位作业　　　　　　　图 3-69　电位转移作业

（9）等电位。作业人员进入等电位后，保持背对塔身距离、头顶与上横担距离、脚与下横担距离等间隙满足最小安全距离要求，随后对金具、导线等设备进行检查。等电位作业如图 3-70 所示。

（10）走线检查间隔棒。等电位作业人员离开横担下方，进入档距中间，走线检查导线间隔棒，如图 3-71 所示。

（11）离开等电位。作业人员回到横担下方，坐入吊篮中，将安全带从导线转至吊篮上。塔上作业人员拉动控制绳，等电位作业人员保持电位转移棒与导线良好接触。当等电位作业人员身体离开导线大于 0.5m 时，迅速将电位转移棒从导线移开，实现脱离等电位。

（a）　　　　　　　　　　　　　（b）

（c）

图 3－70　等电位作业

（a）远景 1；（b）近景；（c）远景 2

（a）　　　　　　　　　　　　　（b）

图 3－71　走线检查间隔棒作业

（a）远景；（b）近景

（12）返回地面。塔上作业人员通过控制绳使等电位作业人员返回塔上地电位，在中间电位时，应保持各组合间隙满足最小组合间隙要求。最后，塔上作业人员将工具传递到地面后，沿塔返回地面。

1000kV 特高压交流同塔双回输电线路带电作业的相关研究成果，为此次在特高压试验基地试验线段进行现场试验提供了科学的依据，带电作业的安全开展证明在 1000kV 特高压交流同塔双回输电线路上开展带电作业是安全可行的。

第三节　1000kV 交流与其他交流混压并架输电线路带电作业

一、1000kV 交流与 500kV（220kV）交流同塔线路带电作业安全距离研究

（一）特殊作业工况的分析与模拟

根据电力设计院的设计参数，拟建双回 1000kV 与双回 500kV（220kV）交流同塔四回输电线路，其与杆塔较 1000kV 交流双回输电线路相比有两个特点：① 杆塔高度增大；② 杆塔架设的线路分为上层 1000kV 双回和下层 500kV（220kV）两部分。在交流混压并架线路中采用的典型塔型如图 3－72 所示。

特高压交流 1000kV 与交流 500kV 并架的杆塔型式相同于 1000kV 与 220kV 并架，上层 1000kV 导线上、中、下双回垂直排列，下层 500kV（220kV）三相导线为三角排列。

双回 1000kV 与双回 500kV（220kV）混压架设杆塔的上层 1000kV 线路与 1000kV 特高压交流同塔双回线路的导线布置、杆塔结构、尺寸基本相同，各种作业工况下的间隙特性十分接近。因此，1000kV 交流同塔双回线路的作业方式和技术参数可直接采用。

本节主要针对作业人员在混压并架线路档距中作业时，下层 500kV（220kV）线路等电位作业人员对上层 1000kV 线路的安全作业间隙进行了试验研究。

（二）带电作业操作过电压水平

经计算，拟建的苏州—沪西段双回 1000kV 与双回 500kV（220kV）交流同塔多回输电线路带电作业时可能产生的相间操作过电压水平为：1000kV 与 500kV 相间最大过电压幅值为 1680kV；1000kV 与 220kV 线路相间最大过电压幅值为 1497kV。

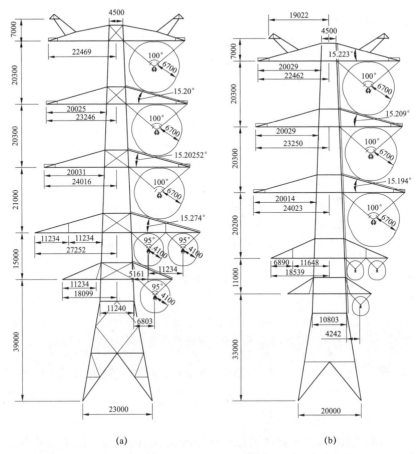

图 3-72 交流 1000kV 与 500kV（220kV）同塔架设典型塔型

（a）交流 1000kV 与 500kV 同塔架设；（b）交流 1000kV 与 220kV 同塔架设

（三）塔宽对带电作业安全间隙放电特性的影响

特高压交流 1000kV 混压并架线路中，上层 1000kV 线路与导线平行处的最大塔宽与 1000kV 同塔双回线路铁塔的塔宽均约为 8m。而 500kV 线路与导线平行处的塔宽约为 11m，单回、同塔双回 500kV 线路铁塔与导线平行处的塔宽最大为 4.1m，塔宽增加了 1 倍以上。在确定超/特高压混压并架线路带电作业安全距离时，塔宽对间隙放电特性会产生影响。

鉴于混压并架线路典型杆塔的 500kV 线路塔宽较一般 500kV 线路大 1 倍以上的特殊性，选取典型带电作业工况，在 1.4～11.0m 塔宽变化范围内进行了带电作业间隙操作冲击放电特性影响的试验分析。

美国《Transmission line reference book：345kV and above》（《345kV 及以上超高压输电线路》）一书中列举了导线对塔柱间隙的操作波闪络强度

（见图 3－73）。从图 3－73 可知，随着塔宽的增大，相同间隙的放电电压有所降低。这是因为导线—塔柱为非均匀电场电极形式，随着塔宽增加，非均匀程度增加，放电电压降低，但其非均匀程度小于棒—板电极。

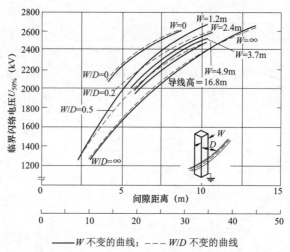

——W 不变的曲线；－－－W/D 不变的曲线

图 3－73　导线对塔柱间隙的操作波闪络强度（波头时间为 350μs）

塔宽对于带电作业间隙放电特性的影响与导线—塔柱影响类似。采用不同宽度的塔身构架进行试验研究。选取"等电位作业人员对侧面塔身构架"作为塔宽试验工况，塔身宽度分别为 1.4、4.0、8.0m 和 11.0m，每种塔宽选择 3.5、4.5、5.5、6.5、7.5m 五个间隙距离进行操作冲击放电试验，试验结果见表 3－34，放电特性曲线如图 3－74 所示，试验现场如图 3－75 所示。

表 3－34　不同塔宽下等电位作业人员对侧面塔身构架放电试验结果

间隙距离 S（m）	塔宽 1.4m		塔宽 4.0m		塔宽 8.0m		塔宽 11.0m	
	$U_{50\%}$（kV）	Z（%）	$U_{50\%}$（kV）	Z（%）	$U_{50\%}$（kV）	Z（%）	$U_{50\%}$（kV）	Z（%）
3.5	1478	5.1	1463	5.2	1397	5.0	1325	4.7
4.5	1662	5.2	1625	4.3	1586	5.1	1460	5.2
5.5	1858	4.5	1796	5.7	1698	4.8	1645	3.7
6.5	2074	5.0	1995	5.0	1829	5.3	1815	4.8
7.5	2279	3.8	2183	4.6	2065	3.9	1969	4.5

由表 3－34 可知，带电作业间隙操作冲击放电电压随着塔身宽度的增加而降低。但在作业间隙距离较小时，塔宽对间隙放电电压的影响并不大，如作业

间隙距离为 3.5m 时，四种塔宽下操作冲击 50%放电电压 $U_{50\%}$ 相差并不大。随着作业间隙的增大，塔宽影响也增大，当作业间隙为 7.5m、塔身宽度为 11m 时的操作冲击 50%放电电压比塔身宽度为 1.4m 时降低了约 14%。

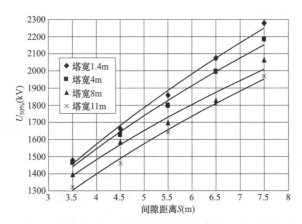

图 3-74 不同塔宽下等电位作业人员对侧面塔身构架放电特性曲线

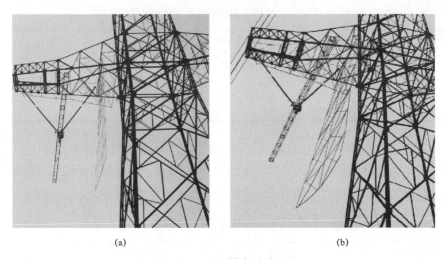

(a)   (b)

图 3-75 不同塔宽试验现场

（a）8.0m 塔宽；（b）11.0m 塔宽

根据以上试验结果，在进行混压并架线路带电作业最小安全距离试验时，从严考虑，一般选取带电作业时塔宽最大处进行操作冲击放电试验。并且根据 $U_{50\%}$ 对塔宽的变化曲线，可以预判不同塔宽下带电作业间隙的放电变化规律，对校核实际工程中不同塔型的带电作业安全距离、评估带电作业安全性具有重要意义。

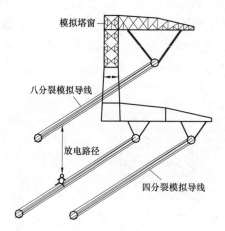

图 3－76　500kV 等电位作业人员与上层
1000kV 导线安全距离试验布置示意图

（四）试验及结果分析

1. 档中 500kV 等电位作业人员
与 1000kV 导线安全距离试验

档距中央下层 500kV 等电位作业
人员与上层 1000kV 导线安全距离试
验布置如图 3－76 所示，试验模拟人
穿戴整套屏蔽服，骑跨在 500kV 相导
线，用金属线与导线连接，使其与导
线保持等电位。试验中，在构成放电
间隙的两相分别施加＋250/2500μs 操
作波和－250/2500μs 操作波，波形系
数 $\alpha = 0.3$。

试验得出 500kV 等电位人员与上层 1000kV 导线最小安全距离（考虑人体
活动范围 0.5m 及海拔修正）见表 3－35。

表 3－35　　500kV 等电位人员与上层 1000kV 导线最小安全距离

最大过电压值（kV）	海拔（m）	放电电压 $U_{50\%}$（kV）	最小安全距离（m）	危险率
1680	0（标准气象条件）	2033	7.0	8.12×10^{-6}
	500	2117	7.4	7.81×10^{-6}
	1000	2215	7.9	5.52×10^{-6}

2. 档中 220kV 等电位作业人员与 1000kV 导线安全距离试验

采用类似试验布置，试验得出 220kV 等电位人员对上层 1000kV 导线最小
安全距离（考虑人体活动范围 0.5m 及海拔修正）见表 3－36。

表 3－36　　220kV 等电位人员与上层 1000kV 导线最小安全距离

最大过电压值（kV）	海拔（m）	放电电压 $U_{50\%}$（kV）	最小安全距离（m）	危险率
1497	0（标准气象条件）	1813	5.7	7.87×10^{-6}
	500	1896	6.2	7.93×10^{-6}
	1000	1987	6.8	6.62×10^{-6}

3. 500kV 等电位作业人员相间安全距离试验

500kV 等电位作业人员相间最小安全距离（考虑人体活动范围 0.5m 及海
拔修正）见表 3－37。

表 3-37　　　　　　　500kV 等电位作业人员相间最小安全距离

最大过电压 （p.u.）	海拔（m）	放电电压 $U_{50\%}$ （kV）	最小安全距离 （m）	危险率
2.21	0	1200	3.6	8.38×10^{-6}
	500	1276	3.8	7.60×10^{-6}
	1000	1348	4.1	7.13×10^{-6}

4. 220kV 等电位作业人员相间安全距离试验

220kV 等电位作业人员相间最小安全距离（考虑人体活动范围 0.5m 及海拔修正）见表 3-38。

表 3-38　　　　　　　220kV 等电位作业人员相间最小安全距离

最大过电压 （p.u.）	海拔（m）	放电电压 $U_{50\%}$ （kV）	最小安全距离 （m）	危险率
2.75	0	718	1.7	1.38×10^{-6}
	500	774	1.8	0.76×10^{-6}
	1000	825	1.9	0.68×10^{-6}

（五）与常规超高压交流 500kV 同塔双回线路带电作业间隙比较

典型超高压交流 500kV 同塔双回线路塔型（SZ71）、超/特高压交流混压同塔多回下层 500kV 线路塔型（SSZT2）分别如图 3-77 和图 3-78 所示。

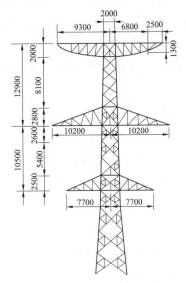

图 3-77　超高压交流 500kV
同塔双回线路塔型（SZ71）

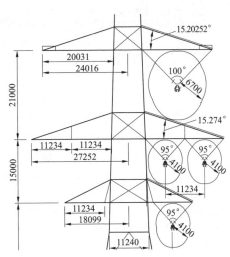

图 3-78　超/特高压交流混压同塔
多回下层 500kV 线路塔型（SSZT2）

　　典型的 500kV 同塔双回铁塔三相导线分层排列，而混压并架线路上层两相导线并行排列。按重点研究工况考虑，都包括等电位人—塔身、等电位人—上横担、等电位人—下横担，因此带电作业间隙放电特性取决于间隙电极结构，包括铁塔构架宽度的影响。在交流混压同塔的下层 500kV 线路周围的铁塔构架的最大宽度为 11.2m，相比于 SZ71 塔的 4.1m 增大了 1 倍以上，其作业间隙的放电特性会发生变化。以等电位人—塔身工况为例，选择侧面塔身宽度处，固定间隙距离 4.5m 不变，塔宽约为 4.1m 时 $U_{50\%}$ 为 1622kV，塔宽约为 11.2m 时 $U_{50\%}$ 为 1480kV，放电电压下降 8.8%，综合各个间隙距离的 $U_{50\%}$ 下降程度，该工况下带电作业间隙系数 K 由 1.20 减小到 1.12。

　　随着间隙系数的减小，相应工况下的带电作业最小安全距离需增加。以带电作业最大操作过电压同为 1.84p.u.、等电位人—上横担工况为例，海拔为 500m 时，计算得到常规 500kV 同塔双回线路与交流混压同塔多回 500kV 线路的最小安全距离分别为 3.1m 和 3.4m，即交流混压同塔 500kV 线路的间隙系数

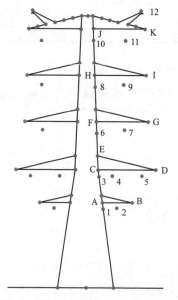

图 3-79　电场强度计算取值点和面的位置示意图

减小，在相同带电作业操作过电压水平下，计算得到的最小安全距离会增大。

二、1000kV 交流与 500kV（220kV）交流同塔线路带电作业安全防护研究

　　特高压与超高压交流同塔并架多回线路周围的空间电场较单一电压等级线路更为复杂。针对交流混压并架同塔多回线路的带电作业安全防护进行了研究。

　　1. 线路杆塔空间电场强度（不考虑人体影响）计算

　　采用工频电场的三维边界元计算方法，在计算中，按照带电作业工作人员登塔作业的实际情况，选取电场强度的计算点和计算面。电场强度计算点和面的位置如图 3-79 所示，各计算点和面的说明见表 3-39。

表 3-39　　　　　　　　　　　　电场强度计算点和面说明

计算点	说明	计算面	说明
1	铁塔表面，且与 500kV（220kV）下相导线等高	AB	500kV（220kV）下相导线悬挂横担下表面
2	500kV（220kV）下相分裂导线圆周		

续表

计算点	说明	计算面	说明
3	铁塔表面，且与 500kV（220kV）上相导线等高	CD	500kV（220kV）上相导线 悬挂横担下表面
4	500kV（220kV）上相分裂导线圆周（靠近塔身）		
5	500kV（220kV）上相分裂导线圆周（远离塔身）	ED	500kV（220kV）上相导线 悬挂横担上表面
6	铁塔表面，且与 1000kV 下相导线等高		
7	1000kV 下相分裂导线圆周	FG	1000kV 下相导线 悬挂横担下表面
8	铁塔表面，且与 1000kV 中相导线等高		
9	1000kV 中相分裂导线圆周	HI	1000kV 中相导线 悬挂横担下表面
10	铁塔表面，且与 1000kV 上相导线等高		
11	1000kV 上相分裂导线圆周	JK	1000kV 上相导线 悬挂横担下表面
12	地线悬挂点		

通过交流混压线路杆塔空间电场强度计算，根据各作业点和作业面电场强度的特点，可以将 1000kV 与 500kV（220kV）交流同塔四回输电线路杆塔作业环境分为 3 个区域，如图 3-80 所示。其中，区域 I 的电场强度主要考虑 1000kV 输电线路的作用，区域 II 的电场强度需要考虑 1000kV 与 500kV（220kV）输电线路的共同作用，区域III 的电场强度主要考虑 500kV（220kV）输电线路的作用。

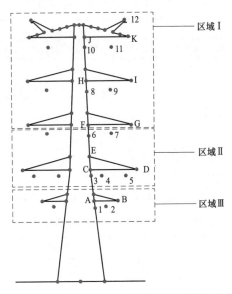

图 3-80　1000kV 与 500kV（220kV）同塔四回线路铁塔作业区域分析图

2. 作业人员在区域Ⅱ等电位作业时人体表面电场强度

通过对杆塔电场分布的分析，在图 3-80 中的作业区域Ⅱ会同时受到两个电压等级线路的影响，应该重点分析作业人员在该区域等电位作业的表面电场强度分布。计算分别选取人体位于 1000kV 下相导线和 500kV（220kV）上相内侧导线等电位作业工况，分别仿真人体在不同电压等级线路作用下体表的电位分布。表 3-40～表 3-43 分别为 1000kV 与 500kV（220kV）同塔时人体位于不同等电位位置的人体表面不同部位电场强度。

表 3-40 　　　　1000kV 与 500kV 同塔人体位于 1000kV 下相导线

等电位时人体表面不同部位电场强度　　　　　　（kV/m）

人体部位	电场强度		
	1000kV 与 500kV 共同作用	1000kV 单独作用	500kV 单独作用
头顶	1740	1484	378
面部	1187	1001	230
胸部	454	397	102
背部	454	397	102
手部	2617	2034	963
脚部	740	638	180

表 3-41 　　　　1000kV 与 500kV 同塔人体位于 500kV 上相内侧线路

等电位时人体表面不同部位电场强度　　　　　　（kV/m）

人体部位	电场强度		
	1000kV 与 500kV 共同作用	1000kV 单独作用	500kV 单独作用
头顶	1463	307	1173
面部	966	214	766
胸部	364	79	301
背部	364	79	301
手部	2373	912	1469
脚部	457	102	362

表 3-42 　　　　1000kV 与 220kV 同塔人体位于 1000kV 下相导线

等电位时人体表面不同部位电场强度　　　　　　（kV/m）

人体部位	电场强度		
	1000kV 与 220kV 共同作用	1000kV 单独作用	220kV 单独作用
头顶	1630	1464	211
面部	1135	967	180

续表

人体部位	电场强度		
	1000kV 与 220kV 共同作用	1000kV 单独作用	220kV 单独作用
胸部	435	387	58
背部	435	387	58
手部	2447	1876	724
脚部	724	615	114

表 3－43　　1000kV 与 220kV 同塔人体位于 220kV 上相内侧导线等
电位时人体表面不同部位电场强度　　　　　　（kV/m）

人体部位	电场强度		
	1000kV 与 220kV 共同作用	1000kV 单独作用	220kV 单独作用
头顶	1280	320	1050
面部	874	232	724
胸部	326	87	257
背部	326	87	257
手部	2020	836	1383
脚部	450	112	335

3. 作业人员在区域Ⅱ地电位作业时人体表面电场强度

计算选取人体位于区域Ⅱ，两相 500kV（220kV）线路横担中间地电位作业工况，人体平面与线路垂直。杆塔横担上人体表面电场分布模型（人体平面与线路垂直）如图 3－81 所示，表 3－44 和表 3－45 分别为 1000kV 与 500kV（220kV）同塔时人体表面不同部位电场强度。

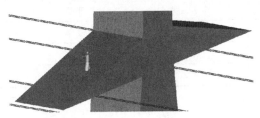

图 3－81　杆塔横担上人体表面电场分布模型（人体平面与线路垂直）

表 3－44　　　1000kV 与 500kV 同塔时人体表面不同部位电场强度　　　　（kV/m）

人体部位	电场强度		
	1000kV 与 500kV 共同作用	1000kV 单独作用	500kV 单独作用
头顶	328	263	100
面部	146	112	55.4
胸部	25	16.7	8.74
左手（靠近铁塔）	919	852	68.8
右手（远离铁塔）	625	560	133
脚部	7.1	5.5	1.84

表 3－45　　　1000kV 与 220kV 同塔时人体表面不同部位电场强度　　　　（kV/m）

人体部位	电场强度		
	1000kV 与 220kV 共同作用	1000kV 单独作用	220kV 单独作用
头顶	204	190	17.3
面部	105	96	11.1
胸部	18.5	14.8	4
左手（靠近铁塔）	748	690	75
右手（远离铁塔）	590	565	35
脚部	4.6	4.1	0.7

4. 作业人员位于区域 I 中等电位作业时人体表面电场强度

通过杆塔电场计算分析，交流混压同塔多回线路区域 I 中线路具有较高电场强度，计算选取人体位于 1000kV 中相导线的工况时的表面电场强度分布。此时，人体双脚站立在八分裂导线的两根下子导线上。表 3－46 反映了人体表面不同部位的电场强度。

表 3－46　　　　　　人体表面不同部位电场强度　　　　　　（kV/m）

部位	电场强度	部位	电场强度
头顶	1584	手部	2372
面部	1151	脚部	638
胸部	472		

5. 电场特点

通过计算分析，双回 1000kV 与双回 500kV（220kV）交流同塔多回输电线路带电作业时，电场强度有以下特点和规律：

（1）可以将交流同塔四回输电线路杆塔作业环境分为 3 个作业区域（见图 3-81）。区域 I 的电场强度主要考虑 1000kV 输电线路的影响，区域 II 的电场强度为两种电压等级输电线路共同影响，区域 III 的电场强度主要考虑低电压等级输电线路的影响。

（2）作业人员位于等电位作业时，人体头部和手部的电场强度较大，胸部和脚部的电场强度较小。其中，手部有最大的电场强度，其次是头顶和面部。

（3）作业人员位于悬挂两相低电压等级输电线路横担上作业时，头部、手部附近具有较大的电场强度。

（4）作业人员位于 1000kV 下相导线上作业时，人体表面的电场强度同时受到两种电压等级输电线路的影响，是两种电压等级线路分别作用时的相量之和，其中 1000kV 线路影响较大。

（5）作业人员位于低电压等级线路上相内侧导线上等电位作业时，人体表面的电场强度同时受到两种电压等级交流输电线路的影响，是两种电压等级线路分别作用时的相量之和，其中低电压等级输电线路影响较大。

（6）作业人员站在悬挂两相低电压等级输电线路横担上作业时，人体表面的电场强度同时受到两种电压等级交流输电线路的影响，是两种电压等级线路分别作用时的相量之和，其中 1000kV 线路影响较大。

6. 防护措施

（1）在等电位作业时，采用屏蔽效率不低于 60dB 的 1000kV 屏蔽服，并佩戴屏蔽效率不低于 20dB 的屏蔽面罩，满足带电作业安全防护要求。

（2）在地电位作业时，登塔作业人员穿戴 40dB 屏蔽效率的屏蔽服能满足地电位作业人员安全防护的要求。

三、1000kV 交流与 500kV（220kV）交流同塔四回线路部分回路停电时检修方式研究

为便于分析同塔四回线路不同运行方式，分别对交流 1000kV 与 500kV 同塔四回线路及交流 1000kV 与 220kV 同塔四回线路各条线路进行编号，如图 3-82 所示。

应用电磁暂态分析计算软件 ATP-EMTP，建立交流同塔四回线路的数学模型。分别针对同塔四回线路以下三种检修运行方式：① 四回线路中，单回运行、三回停运；② 四回线路中，两回运行、两回停运；③ 四回线路中，三回运行、一回停运。分别在不同接地方式下，对检修回路沿线感应电压进行计算。

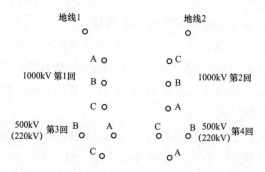

图 3-82　同塔四回线路编号示意图

1. 四回线路中，单回运行、三回停运

单回运行、三回停运存在以下两种情况：

（1）1000kV 第 2 回运行；1000kV 第 1 回，500kV（220kV）第 3、4 回停运。

（2）500kV（220kV）第 3 回运行；1000kV 第 1、2 回，500kV（220kV）第 4 回停运。

选取第一种情况做介绍。1000kV 与 500kV（220kV）同塔时检修线路沿线最大感应电压（停运检修线路或分段地线对杆塔电位）有效值分别见表 3-47 和表 3-48。

表 3-47　　　　1000kV 与 500kV 同塔时感应电压仿真计算结果　　　　（V）

接地方式	沿线最大感应电压有效值			
	线路序号	A 相	B 相	C 相	分段地线
两端不接地	1	65207	16851	33950	249
	3	35856	60472	36107	
	4	114394	121039	59569	
末端接地	1	1809	1279	3299	257
	3	1302	1650	1423	
	4	2325	2422	1765	
首端接地	1	1888	1396	3275	249
	3	1251	1595	1373	
	4	2263	2359	1711	
两端接地	1	785	800	708	400
	3	74	74	74	
	4	75	75	75	

注　仿真计算中，感应电压以有效值表示。

表 3-48　　　　1000kV 与 220kV 同塔时感应电压仿真计算结果　　　　（V）

接地方式	沿线最大感应电压有效值				
	线路序号	A 相	B 相	C 相	分段地线
两端不接地	1	64962	17754	32244	250
	3	44292	66832	48908	
	4	171346	154009	85575	
末端接地	1	1785	1306	3317	259
	3	1521	1824	1683	
	4	3130	2918	2182	
首端接地	1	1867	1429	3300	253
	3	1458	1758	1621	
	4	3047	2839	2114	
两端接地	1	879	926	820	423
	3	79	80	79	
	4	81	81	80	

2. 四回线路中，两回运行、两回停运

两回运行、两回停运存在以下四种情况：

（1）1000kV 第 1、2 回运行，500kV（220kV）第 3、4 回停运。

（2）500kV（220kV）第 3、4 回运行，1000kV 第 1、2 回停运。

（3）1000kV 第 2 回、500kV（220kV）第 3 回运行，1000kV 第 1 回、500kV（220kV）第 4 回停运。

（4）1000kV 第 2 回、500kV（220kV）第 4 回运行，1000kV 第 1 回、500kV（220kV）第 3 回停运。

选取第四种情况做介绍。1000kV 与 500kV（220kV）同塔时检修线路沿线最大感应电压（停运检修线路或分段地线对杆塔电位）有效值分别见表 3-49 和表 3-50。

表 3-49　　　　1000kV 与 500kV 同塔时感应电压仿真计算结果　　　　（V）

接地方式	沿线最大感应电压有效值				
	线路序号	A 相	B 相	C 相	分段地线
两端不接地	1	63467	17327	39257	102
	3	97900	94149	32152	
末端接地	1	1335	2097	4361	100
	3	2322	2414	1501	

续表

接地方式	沿线最大感应电压有效值				
	线路序号	A 相	B 相	C 相	分段地线
首端接地	1	1497	2191	4347	102
	3	2277	2369	1470	
两端接地	1	620	613	477	198
	3	59	60	59	

表 3-50　　　　1000kV 与 220kV 同塔时感应电压仿真计算结果　　　　（V）

接地方式	沿线最大感应电压有效值				
	线路序号	A 相	B 相	C 相	分段地线
两端不接地	1	67246	22168	24231	353
	3	26302	39236	28235	
末端接地	1	2473	839	2708	354
	3	1449	1743	1984	
首端接地	1	2369	740	2723	352
	3	1455	1750	1991	
两端接地	1	697	712	642	437
	3	61	61	61	

3. 四回线路中，三回运行、一回停运

三回运行、一回停运存在以下两种情况：

（1）1000kV 第 2 回，500kV（220kV）第 3、4 回运行；1000kV 第 1 回停运。

（2）1000kV 第 1、2 回，500kV（220kV）第 4 回运行；500kV（220kV）第 3 回停运。

选取第二种情况做介绍。1000kV 与 500kV（220kV）同塔时检修线路沿线最大感应电压（停运检修线路或分段地线对杆塔电位）有效值见表 3-51 和表 3-52。

表 3-51　　　　1000kV 与 500kV 同塔时感应电压仿真计算结果　　　　（V）

接地方式	沿线最大感应电压有效值				
	线路序号	A 相	B 相	C 相	分段地线
两端不接地	3	82464	65840	20643	267
末端接地	3	1296	1048	357	270

续表

接地方式	沿线最大感应电压有效值				
	线路序号	A 相	B 相	C 相	分段地线
首端接地	3	1238	990	323	262
两端接地	3	29	29	29	223

表 3-52　　　　1000kV 与 220kV 同塔时感应电压仿真计算结果　　　　（V）

接地方式	沿线最大感应电压有效值				
	线路序号	A 相	B 相	C 相	分段地线
两端不接地	3	143390	109423	51404	270
末端接地	3	1856	1387	302	275
首端接地	3	1745	1274	227	263
两端接地	3	33	33	33	231

4. 计算结果分析

综合分析以上各种部分线路停运，检修线路的仿真计算结果表明：

（1）停运检修线路两端不接地时，停运线路各相导线沿线最高，最大值为171.43V。

（2）停运检修线路单端接地时，停运线路各相导线上的感应电压在接地端电压最低，接近于零，在不接地端电压最高，最大值为4.4kV。

（3）停运检修线路两端接地时，停运线路各相导线上的感应电压在接地端电压最低，接近于零，线路中部的感应电压最高，最大值为33V。

（4）线路不同运行方式下分段地线存在感应电压，最大值为437V。

（5）停运检修线路两端接地时，在检修线路感应电压最高点加挂临时接地线，流过临时接地线的瞬态电流幅值为340.7A，稳定后的有效值为161.5A。

5. 检修方式

当双回 1000kV 与双回 500kV（220kV）交流同塔多回输电线路部分回路停电，对停电回路各相导线检修时，为保证作业安全，可采取以下两种方式进行。

（1）停电检修方式。当停电回路在首末端均接地且在工作点的适当位置加挂便携式接地线后，可采用停电检修方式进行作业（即作业人员进出检修线路时不需采用进出等电位工具，也不必考虑与接地构件之间的安全距离，塔上电工与导线上电工配合作业不需限定绝缘工器具，仍需穿戴全套屏蔽服）。但选择临时接地线的通流容量应满足要求，在停电回路两相邻杆塔接地前，作业人员不允许接触线路，并应保持足够的距离，通过绝缘工具将临时接地线挂上，检查良好接地后，才能触及检修线路。

（2）带电作业方式。当出现停电回路两端均不接地或仅一端接地时，停电回路上稳态感应电压很高，应将停电检修线路仍视作带电回路进行检修作业，作业人员需穿戴全套屏蔽服。

第四节　1000kV 交流紧凑型输电线路带电作业

从电网建设的远景和特高压电网规划来看，线路不断增多，线路走廊紧张在很多地区可能成为影响电网建设的主要因素。紧凑型输电线路是通过优化排列导线，将三相导线置于同一塔窗内，三相导线间无接地构件，可减少线路走廊宽度，提高单位走廊输送容量的架空线路。对于特高压电网，以进一步提高输送能力和压缩走廊宽度为目的的 1000kV 紧凑型输电技术是未来发展方向之一，有可能打破部分线路走廊紧张地区或对线路输送能力更高要求地区的电网建设瓶颈，成为一种可供选择的新的线路建设方案。1000kV 交流特高压紧凑型线路与传统单、双回线路的杆塔结构有较大差异，其对带电作业的安全开展提出了新的要求，有必要针对性地开展一些研究。

一、带电作业安全距离和组合间隙试验研究

1. 1000kV 交流紧凑型线路杆塔、导线配置

根据电磁环境及工程经济性控制条件，提出特高压单回紧凑型线路导线配置：特高压紧凑型输电线路三相导线均位于塔窗内部，呈正三角形排列，相间距为 15m，导线为 10 分裂导线，正十边形排列，子导线类型为 LGJ－500/35，直径为 30mm，分裂间距为 400mm。特高压单回紧凑型线路直线塔尺寸设计图如图 3－83 所示。

2. 带电作业最大操作过电压水平

由于 1000kV 交流紧凑型线路暂无实际工程，依据《带电作业绝缘配合导则》（DL/T 876—2021），在确定带电作业的安全距离时，按照最大相地过电压为 1.70p.u.（1p.u. = $\sqrt{2} \times 1100/\sqrt{3}$ ），最大相间过电压为 2.2p.u.进行计算校核。

3. 安全距离与组合间隙试验研究

（1）直线塔上相等电位人员对塔窗最小安全距离试验研究。上相等电位作业人员对塔窗侧方及上方构架最小安全距离试验如图 3－84 和图 3－85 所示。

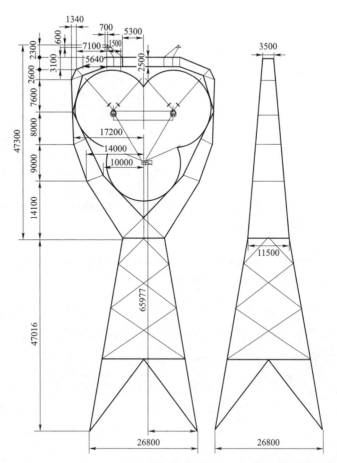

图 3 – 83　特高压单回紧凑型线路直线塔尺寸设计图

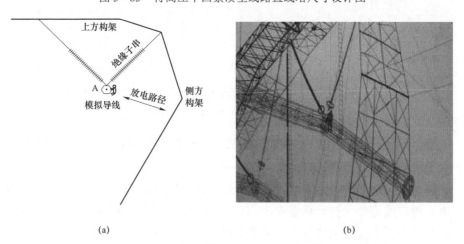

(a)　　　　　　　　　　　　　　　　　　(b)

图 3 – 84　上相等电位人员对塔窗侧方构架最小安全距离试验

(a) 试验布置示意图；(b) 现场实景

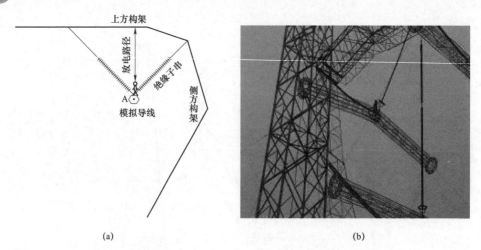

图 3−85　上相等电位人员对塔窗上方构架最小安全距离试验

（a）试验布置示意图；（b）现场实景

改变杆塔构架至模拟人之间的距离 S，通过试验求取放电电压 $U_{50\%}$ 和变异系数 Z，上相等电位人员对塔窗侧方及上方构架安全距离的放电特性曲线如图 3−86 所示。

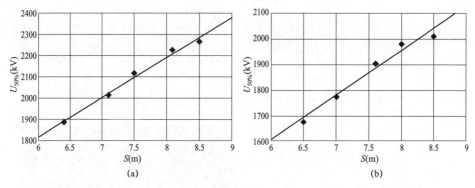

图 3−86　上相等电位人员对塔窗侧方及上方构架安全距离的放电特性曲线

（a）对塔窗侧方构架；（b）对塔窗上方构架

根据操作冲击放电特性曲线及海拔校正公式，可计算得到等电位作业时最小安全距离（考虑人体允许活动范围 0.5m）见表 3−53。

（2）直线塔下相等电位人员对上相导线最小安全距离试验研究。紧凑型线路中三相导线均处于同一塔窗中，作业人员位于等电位下相导线带电作业时，人员对横担下平面的距离较大，不会构成带电作业危险率的控制因素，而作业人员对上相导线的间隙就成为带电作业危险率的控制因素之一。

表 3−53　　　　　　　　上相等电位人员对侧方构架的最小安全距离

作业位置	过电压倍数（p.u.）	海拔（m）	放电电压 $U_{50\%}$（kV）	最小间隙距离（m）	最小安全距离（m）
上相等电位人员对塔窗上方构架	1.70	0（标准气象条件）	1838	6.2	6.7
		500	1891	6.5	7.0
		1000	1943	6.8	7.3
上相等电位人员对塔窗上方构架	1.70	0（标准气象条件）	1840	7.6	8.1
		500	1884	7.9	8.4
		1000	1940	8.3	8.8

在进行相间操作冲击放电电压试验时，在构成放电间隙的两相分别施加 +250/2500μs 波形操作波和 −250/2500μs 波形操作波，波形系数 $\alpha=0.4$。剩余相接地。下相等电位人员对上相导线最小安全距离试验如图 3−87 所示，模拟人穿戴全套屏蔽服，采用站立姿势骑跨在下相模拟导线上，使其与导线保持等电位，试验中使模拟人头顶超出导线处均压环上沿，试验中调节模拟人头顶与上相导线的间隙距离进行操作冲击试验。根据试验结果可得到下相等电位人员对上相导线安全距离的放电特性曲线如图 3−88 所示。

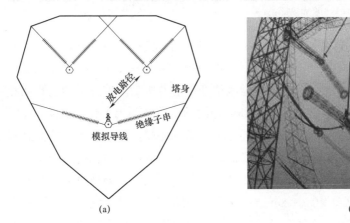

图 3−87　下相等电位人员对上相导线最小安全距离试验
（a）试验布置示意图；（b）现场实景

根据操作冲击放电特性曲线及海拔校正公式，可计算得到下相等电位作业时与斜上方相导线最小安全距离（考虑人体允许活动范围 0.5m）见表 3−54。

根据直线塔安全距离试验结果，在间隙距离相同的情况下，等电位人员对上方横担的 $U_{50\%}$ 明显低于对侧方构架，即作业人员处于上相等电位作业时头顶对上方构架的 $U_{50\%}$ 最低。

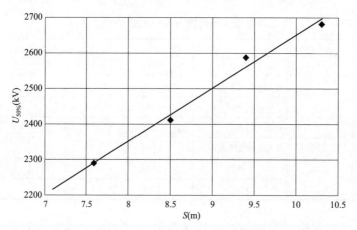

图 3-88　下相等电位人员对上相导线安全距离的放电特性

表 3-54　　　　　　　下相等电位人员对上相导线的最小安全距离

最大过电压（p.u.）	海拔（m）	标准条件下 $U_{50\%}$（kV）	最小间隙距离（m）	最小安全距离（m）
2.20	0（标准气象条件）	2583	9.5	10.0
	500	2665	10.1	10.6
	1000	2730	10.6	11.1

注　此种工况人体占位间隙长度应按照站姿考虑。

观察放电路径，等电位人员对上方横担试验时，模拟导线至杆塔上方构架和侧方构架的距离相等，所有放电均发生在模拟人头部与上方构架之间；等电位人员对侧方构架试验时，保持模拟导线至杆塔上方构架和侧方构架的距离相等时，其放电路径多发生在模拟人头部或导线侧均压环与上方构架之间，此时为保证模拟人对侧方构架放电，需调整试验布置，使模拟导线至上方构架距离大于至侧方构架距离 1.0～1.5m，方能保证侧方间隙放电，但仍会有个别放电发生在上方间隙；下相等电位人员对上相导线放电试验时，同样需要调整相地间隙距离大于相间距离 1.0～1.5m 方可保证放电路径大多数发生在试验两相之间，此时由于试验两相所施加正负极性操作波的同步性和现场试验布置条件的限制，仍会有一部分放电发生在相地之间。

对比三种工况的放电特性和放电路径观察结果，可以发现当作业人员处于上相等电位作业时最为危险；因此，该工况是特高压紧凑型直线塔带电作业的最危险工况，等电位作业人员作业时应注意控制人体占位。

（3）直线塔带电作业最小组合间隙试验研究。考虑到携带工器具方便性和减轻作业人员劳动强度，进入上相导线作业时，推荐采用塔上吊篮法进出等电位，如图 3−89 所示；进入下相导线作业时，推荐采用绝缘软梯法从塔窗下方构架进出等电位，如图 3−90 所示。

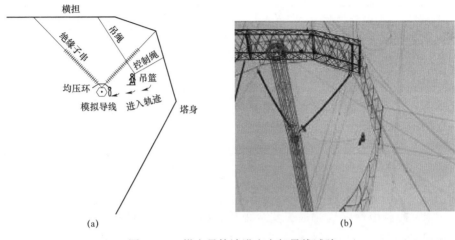

图 3−89 塔上吊篮法进出上相导线试验

（a）试验布置示意图；（b）现场实景

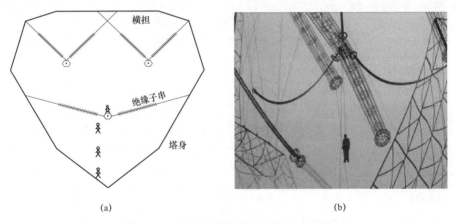

图 3−90 绝缘软梯法进出下相导线试验

（a）试验布置示意图；（b）现场实景

根据已进行的大量杆塔试验可知，对于某一组合间隙，在人体离开导线（高电位）的某一位置处，该组合间隙具有最低的操作冲击 50% 放电电压。根据已有研究成果，对于 1000kV 电压等级的输电线路，当人体离开导线（高电位）约 0.4m 处，该组合间隙具有最低的放电电压。因此，在此部分试验中将模拟人固定在最低放电位置（距导线 0.4m）不变，改变模拟人与地电位塔窗的距离，进行操作冲击放电试验，求取相应的 $U_{50\%}$，再根据其放电曲线，保证作业

危险率小于 1.0×10^{-5}，求出带电作业最小组合间隙，见表 3-55。

表 3-55　　　　　进出上相、下相导线的最小组合间隙

作业位置	海拔（m）	放电电压 $U_{50\%}$（kV）	最小组合间隙（m）
进出上相导线，至塔窗侧方构架	0（标准气象条件）	1840	6.3
	500	1893	6.6
	1000	1927	6.8
进出下相导线，至塔窗下方构架	0（标准气象条件）	1845	6.5
	500	1895	6.8
	1000	1928	7.0

注　表中未考虑作业人员人体占位（作业人员从下方构架进入下相导线时，人体占位间隙长度应按照站姿考虑）。

（4）耐张串带电作业最小安全距离及组合间隙。耐张塔带电作业安全距离和组合间隙试验与前述章节相同，作业人员采用沿耐张串进出等电位的方式。通过试验并计算获取耐张塔带电作业最小安全距离和最小组合间隙分别见表 3-56 和表 3-57。

表 3-56　　　　　耐张串带电作业最小安全距离

过电压倍数（p.u.）	海拔（m）	最小间隙距离（m）	放电电压 $U_{50\%}$（kV）	最小安全距离（m）
1.70	0（标准气象条件）	5.7	1847	6.2
	500	5.9	1885	6.4
	1000	6.2	1942	6.7

表 3-57　　　　　耐张串带电作业最小组合间隙

过电压倍数（p.u.）	海拔（m）	最小间隙距离（m）	放电电压 $U_{50\%}$（kV）	最小组合间隙（m）
1.70	0（标准气象条件）	6.0	1846	6.5
	500	6.3	1901	6.8
	1000	6.5	1937	7.0

二、带电作业人员安全防护研究

由于 1000kV 紧凑型线路三相导线布置紧凑、相间无接地构件，运行时塔窗内电场分布情况较单、双回线路更为复杂，当作业人员进行带电作业时，人体体表场强分布特性尚不明确，为保证带电作业安全进行，需针对紧凑型线路研究作业人员体表场强分布特性，明确作业过程中的安全防护要求。

1. 电场仿真计算

采用三维有限元计算方法，对 1000kV 特高压交流紧凑型线路带电作业人员体表场强进行计算，分别计算作业人员处于地电位和等电位的工况下的场强，并根据计算结果分析作业人员在不同工况下场强分布特点。

（1）地电位作业工况电场仿真。在杆塔上选取典型的地电位作业位置，如图 3－91 所示。

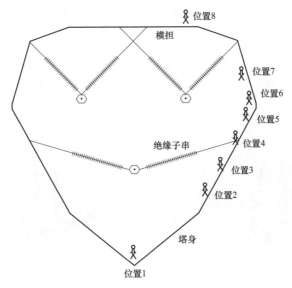

图 3－91　地电位作业位置示意图

1）位置 1：人站在杆塔上，位于下相导线正下方位置。

2）位置 2：人站在杆塔上，距离下相导线所在的水平方向下方 5m 处。

3）位置 3：人站在杆塔上，和下相导线在同一水平面上的位置。

4）位置 4：人站在杆塔上，距离下相导线所在的水平方向上方 3m 处。

5）位置 5：人站在杆塔上，距离上相导线所在的水平方向下方 4m 处。

6）位置 6：人站在杆塔上，和上相导线在同一水平面上的位置。

7）位置 7：人站在杆塔上，距离上相导线所在的水平方向上方 2m 处。

8）位置 8：人站在横担上，位于上相导线正上方位置。

由于实际人体的形状极为复杂，精确的人体模型将导致巨大的计算量；为了适当降低计算量，在建模时将人体模型进行简化，其中人体头部采用球形来模拟，上半身采用长方体模拟，并对肩部进行倒角处理。同时，作业人员手臂和腿部的电场也是关注的重点之一，将手臂和腿部采用圆柱体模型。计算地电位人体表面电场时所用到的人体模型尺寸见表 3－58。

表 3－58   人体模型尺寸（站姿）   （cm）

人体部位	仿真所用几何体	几何体尺寸
下肢	圆柱体	高度 80，半径 16
躯干	长方体	宽度 50，高度 65，厚度 25
颈部	圆柱体	高度 7，半径 5
头部	球体	半径 11

对于位置 1 和位置 8，人体站姿模型如图 3－92 所示；对于位置 2～位置 7，人体手臂向两侧伸出，人体站姿模型如图 3－93 所示。

 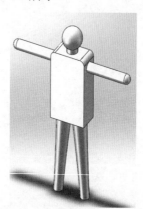

图 3－92   人体站姿模型   图 3－93   人体站姿模型（手臂伸出）

建立 1000kV 特高压交流紧凑型输电线路的三维静电场有限元分析全模型，包括杆塔、复合绝缘子、均压环、联板、相导线（分裂导线）、其他连接金具等。直线塔模型如 3－94 所示。

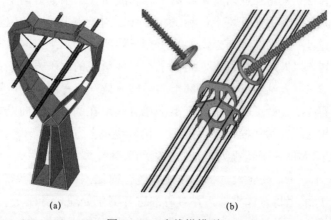

(a)   (b)

图 3－94   直线塔模型

（a）直线塔全模型；（b）直线塔局部模型

选取地电位位置 1 和位置 3 作业人员体表场强分布分别如图 3-95 和图 3-96 所示。

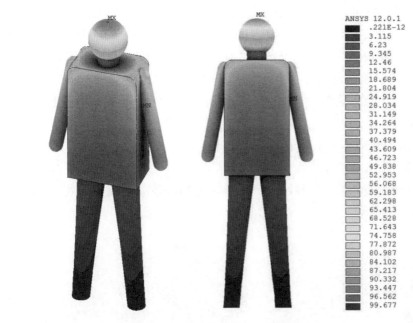

图 3-95　地电位位置 1 人体场强分布

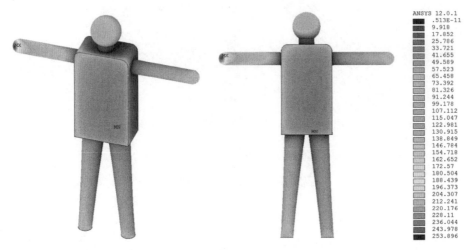

图 3-96　地电位位置 3 人体场强分布

从图 3-95 可以看出，作业人员站立在塔窗上，位于下相导线正下方时，人体头部距离下相导线最近，因此头顶场强最大，为 99.7kV/m；面部场强为 34~80kV/m；胸部场强为 21~28kV/m；手尖场强约为 15kV/m。另外，人体肩部场强较大，约为 60kV/m；由于人站立于杆塔上，因此脚部场强很小，几乎为 0。

从图 3-96 可以看出，作业人员登塔至与下相导线水平位置时，靠近导线一侧的手尖处场强最大，为 253.9kV/m，远离导线一侧的手尖场强约为 91kV/m；作业人员头顶场强约为 107kV/m；面部场强为 50～91kV/m；胸部场强为 65～81kV/m。与其他部位相比，作业人员颈部场强也较小。

（2）等电位作业工况电场仿真。分别选取与上相和下相导线等电位，作业人员站立于十分裂导线的情况，然后选取等电位作业人员从塔窗内向档中走出 0、5、10、15m，分析其体表场强变化特点。

计算选取人体位于导线的工况，此时人体与导线等电位。带电作业人员双脚站立在十分裂两根下子导线上，手臂向两侧伸出，人体站立于导线上的模型如图 3-97 所示。

图 3-97　人体站立于导线上模型

作业人员在上相导线从塔窗内向档中走出 0m 处场强如图 3-98 所示。

从图 3-98 可以看出，作业人员在站立于上相导线上时，由于手臂和头部在导线外，因而这两个部位场强较大。其中：作业人员手尖的场强最大，为 2862kV/m；头顶场强约为 1342kV/m；面部场强为 626～1252kV/m；胸部场强为 268～447kV/m；腹部场强较小，为 89～179kV/m；脚尖场强约为 626kV/m。

作业人员在上相导线从塔窗内向档中走出 5m 处场强如图 3-99 所示。

图 3-98　沿上相导线向档中走出 0m 场强

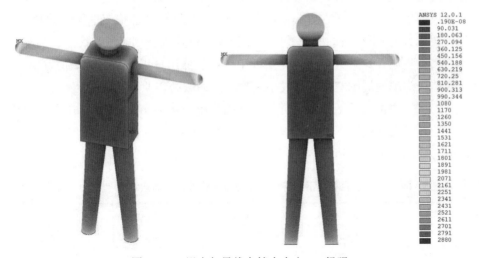

图 3-99　沿上相导线向档中走出 5m 场强

从图 3-99 的计算结果可以看出,作业人员沿上相导线向档中走出 5m 时,作业人员屏蔽服表面场强大于作业人员沿导线向档中走出 0m 的情况。其中:作业人员手尖的场强最大,为 2880kV/m;头顶场强约为 1350kV/m;面部场强为 630~1260kV/m;胸部场强为 270~450kV/m;腹部场强较小,为 90~180kV/m;脚尖场强约为 630kV/m。

(3) 不同工况下作业人员体表场强分布特点。

1) 地电位工况下作业人员体表场强分布。不同地电位作业位置作业人员体表场强见表 3-59。

表 3-59 不同地电位作业位置作业人员体表场强 （kV/m）

场强	位置 1	位置 2	位置 3	位置 4	位置 5	位置 6	位置 7	位置 8
头顶	99.7	275	107	20	306	325	260	3
面部	40～80	70～240	50～91	8～17	134～268	200～300	129～240	4～6
胸部	21～28	104～137	65～81	10～17	153～172	177～207	148～166	3～6
手尖（靠近导线）	15	532.7	253.9	69.3	613.3	947	593.6	30.5
手尖（远离导线）	15	208	91	21	479	592	519	2
脚尖	0	154	107	50	230	414	436	0

从地电位的计算结果可以总结出以下规律：作业人员在登塔过程中，在与相导线距离最近的位置处场强较大（例如位置 2、5、7），且作业人员身体某些部位的场强会超过 240kV/m；而当作业人员处于杆塔的构架里面的时候（例如位置 8），由于杆塔的屏蔽效应，使得此时作业人员体表场强很小。另外，在登塔过程中，作业人员不应将头、手等部位伸出杆塔构架（例如位置 6），以免造成尖端使周围空间电场发生畸变，从而威胁作业人员安全。

2）等电位工况下作业人员体表场强分布。表 3-60 和表 3-61 分别给出了作业人员在上相和下相导线进线等电位作业时，沿导线走出 0、5、10m 和 15m 时体表场强分布情况。

表 3-60 上相导线不同等电位作业位置作业人员体表场强 （kV/m）

场强	沿导线走出 0m	沿导线走出 5m	沿导线走出 10m	沿导线走出 15m
头顶	1342	1350	1348	1337
面部	626～1252	630～1260	629～1258	624～1248
胸部	268～447	270～450	269～449	267～446
腹部	89～179	90～180	90～179	89～178
手尖	2862	2880	2876	2853
脚尖	626	630	629	624

表 3-61 下相导线不同等电位作业位置作业人员体表场强 （kV/m）

场强	沿导线走出 0m	沿导线走出 5m	沿导线走出 10m	沿导线走出 15m
头顶	2102	2120	2115	2108
面部	640～1736	645～1752	643～1747	642～1741
胸部	274～457	277～461	276～460	275～458

续表

场强	沿导线走出 0m	沿导线走出 5m	沿导线走出 10m	沿导线走出 15m
腹部	91～183	92～184	92～184	92～183
手尖	2924	2950	2942	2933
脚尖	731	737	735	733

从等电位作业工况的计算结果可以总结出以下规律：等电位作业人员体表场强达到最大值。在不同作业位置时，由于作业人员手尖和头顶在导线外，且曲率半径较小，对周围空间电场的畸变作用明显，因此场强很大。其中，作业人员手尖场强最大，场强大小超过了 2900kV/m；而作业人员处于分裂导线之内的部位，例如胸腹部，其场强则较小，这是由人体的屏蔽效应引起的。另外，随着作业人员从塔窗向档中走出距离的变化，作业人员屏蔽服表面的场强也在变化。作业人员向档中走出 0m 时，由于作业人员周围有联板、均压环和其他金具等金属物体，对人体电场有一定影响，因此作业人员体表场强略小于作业人员向档中走出 5m 的情况。从作业人员向档中走出 5m 的地方开始，随着作业人员向档中走出距离的增加，作业人员体表场强略有所下降，但变化不大，手尖处的最大场强仍超过了 2900kV/m。对比上相和下相的计算结果可以看出，作业人员在下相进行作业时，由于受到上相两相导线的影响，使得作业人员手尖和头顶等尖端部位的场强大于上相；其中，头顶场强明显高于上相作业的情况，而胸腹部的计算结果则相差不大。

2. 带电作业人员安全防护措施

（1）场强分布规律。作业人员体表场强的分布规律受较多因素的影响，其中最主要的影响因素是作业人员距离各带电体的距离及人体的各部位特征。从前面的仿真结果归纳得出，当作业人员处在塔上不同的位置及进入等电位的过程中，其体表场强及周围电场是不断变化的，其变化规律如下。

1）作业人员在地电位作业位置时，最高场强总是分布在人员头顶、手尖、脚尖等曲率半径较小的部位。登塔过程中，随着攀登高度的增加，与带电体的距离逐渐减小，作业人员体表场强逐渐增高，且某些位置的场强已经超过了带电作业场强允许值 240kV/m。

2）作业人员在登塔过程中，在与相导线等高处附近 2～5m 范围内场强达到较大值。作业人员在地电位位置 2、位置 5 和位置 7 时，由于距离导线最近，所以场强较大。需要特别说明的是，作业人员在位置 7 时，虽然空间场强比周围小，但由于作业人员手臂伸出杆塔，导致作业人员场强反而更高，说明作业人员在作业时不宜将头、手等部位伸出杆塔。

3）作业人员在地电位位置 8 时，虽然作业人员距离上相导线也较近，但由于作业人员在构架里面，而杆塔本身对电场有屏蔽作用，所以作业人员体表场强很小。

4）等电位时作业人员体表场强达到最大值，其中作业人员手尖和头顶由于在导线外面，且曲率半径较小，因此场强很大，手尖最大场强甚至超过了 2900kV/m。相比于其他部位，作业人员的胸腹部的场强则较小，仅有几百千伏每米。因此，作业人员在导线上作业时，应尽量不要将手伸出导线。

5）作业人员向档中走出 0m 时，由于作业人员周围有联板，均压环和其他金具等金属物体，对人体电场有一定屏蔽作用，因此作业人员体表场强小于作业人员向档中走出 5m 的工况。

6）从作业人员向档中走出 5m 的地方开始，随着作业人员向档中走出距离的增加，作业人员体表场强（主要是头顶和手尖处）略有所下降，但场强最大值仍超过了 2900kV/m。

7）作业人员在下相导线上时，由于受到上相两相导线的影响，使得作业人员头顶场强比在上相作业时高出许多，手尖场强也略大于上相，而胸腹部的计算结果相差不大。

（2）带电作业人员安全防护措施。带电作业用屏蔽服是输电线路带电作业中重要的安全防护用具。屏蔽服是用均匀分布的导电材料和纤维材料等制成的服装，穿后使处在高电场中的人体表面形成一个等电位屏蔽面，防护人体免受高电场的影响。《带电作业用屏蔽服装》（GB/T 6568—2008）规定，对于整套屏蔽服，在规定的使用电压等级下，衣服内的体表场强不大于 15kV/m，人体外露部位的体表局部场强不得大于 240kV/m。

通过仿真计算发现，在 1000kV 交流紧凑型线路等电位作业时，作业人员体表场强最大值达到 2900kV/m。即使是地电位作业时，人体某些部位的场强也超过了场强允许值 240kV/m。因此对于 1000kV 交流紧凑型线路，带电作业人员必须穿戴屏蔽服。在作业过程中，作业人员应注意以下几点：

1）塔上作业（包括地电位作业、中间电位作业、等电位作业）人员均须穿戴全套带电作业屏蔽服（包括帽、衣、裤、手套、导电袜或导电鞋）。根据计算结果，屏蔽效率为 60dB 的屏蔽服可以满足带电作业要求，屏蔽服内部场强不会超过 15kV/m。因此，作业人员应穿戴屏蔽效率不低于 60dB 的屏蔽服，其他参数符合 GB/T 6568 规定的屏蔽服布料制作。

2）为避免组装式的多点连接，屏蔽服采用帽子、上衣和裤子连成一体的式样。为了减小裸露面积，降低面部场强，在面部加装屏蔽效率为 20dB 的金属网状屏蔽面罩。1000kV 带电作业用屏蔽服装的其他技术参数仍参照 GB/T 6568 的规定。

3）一般来说，当人体的某一部位在空间形成一尖端面时，电场畸变更明显；如果这一尖端部位又距带电体较近时，该部位的体表场强达到较大值。因此在地电位作业过程中，作业人员应尽量避免将头、手等部位伸出杆塔，以免形成尖端而对人体产生危害。

4）作业人员在导线上进行等电位作业时，处于分裂导线之外的部位会引起明显的电场畸变导致这些部位场强很大，尤其是手尖，需进行重点防护。在作业时，作业人员应尽量避免将头、手伸出分裂导线。

5）1000kV 带电作业人员进出等电位时，应使用电位转移棒以减小电位转移时的脉冲电流并避免电火花直接灼烧屏蔽服。

6）作业人员在塔上传递金属工器具时，应先将相应的工器具接地。

三、带电作业保护间隙

在带电作业过程中，当系统过电压超过作业间隙的放电电压时，有可能发生间隙放电而危及作业人员的安全。对于某些塔头尺寸较小的线路，可能因作业间隙距离过小而无法满足安全要求；若仅为满足带电作业安全距离和组合间隙的要求而增加塔头尺寸，从而增加建设费用，这在经济上是不合理的。这是因为在带电作业过程中，恰遇线路上发生高幅值操作过电压是一个小概率事件，为这一小概率事件而增加全线杆塔的塔头尺寸是不合理的。如果能够在带电作业工作点附近加装保护间隙，且设定保护间隙的放电电压低于作业间隙的放电电压，则一旦线路上发生操作过电压，保护间隙将先行放电，起到保护作业人员安全的作用。

为避免因带电作业而额外增大塔头尺寸，美国、加拿大、巴西等国均开展了加装保护间隙来进行带电作业。加装保护间隙后，不仅使紧凑型线路的带电作业实现可行，保证了作业人员的安全，而且由于带电作业间隙不再成为控制因素，有效地减小了杆塔的塔头尺寸。

1000kV 特高压紧凑型线路三相导线布置紧凑，相间、相地间隙距离较小，前述带电作业安全间隙试验计算了最小安全距离和最小组合间隙。为使带电作业安全间隙不会成为杆塔外绝缘设计的控制因素，需研究加装保护间隙的作业方式。加装保护间隙可进一步提高带电作业的安全性。

1. 保护间隙的设计

（1）保护间隙的设计原则：

1）保护间隙的放电电压应具有稳定性、重复性、可恢复性；

2）保护间隙的放电电压应不受导线布置、绝缘子类型、杆塔塔型、极性效应等的影响；

3）保护间隙应可调节，在安装或拆卸时应增大间隙以保护装卸人员安全，安装就位后可减小间隙到设定值；

4）保护间隙应轻巧，便于拆卸、安装、运输，适于野外和塔上作业，便于作业人员操作；

5）保护间隙应具有良好的动热稳定性，不因放电而损坏导线、绝缘子及铁塔构件。

（2）间隙距离的设定原则：

1）为确保作业人员的安全，保护间隙的上限放电电压应低于作业间隙的下限放电电压，即在任何工况下，在过电压出现时都应是保护间隙100%先行放电；

2）保护间隙在最高工作电压（工频）下不动作；

3）保护间隙的可调电极应有定位限制装置以保证电极间的标准距离，其间隙距离的整定值应根据实际布置下的试验值确定。

2. 保护间隙的电极

美国用于500kV线路的带电作业用保护间隙的两端电极为棒型电极，棒直径为12.7mm，端部倒弧半径为6.35mm。加拿大、俄罗斯用于500kV线路保护间隙的两端电极均为球电极，为防止极性效应，接地端球的直径大于高压端（导线端）的球直径。例如，加拿大、俄罗斯500kV线路保护间隙的接地端球直径约是高压端球直径的2～3倍。参照美国、加拿大、俄罗斯等国带电作业用保护间隙的电极结构及形状，在保护间隙的电极设计中，两端电极由固定电极和可调电极组成，固定电极安装在高压端，可调电极安装在接地端。

通过不同结构和尺寸的电极放电比较试验及不同间隙距离下的放电特性试验，选择电极形状及结构为：接地端电极为$\phi80$mm球电极，高压端为$\phi35$mm球电极。

3. 保护间隙的结构

便携式带电作业用保护间隙由金属插夹、绝缘支杆、接地引流线、固定电极、可调电极等部分组成。保护间隙的整体质量不超过5kg，单段长度不超过3m，可方便地拆卸和组装，便于运输。在安装时放电间隙可调至最大值，安装到位后再通过绝缘操作杆调至设定间隙。绝缘支杆包括安装电极的绝缘段和作业人员的操作段两段，均采用泡沫填充高强度绝缘杆制成，以防止因潮气侵入而降低绝缘强度。保护间隙的结构如图3－100所示。

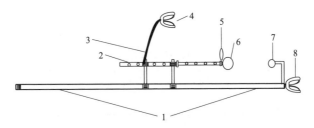

图 3－100　保护间隙结构示意图

1—绝缘支杆；2—定位销控；3—接地线；4—接地夹；5—电极调节环；

6—可调电极；7—固定电极；8—导线插夹

4. 保护间隙的试验

（1）工频闪络及耐压试验。将保护间隙布置在导线上，调整保护间隙大小进行工频闪络试验，结果见表 3－62，工频闪络特性曲线如图 3－101 所示。

表 3－62　　　　　　　　　　工频闪络电压试验结果

间隙距离 d（m）	工频闪络电压（kV）	间隙距离 d（m）	工频闪络电压（kV）
1.2	392	2.7	918
1.8	623	3.3	1098
2.2	743		

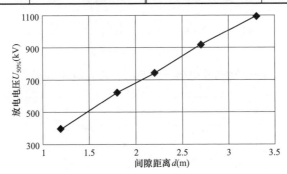

图 3－101　工频闪络特性曲线

　　根据保护间隙的设计原则，保护间隙应能长期耐受最大工作电压而不闪络，1000kV 紧凑型线路最大工作电压为 1100kV，则相电压为 $1100/\sqrt{3}=635\text{kV}$（有效值）。根据表 3－62 试验结果，在海拔 0m 处，保护间隙耐受 1000kV 紧凑型输电线路相电压的大小为 2.04m，考虑一定安全裕度取整后为 2.1m。据此，进行了保护间隙的工频耐压试验，试验中调整保护间隙为 2.1m，进行保护间隙工频耐压试验，结果见表 3－63。由于随着海拔的增加，间隙的工频闪络电压随之降低，因此在确定保护间隙耐受 1000kV 紧凑型输电线路最高工作电压时，对应于不同的海拔应有不同的取值。

表 3－63　　　　　　　　　　　　工频耐压试验结果

间隙距离 d（m）	工频耐压值（kV）	耐压时间（h）	试验结果
2.1	635	0.5	无闪络

（2）操作冲击电压试验。试验波形为 250/2500μs 标准操作冲击波形，当两电极间距离改变时，试验结果见表 3－64，保护间隙操作冲击放电特性曲线如图 3－102 所示。

表 3－64　　　　　　　保护间隙操作冲击放电特性试验结果

间隙距离 d（m）	操作冲击 50%放电电压 $U_{50\%}$（kV）	$[\sigma_d]$（%）
1.2	705	2.6
1.6	863	2.4
2.6	1149	2.1
3.1	1266	2.4
3.6	1374	2.5
4.6	1492	2.5

将试验结果线性回归，求得 50%放电电压与间隙距离 d 的关系式：

$$U_{50\%} = 597\ln(d) + 590 \qquad\qquad (3-1)$$

式中：$U_{50\%}$ 为操作冲击 50%放电电压（kV）；d 为放电间隙距离（m）。

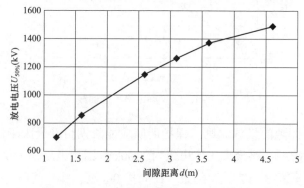

图 3－102　保护间隙操作冲击放电特性曲线

5. 带电作业保护间隙的取值

保护间隙取值原则是在不影响线路正常运行的前提下确保带电作业人员的安全。任何工况下，当线路上产生操作过电压并且有可能造成带电作业间隙发生闪络时，均是保护间隙先行放电，从而限制操作过电压水平，保护作业间隙安全。保护间隙操作冲击放电电压上限应略低于作业间隙放电电压下限，即：

$$(U_{50\%}+3\sigma)_b \leqslant (U_{50\%}-3\sigma)_z \qquad (3-2)$$

以带电作业过电压水平 1.70p.u.为例，根据以上绝缘配合原则，在带电作业安全距离和组合间隙研究的基础上，结合保护间隙操作冲击放电特性，得到带电作业保护间隙在不同海拔的最大允许取值（见表 3-65）。计算中，结合试验数据，作业间隙操作冲击放电变异系数取值为 6%，保护间隙操作冲击放电变异系数取值为 3%，考虑 5% 的安全裕度。

表 3-65　　　　　　　不同海拔下保护间隙最大允许值　　　　　　　（m）

过电压倍数（p.u.）	海拔	保护间隙最大允许值
1.70	0	3.4
	500	3.6
	1000	3.8

以上数值是结合带电作业最小安全距离和最小组合间隙研究结论给出的参考值。在使用保护间隙前，可根据工程实际塔头尺寸对保护间隙的取值进行验算和修正。

6. 典型工况的模拟试验

为考核试验各种作业工况对保护间隙放电特性的影响，在真型塔中模拟各种作业工况，试验保护间隙的放电特性及各间隙的放电概率，验证保护间隙在不同工况下对作业间隙的保护性能。

主要模拟了以下作业工况：

（1）等电位作业。

（2）进入等电位作业（组合间隙、中间电位）。

在各作业工况下的保护间隙放电特性见表 3-66。

表 3-66　　　　　模拟各作业工况下的保护间隙放电特性

	间隙距离（m）	3.8		
等电位作业	放电电压 $U_{50\%}$（kV）	1382	$[\sigma_d]$（%）	2.8
	加压次数	40		
	放电次数	20		
	放电路径	保护间隙	20	放电百分比（%）	100
		杆塔各间隙	0	放电百分比（%）	0

续表

组合间隙作业	间隙距离（m）	3.8			
	放电电压 $U_{50\%}$（kV）	1395	［σ_d］（%）		3.1
	加压次数	40			
	放电次数	21			
	放电路径	保护间隙	21	放电百分比（%）	100
		杆塔各间隙	0	放电百分比（%）	0

从以上试验结果可以看出，在加装保护间隙后，在出现过电压时，放电全部经由保护间隙，无一通过作业间隙；且在各种模拟工况下，无论作业人员是在等电位或在进入等电位的过程中，放电路径都经由保护间隙，不通过作业人员形成放电路径，证明保护间隙可有效地保护作业人员的安全。

7. 保护范围的计算及校核

为避免加装保护间隙后影响作业的开展，同时防止一旦间隙放电对附近的作业人员造成伤害，参照国外有关资料，宜将保护间隙装在被检修杆塔的相邻杆塔上。

1000kV 线路的代表档距一般为 500m，大跨越段的档距可达到 1000m 以上。根据计算，当操作波袭来时，假定操作波按光速行进，在检修点和保护间隙挂接点之间将会有 1.6～3.3μs 的延迟；因此，相同时刻作业间隙和保护间隙上承受的操作冲击电压幅值将会有一定的差异。而由 1000kV 紧凑型线路操作过电压波头时间计算可知，特高压线路相地操作过电压的波前时间大于 1000μs。因此，此时相同时刻作业间隙和保护间隙上承受的操作冲击电压幅值的差异小于 0.3%，可以忽略不计，保护间隙对作业人员的保护效果不会受到影响。

在确定保护间隙取值时，保护间隙击穿电压应低于作业间隙耐受电压，并且考虑了 5% 的安全裕度，根据真型塔各作业工况的试验数据和保护间隙的试验数据，如果将作业间隙和保护间隙的过电压差异限制在 3% 以内，将有较大的安全裕度，可满足保护间隙对各作业位置、各作业工况下对作业人员的保护作用。因此，在不考虑操作波在沿导线传播过程中的衰减及变形等因素的影响时，保护间隙具有比较大的保护范围。考虑作业安全性和操作方便等因素，一般将保护间隙安装在作业位置相邻的杆塔上，是可以保证作业人员的安全的。

8. 保护间隙的安装方法及要求

（1）根据计算，保护间隙的保护范围可达约 5km，1000kV 线路的代表档距为 500m，绝大部分档距在 1000m 以下，因此作业时只需在作业点的相邻杆塔的工作相上悬挂保护间隙即可。

（2）一般不应直接在工作点杆塔上加装保护间隙，一是为了不妨碍检修，二是可防止间隙动作时电弧产生的危害。

（3）悬挂间隙前接地线首先应可靠接地，挂接时，间隙距离应调至最大值，前端插夹应与导线牢固接触，当作业人员即将进入前，再调小间隙距离至整定值。作业结束且作业人员退出后，应首先将间隙距离调至最大值，然后让插夹与导线脱离接触，最后拆除接地线。

（4）调节电极间距的作业人员应穿戴全套屏蔽用具，采用专用的绝缘操作杆调整保护间隙的间距。

（5）对于直线串，1000kV 紧凑型线路采用 V 型绝缘子串悬挂，可垂直安装在 V 型绝缘子串导线与上部横梁构架中间，也可水平安装在导线与侧边构架之间。

第四章

直流输电线路带电作业

第一节 ±660kV 直流输电线路带电作业

一、±660kV 直流单回输电线路带电作业

（一）线路基本情况

1. 塔型结构

±660kV 直流同塔单回输电线路直线塔典型塔型如图 4-1 所示。

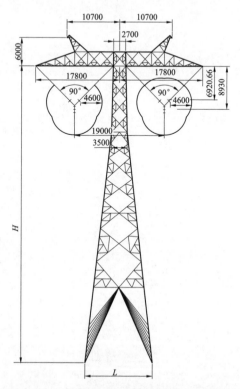

图 4-1 ±660kV 直流同塔单回输电线路直线塔典型塔型

2. 运行方式和线路参数

宁东—山东±660kV 直流输电工程起点宁夏宁东换流站至终点山东青岛换流站，线路全长 1333km，包括黄河大跨越 3.3km。

线路导线选择两种方案：① 采用 6×630/45 钢芯铝绞线，正六边形布置，分裂间距为 450mm；② 采用 4×JL/G3A－1000/45 钢芯铝绞线。一根地线型号为 LBGJ－150－20AC，另一根为 OPGW－150。沿线平均土壤电阻率选 500Ω·m。

3. 带电作业过电压水平

宁东—山东±660kV 直流输电系统在双极运行方式下，主要有直流极对地短路和逆变站甩负荷产生的过电压，其中直流极对地短路产生的过电压较大。因此，直流输电线路带电作业主要考虑单极发生接地故障后，在另一极上产生的过电压。

系统在双极运行方式下，由于雷击、污秽等原因，线路可能发生闪络。当一极发生接地故障时，会在另一极上感应产生操作波性质的过电压。过电压的大小及沿线分布与线路端部阻抗，即直流滤波器和平波电抗器的参数及布置、故障位置、杆塔接地电阻、弧道电阻、线路参数、直流运行电压、电流和调节器的动态特性等多种因素有关。

计算出接地故障发生在线路中点时，对应的健全极上感应过电压最高，接地电阻取 5Ω，为 1.75p.u.（1p.u.＝680kV），距中点±10km 范围内的过电压大于 1.63p.u.（1p.u.＝680kV）。双极运行，单极沿线路各点接地故障，健全极产生的过电压沿线分布曲线如图 4－2 所示。根据各点的过电压数据可求出各点 2%的过电压，中点约为 1.74p.u.，±10km 范围外约为 1.62p.u.。

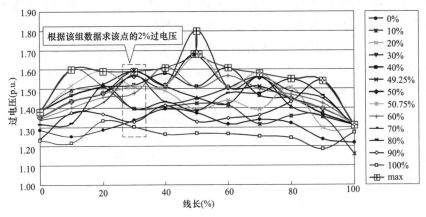

图 4－2 双极运行，单极沿线路各点接地故障，健全极产生的过电压沿线分布曲线

研究结果表明，宁东—山东±660kV 直流输电线路中点故障引起的过电压幅值最高，但是输电线路中点故障时沿线路电压衰减很快，单极导线线路中点对地故障在距线故障点两侧 86km 处，过电压已衰减到 1.5p.u. 以下。在沿线路不同地点的故障中，采用 6×630mm² 导线时，在距离故障点 25km 处为过电压为 1.65p.u.；采用 4×1000mm² 导线时，在距离故障点 25km 处过电压约为 1.67p.u.。越靠近两端换流站的位置发生线路对地故障，引起的线路过电压水平越低。

研究表明，塔头尺寸的小幅度变化对直流线路过电压水平影响较小。每站极直流滤波器主电容减少，过电压水平明显降低；接地通道电阻减小，过电压水平增加。采用 4×1000mm² 导线直流输电线路最高过电压水平见表 4-1。

表 4-1   采用 4×1000mm² 导线直流输电线路最高过电压水平

序号	故障通道电阻（Ω）	每站极直流滤波器配置	最高过电压水平（p.u.）	离中点 25km 过电压水平（p.u.）
1	10	双滤波器（2μF）	1.71	1.67
2	5	双滤波器（2μF）	1.74	1.69
3	10	单滤波器（1μF）	1.53	1.50
4	5	单滤波器（1μF）	1.55	1.52

线路中点接地故障中，由故障极滤波器放电电流感应出的健全极最高过电压的波前/波尾时间为 200/300μs。其他点接地的波前时间为 80~200μs，波尾时间为 300~400μs。而计算其感应过电压部分的波前时间为 4000~7000μs，由操作波 50%放电电压与波前时间关系的 U 形曲线推测空气间隙在该波形下的 50%放电电压高于临界操作波（250/2500μs）放电电压，而采用 4000~5000μs 的长波头的放电电压也高于临界操作波放电电压。考虑到多个杆塔并联间隙降低了空气间隙的 50%放电电压的影响，因此用标准操作波（250/2500μs）放电电压曲线确定杆塔的空气间隙距离是合适的。

4. 海拔修正

为满足工程实际需求，分别计算了海拔 0（标准气象条件）、500、1000、1500、2000m 处的带电作业最小安全距离及最小组合间隙。

（二）试验条件

在研究±660kV 直流输电线路带电作业安全间隙时，需要考虑直流工作电压和内过电压的共同作用。当系统中出现操作过电压时，作业间隙上的电压应为直流工作电压和操作过电压的叠加。

大量试验结果表明：对于导线—杆塔间隙，单独施加直流电压时，正极性放电电压低于负极性放电电压。单独施加操作冲击电压时，正极性放电电压同样低于负极性放电电压。因此在进行合成电压放电试验时，应对带电作业间隙施加正极性直流电压叠加正极性操作冲击电压，试验接线如图 4-3 所示。根据国内外的大量试验研究数据，对于导线—杆塔间隙，单独施加正极性操作冲击电压的放电电压要低于施加正极性操作冲击电压叠加正极性直流电压的放电电压。因此，从安全考虑，在进行放电特性试验时，可对带电作业间隙施加正极性操作冲击电压，以验证作业间隙的安全性。

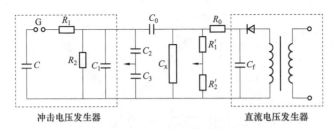

图 4-3　试验接线示意图

G—放电球隙；C—充电电容；C_1、C_f—滤波电容；R_1—波前电阻；

R_2—波尾电阻；C_0—隔直电容；C_x—试品电容；R_0—保护电容；

C_2、C_3—分压电容；R_1'、R_2'—分压电阻

试验中，依据图 4-1 中典型塔型加工模拟塔进行试验布置。试验是在特高压户外试验场进行的，试验设备有：5400kV、527kJ 冲击电压发生器；5400kV 低阻尼串联阻容分压器；64M 型峰值电压表；Tek TDS340 示波器。经校正，整个测量系统的总不确定度小于 3%。试验中采用波前时间为 250μs 的正极性操作冲击波进行放电试验。

试验中采用高强度角钢按设计塔型以 1:1 比例制作模拟塔头，六分裂模拟导线长 10m，分裂半径为 450mm，子导线半径为 16.8mm，两端装有均压环，以改善端部电场分布。试验用模拟人由铝合金制成，与实际人体的形态及结构一致，四肢可自由弯曲，以便调整其各种姿态。模拟人站姿高 1.8m，身宽 0.5m。

（三）带电作业安全距离试验研究

在 ±660kV 单回直流输电线路带电作业中，可能会涉及的带电作业安全距离包括：等电位作业人员与上方横担、极导线与侧面塔身作业人员和等电位作业人员与侧面塔身构架。

1. 等电位作业人员与上方横担安全距离试验研究

等电位作业人员与上方横担安全距离试验如图 4-4 所示，模拟人位于位置 1。试验模拟人穿戴整套屏蔽服，骑跨在模拟极导线上，用金属线与极导线连接，使其与极导线保持等电位。试验中保证模拟人头顶超出极导线处均压环上沿，调节模拟人头顶与上方横担下沿的间隙距离，分别选取距离为 3.2、3.6、4.0、4.4m 和 4.8m 五个试验点进行操作冲击试验。根据试验结果得到该工况安全距离放电特性曲线，如图 4-5 所示。

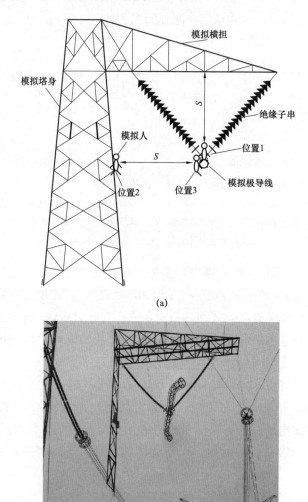

(a)

(b)

图 4-4　等电位带电作业人员与上方横担安全距离试验

（a）试验布置示意图；（b）现场实景

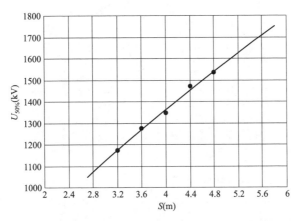

图 4-5　等电位作业人员与上方横担安全距离试验放电特性曲线

根据不同工况下的操作冲击放电特性曲线，计算带电作业最小安全距离（考虑人体活动范围 0.5m），并根据海拔修正公式将标准气象条件下的放电电压 $U_{50\%}$ 修正到海拔 500、1000、1500m 和 2000m 的高度，计算相应海拔下的最小安全距离，计算结果见表 4-2。

表 4-2　　　　　　　　　等电位作业人员与上方横担最小安全距离

最大过电压（p.u.）	海拔（m）	最小安全距离（m）
1.75	0（标准气象条件）	5.0
	500	5.3
	1000	5.6
	1500	5.8
	2000	6.1

2. 极导线与侧面塔身作业人员安全距离试验

极导线与侧面塔身地电位作业人员安全距离试验布置如图 4-4（a）所示，模拟人位于位置 2。试验模拟人穿戴整套屏蔽服，采用坐姿位于塔身靠近极导线侧，背对塔身面向极导线，并与极导线基本保持水平，用金属线将模拟人与侧面塔身连接，使其保持地电位。试验中调节模拟人膝盖与极导线内侧均压环边沿的间隙距离，分别选取距离为 3.2、3.6、4.0、4.4m 和 4.8m 五个试验点进行操作冲击试验，试验现场实景如图 4-6 所示。根据试验结果得到该工况安全距离放电特性曲线，如图 4-7 所示。

图4-6　极导线与侧面塔身地电位作业人员安全距离试验现场实景

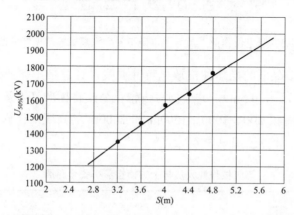

图4-7　极导线与侧面塔身地电位作业人员安全距离试验放电特性曲线

根据不同工况下的操作冲击放电特性曲线，计算带电作业最小安全距离（考虑人体活动范围 0.5m），并根据海拔修正公式将标准气象条件下的放电电压 $U_{50\%}$ 修正到海拔 500、1000、1500m 和 2000m 的高度，计算相应海拔下的最小安全距离，计算结果见表4-3。

表4-3　　　极导线与侧面塔身地电位作业人员最小安全距离

最大过电压（p.u.）	海拔（m）	最小安全距离（m）
1.75	0（标准气象条件）	4.1
	500	4.3
	1000	4.5
	1500	4.8
	2000	5.0

3. 等电位作业人员与侧面塔身构架安全距离试验

等电位作业人员与侧面塔身安全距离试验布置如图4-4（a）所示，模拟人位于位置3。试验模拟人穿戴整套屏蔽服，面向极导线，用金属线与极导线连接，使其与极导线保持等电位，并使模拟人的部分身体较之极导线内侧均压环更近于侧面塔身，避免试验时出现均压环对侧面塔身放电。试验中调节模拟人与侧面塔身的间隙距离，分别选取距离为3.2、3.6、4.0、4.4m和4.8m五个试验点进行操作冲击试验，试验现场实景如图4-8所示。根据试验结果得到该工况安全距离放电特性曲线，如图4-9所示。

图4-8　等电位作业人员与侧面塔身安全距离试验现场实景图

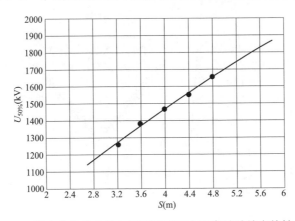

图4-9　等电位作业人员与侧面塔身安全距离试验放电特性曲线

根据不同工况下的操作冲击放电特性曲线，计算带电作业最小安全距离（考虑人体活动范围0.5m），并根据海拔修正公式将标准气象条件下的放电电压 $U_{50\%}$ 修正到海拔500、1000、1500m和2000m的高度，计算相应海拔下的最小安全距离，计算结果见表4-4。

表 4-4   等电位作业人员与侧面塔身最小安全距离

最大过电压（p.u.）	海拔（m）	最小安全距离（m）
1.75	0（标准气象条件）	4.5
	500	4.7
	1000	5.0
	1500	5.2
	2000	5.5

（四）带电作业组合间隙试验研究

带电作业组合间隙试验是针对进入等电位通道的放电特性进行试验，考核该通道的安全性，以确保作业人员安全。从地面通过软梯进入导线或是从导线外侧进入等电位，由于相地间隙大，其组合间隙满足安全性要求。±660kV 单回直流线路从杆塔进入等电位可采用吊篮、吊椅等从塔身侧面进入，对采用吊篮法从导线内侧塔身处进入等电位过程进行了试验。

在作业人员进入等电位过程中，采用滑轨法、吊篮法、硬梯法进行了试验。此处以采用吊篮法作业为例进行讲解。最低放电位置一般在作业人员距离高压导线约 0.4m 处，因此在组合间隙试验时，固定 $S_2 = 0.4m$，通过改变 S_1 的距离来改变整个间隙距离 S，进行操作冲击放电试验。

吊篮法从侧面塔身进入等电位带电作业最小组合间隙试验如图 4-10 所示，

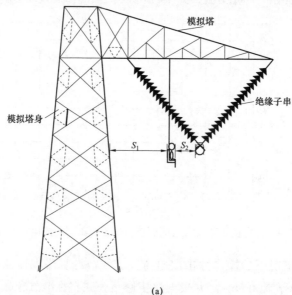

(a)

图 4-10   吊篮法从侧面塔身进入等电位带电作业组合间隙试验（一）

（a）试验布置示意图

(b)

图 4-10　吊篮法从侧面塔身进入等电位带电作业组合间隙试验（二）

（b）现场实景

试验模拟人采用坐姿，固定模拟人与极导线内侧均压环间隙保持 0.4m，模拟人头顶不超过均压环上沿，试验中调节塔身与模拟人的距离，分别选取组合间隙为 3.2、3.6、4.0、4.4m 和 4.8m 五个试验点进行操作冲击试验。根据试验结果得到吊篮法从侧面塔身进入等电位带电作业组合间隙试验放电特性曲线，如图 4-11 所示。

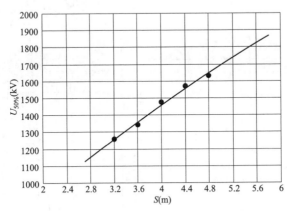

图 4-11　吊篮法从侧面塔身进入等电位带电作业组合间隙试验放电特性曲线

　　根据吊篮法从侧面塔身进入等电位带电作业组合间隙试验放电特性曲线，计算该工况的最小组合间隙（考虑人体占位间隙 0.5m），并根据海拔修正公式将标准气象海拔条件下的放电电压 $U_{50\%}$ 修正到海拔 500、1000、1500m 和 2000m 的高度，计算相应海拔下的最小组合间隙，计算结果见表 4-5。

表 4－5　　　　吊篮法从侧面塔身进入等电位带电作业最小组合间隙

最大过电压（p.u.）	海拔（m）	最小组合间隙（m）
1.75	0（标准气象条件）	4.6
	500	4.8
	1000	5.1
	1500	5.3
	2000	5.6

二、±660kV 直流同塔双回输电线路带电作业

（一）线路基本情况

1. 塔型结构

±660kV 直流同塔双回输电线路杆塔如图 4－12 所示。

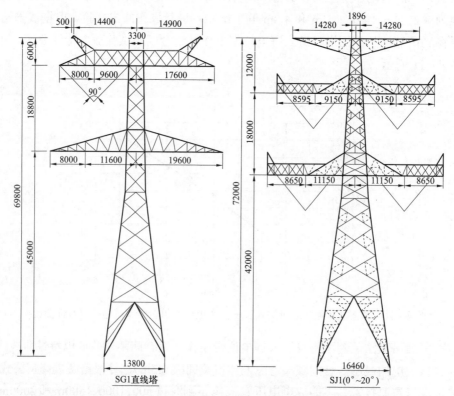

图 4－12　±660kV 直流同塔双回输电线路杆塔示意图

2. 运行方式和线路参数

宁东—山东±660kV 直流输电工程线路全长 1348km，其中同塔双回线路为 1205km，首端单回路长度为 83km，末端单回路长度为 60km。该直流线路的导线为 6×630/45 钢芯铝绞线，正六边形布置，分裂间距为 450mm；一根地线型号为 LBGJ−150−20AC，另一根为 OPGW−150。沿线平均土壤电阻率选 500Ω·m。接地极线路每组导线为双分裂，子导线分裂形式为垂直排列，分裂间距采用 600mm，额定输送电流为 3000A，最大持续电流为 3300A（持续时间为 2h），双极运行时不平衡电流为 30A，最大短时电流为 4500A（3s）。接地极线路的电压约 3kV。

宁东站接地极线路长度：63.5km，山东站接地极线路长度：49.5km；其中从宁东站出口 29.5km 与直流线路同塔。两回线路按初步设计中导线的极线布置方案考虑（即一回上＋、下−；二回上−，下＋），其布置如图 4−13 所示。

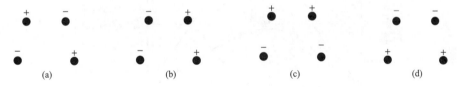

图 4−13　±660kV 直流同塔双回输电线路极线布置方案示意图

(a) ＋−/−＋布置方案 A；(b) −＋/＋−布置方案 B；

(c) ＋−/−＋布置方案 C；(d) −＋/＋−布置方案 D

3. 带电作业操作过电压水平

直流系统在双极运行方式下，主要有直流极线对地短路和逆变站甩负荷产生的过电压，其中直流极对地短路产生的过电压较大。极线对地故障过电压包括单极导线对地故障过电压和同极导线同时对地过电压，对于带电作业只需考虑单极导线对地故障过电压。

远期双回运行，宁青直流线路沿线接地故障下，同回路上极导线单极接地，下横担健全极极线产生的过电压沿线分布曲线如图 4−14 所示。计算出的 2%过电压为 1.80p.u.。上极导线离中点±10km 范围内单极接地，健全的下极导线产生的过电压沿线分布曲线如图 4−15 所示，由图可见在离中点±10km 范围内 2%操作过电压可以 1.82p.u.计，超过±10km 范围 2%操作过电压以 1.70p.u.计。

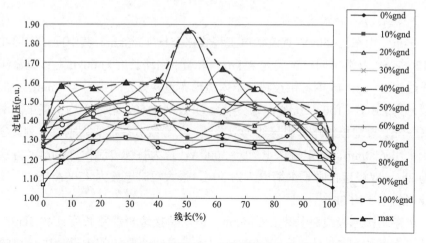

图4-14　双回运行，上极导线单极接地，下横担健全极极线产生的过电压沿线分布

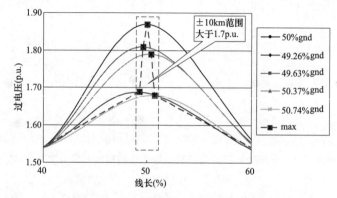

图4-15　双回运行，上极导线离中点±10km范围内单极接地，
下横担健全极极线产生的过电压沿线分布

综合以上计算结果，从严考虑，确定±660kV直流双回输电线路带电作业最大操作过电压为1.82p.u.（1p.u.＝660kV）。

4. 海拔修正

为满足工程实际需求，分别计算了海拔0（标准气象条件）、500、1000、1500、2000m处的带电作业最小安全距离及最小组合间隙。

（二）带电作业安全距离试验研究

在±660kV同塔双回直流输电线路带电作业中，可能会出现的带电作业安全距离包括：上极导线等电位作业人员与其上方横担安全距离、上极导线等电位作业人员与其下方横担安全距离、上极导线与其下方横担地电位作业人员安全距离、上极导线与侧面塔身地电位作业人员安全距离、上极导线等电位作业人员与侧面塔身安全距离、下极导线作业人员安全距离等。

1. 带电作业安全距离试验

（1）上极导线等电位作业人员与其上方横担安全距离试验。上极导线等电位作业人员对其上方横担安全距离试验如图 4-16 所示，模拟人位于位置 1，试验模拟人穿戴整套屏蔽服，骑跨在上极导线，并保证模拟人头顶超出上极导线处均压环上沿。试验中调节模拟人头顶与上横担下沿平面的间隙距离，分别选取距离为 3.2、3.6、4.0、4.4m 和 4.8m 五个试验点进行操作冲击试验，试验现场实景如图 4-17 所示。根据试验结果得到该工况安全距离放电特性曲线，如图 4-18 所示。

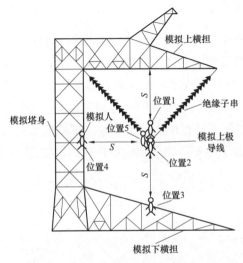

图 4-16　上极导线作业人员典型位置安全距离试验布置示意图

图 4-17　上极导线等电位作业人员与其上方横担安全距离试验现场实景

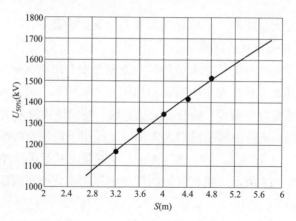

图 4-18　上极导线等电位作业人员与其上方横担安全距离试验放电特性曲线

（2）上极导线等电位作业人员与其下方横担安全距离试验。上极导线等电位作业人员与其下方横担安全距离试验布置如图 4-16 所示，模拟人位于位置2，试验模拟人穿戴整套屏蔽服，使模拟人脚部低于上极导线下平面。试验中调节模拟人脚底与下横担上沿平面的间隙距离，分别选取距离为 3.2、3.6、4.0、4.4m 和 4.8m 五个试验点进行操作冲击试验，试验现场实景如图 4-19 所示。根据试验结果得到该工况安全距离放电特性曲线，如图 4-20 所示。

图 4-19　上极导线等电位作业人员与其下方横担安全距离试验现场实景

（3）上极导线与其下方横担地电位作业人员安全距离试验。上极导线与其下方横担地电位作业人员安全距离试验布置如图 4-16 所示，模拟人位于位置3，试验模拟人穿戴整套屏蔽服，采用站姿站立于下横担上，使模拟人头顶超出下横担上沿平面。试验中调节模拟人头顶与上极导线下沿的间隙距离，分别选取距离为 3.2、3.6、4.0、4.4m 和 4.8m 五个试验点进行操作冲击试验，试验现场实景如图 4-21 所示。根据试验结果得到该工况安全距离放电特性曲线，如图 4-22 所示。

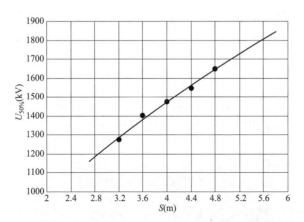

图 4-20　上极导线等电位作业人员与其下方横担安全距离试验放电特性曲线

图 4-21　上极导线与其下方横担地电位作业人员安全距离试验现场实景

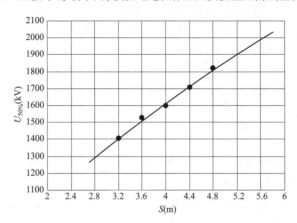

图 4-22　上极导线与其下方横担地电位人员安全距离试验放电特性曲线

（4）上极导线与侧面塔身地电位作业人员安全距离试验。上极导线与侧面塔身地电位作业人员安全距离试验布置如图 4-16 所示，模拟人位于位置 4，试验模拟人穿戴整套屏蔽服，采用坐姿位于塔身靠近上极导线侧，模拟人背对塔身面向上极导线，并与上极导线基本保持水平。试验中调节模拟人膝盖与上极导线内侧均压环边沿的间隙距离，分别选取距离为 3.2、3.6、4.0、4.4m 和 4.8m 五个试验点进行操作冲击试验，试验现场实景如图 4-23 所示。根据试验结果得到该工况安全距离放电特性曲线，如图 4-24 所示。

图 4-23　上极导线对侧面塔身地电位作业人员安全距离试验现场实景

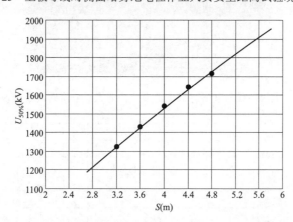

图 4-24　上极导线对侧面塔身地电位作业人员安全距离试验放电特性曲线

（5）上极导线等电位作业人员与侧面塔身安全距离试验。上极侧面塔身安全距离试验布置如图 4-16 所示，模拟人位于位置 5，试验模拟人穿戴整套屏蔽服，面向上极导线，并使模拟人的部分身体较之上极内侧均压环更近于侧面塔身，避免试验时出现均压环对侧面塔身放电。试验中调节模拟人与侧面塔身的间隙距离，分别选取距离为 3.2、3.6、4.0、4.4m 和 4.8m 五个试验点进行操作冲击试验，试验现场实景如图 4-25 所示。根据试验结果得到该工况安全距离放电特性曲线，如图 4-26 所示。

图 4-25　上极导线等电位作业人员与侧面塔身安全距离试验现场实景

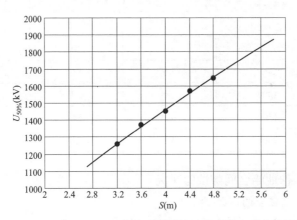

图 4-26　上极等电位作业人员与侧面塔身安全距离试验放电特性曲线

（6）下极导线作业人员安全距离试验。下极导线等电位作业人员与其上方横担安全距离试验、塔侧地电位带电作业人员与下极导线安全距离试验、下极导线等电位作业人员与侧面塔身安全距离试验，其试验布置与单回线路相同，分别根据试验结果得到不同工况下的安全距离放电特性曲线。

2. 带电作业最小安全距离及海拔修正

根据不同工况下的操作冲击放电特性曲线，计算带电作业最小安全距离（考虑人体活动范围 0.5m），并根据海拔修正公式将标准气象海拔条件下的放电电压 $U_{50\%}$ 修正到海拔 500、1000、1500m 和 2000m 的高度，计算相应海拔高度下的最小安全距离，计算结果见表 4-6 和表 4-7。

表 4－6　　　　　　　　　　　上极导线各工况的最小安全距离

最大过电压（p.u.）	海拔（m）	上极导线等电位作业人员与构架（m）			上极导线与地电位作业人员（m）	
		上方横担	下方横担	侧面塔身	人在下方横担	人在侧面塔身 A
1.82	0（标准气象条件）	5.4	4.7	4.8	4.2	4.5
	500	5.7	5.0	5.1	4.4	4.7
	1000	6.0	5.2	5.3	4.6	4.9
	1500	6.3	5.5	5.6	4.8	5.2
	2000	6.6	5.7	5.9	5.1	5.4

表 4－7　　　　　　　　　　　下极导线各工况的最小安全距离

最大过电压（p.u.）	海拔（m）	下极导线等电位作业人员与构架（m）		下极导线与侧面塔身地电位作业人员（m）
		上方横担	侧面塔身	
1.82	0（标准气象条件）	5.4	4.8	4.4
	500	5.6	5.0	4.6
	1000	5.9	5.3	4.8
	1500	6.2	5.5	5.0
	2000	6.5	5.8	5.3

（三）带电作业组合间隙试验研究

1. 带电作业组合间隙试验

±660kV 同塔双回直流输电线路上极导线等电位进入过程存在两种组合间隙：① 上极导线—作业人员—侧面塔身组合间隙；② 上极导线—作业人员—下横担组合间隙。对于下极导线，等电位进入只存在下极导线—作业人员—侧面塔身一种组合间隙。

（1）上极吊篮法进入等电位作业人员与侧面塔身组合间隙试验。上极吊篮法进入等电位作业人员与侧面塔身组合间隙试验如图 4－27 所示，试验模拟人采用坐姿，固定模拟人与上极导线内侧均压环间隙保持 0.4m，模拟人头顶不超过均压环上沿。试验中调节塔身与模拟人的间隙距离，分别选取组合间隙为 3.2、3.6、4.0、4.4m 和 4.8m 五个试验点进行操作冲击试验。根据试验结果得到上极吊篮法进入等电位作业人员与侧面塔身组合间隙放电特性曲线，如图 4－28 所示。

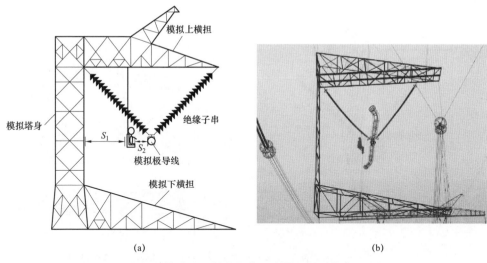

(a)　　　　　　　　　　　　　(b)

图 4-27　上极吊篮法进入等电位作业人员与侧面塔身组合间隙

（a）试验布置示意图；（b）现场实景

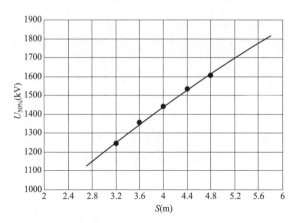

图 4-28　上极吊篮法进入等电位作业人员与侧面塔身
组合间隙试验放电特性曲线

（2）上极吊篮法进入等电位作业人员与下方横担组合间隙试验。上极吊篮法进入等电位作业人员与下方横担组合间隙试验如图 4-29 所示，试验模拟人采用坐姿，固定模拟人与上极导线间隙保持 0.4m，模拟人略微向下，头部基本与上极导线持平。试验中调节下横担与模拟人的间隙距离，分别选取组合间隙为 3.2、3.6、4.0、4.4m 和 4.8m 五个试验点进行操作冲击试验。根据试验结果得到上极吊篮法对下方横担组合间隙放电特性曲线，如图 4-30 所示。

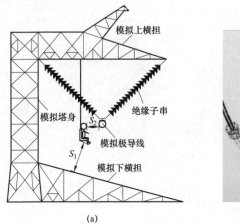
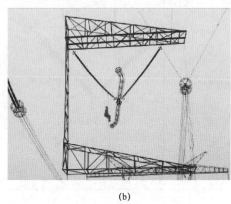

(a) (b)

图 4-29　上极吊篮法进入等电位作业人员与下方横担组合间隙试验
（a）试验布置示意图；（b）现场实景

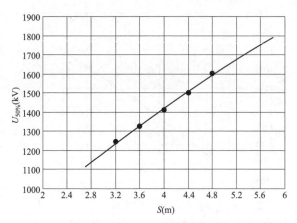

图 4-30　上极吊篮法进入等电位作业人员与下方横担
组合间隙试验放电特性曲线

（3）下极吊篮法进入等电位作业人员与侧面塔身组合间隙试验。下极吊篮法进入等电位作业人员与侧面塔身组合间隙试验布置与单回线路相同，试验模拟人采用坐姿，固定模拟人与下极导线内侧均压环间隙保持 0.4m，模拟人头顶不超过均压环上沿，试验中调节塔身与模拟人的距离，分别选取组合间隙为3.2、3.6、4.0、4.4m 和 4.8m 五个试验点进行操作冲击试验，试验现场实景如图 4-31 所示。根据试验结果得到下极吊篮法进入等电位作业人员与侧面塔身组合间隙放电特性曲线，如图 4-32 所示。

图 4-31　下极吊篮法进入等电位作业人员与侧面塔身组合间隙试验现场实景

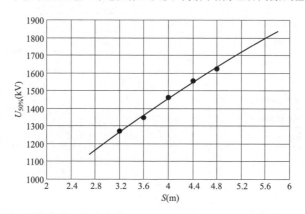

图 4-32　下极吊篮法进入等电位作业人员与侧面塔身组合间隙试验放电特性曲线

2. 带电作业最小组合间隙

根据上极吊篮法进入等电位作业人员与侧面塔身和下方横担、下极吊篮法进入等电位作业人员与侧面塔身组合间隙试验放电曲线，计算三种工况下的最小组合间隙（考虑人体占位间隙 0.5m），并根据海拔修正公式，计算相应海拔下的最小组合间隙，计算结果见表 4-8。

表 4-8　　　　　　　吊篮法等电位带电作业最小组合间隙

最大过电压（p.u.）	海拔（m）	上极吊篮法（m）		下极吊篮法作业人员与侧面塔身（m）
		作业人员与侧面塔身	作业人员与下方横担	
1.82	0（标准气象条件）	4.9	5.0	4.8
	500	5.1	5.2	5.1
	1000	5.4	5.5	5.3
	1500	5.7	5.7	5.6
	2000	5.9	6.0	5.9

三、±660kV 直流输电线路特殊运行模式下的检修方式

（一）单回直流线路一极运行时停电极检修方式研究

±660kV 单回直流输电线路的基本参数见表 4－9，根据线路各项基本数据建立单回直流线路的数学模型，分析计算线路在不同工况下的感应电压。

表 4－9　　　　　　　±660kV 单回直流输电线路基本参数

项次		直流线路		接地极线路
架空地线	型号	LBGJ－150－20AC	OPGW－150	GJ－80
	外径（mm）	15.75		11.5
	直流电阻（Ω/km）	0.5817		2.418
	水平距离（m）	21.4		塔中心
	塔上悬挂高度（m）	48.43		28.6
	弧垂（m）	11		8
	地线是否分段接地	分段接地		直接接地
导线	型号	6×LGJ－630/45		2×2×LGJ－630/45
	外径（cm）	3.36		3.36
	直流电阻（Ω/km）	0.04633		0.04633
	分裂间距（mm）	450		垂直分裂 600
	极间距离（m）	19		5.2
	导线塔上悬挂高度（m）	33.5		23.3
	弧垂（m）	16		10
平均大地电阻率（Ω·m）		500		

计算得出当直流线路一极运行，一极停电检修，停运极线路在两端没有接地的情况下，停运极线路感应电压达到 39.5kV，在不采取接地措施的情况下，应视为带电检修。作业人员进出检修线路时，按进出带电回路高电位的方式进行，作业人员需穿戴全套屏蔽服、应用绝缘工器具进出高电位。在进入高电位后，作业人员应保持与接地构件足够的安全距离。杆塔构架上的地电位电工也应穿全套屏蔽服，向检修线路上作业的等电位电工传递工具或配合作业时，也应通过绝缘工器具进行，并与被检修线路保持足够的安全距离。

当停运检修极线路在首端和末端一点接地的情况下，停运极线路对杆塔静电感应电压为零。所以，对于停电检修极线路，可以根据需要在工作地点挂装便携式接地线。如工作点在杆塔处或杆塔两侧附近，可在杆塔处通过便携式短路接地线将工作相导线接地；如工作点距杆塔较远或在档距中央，可在工作点两端相邻的杆塔处通过便携式短路接地线将工作相停电导线接地。杆塔与便携式接地线的连接部分处塔材应接触良好。按停电检修方式作业，作业人员进出

检修线路时不需采用进出高电位的绝缘工具，也不必考虑与接地构件之间的安全距离，塔上电工与导线上电工配合作业不需限定用绝缘工器具。但是，无论是塔上电工还是导线上电工，都必须穿戴全套屏蔽服（包括导电鞋），一是为了对空间电场进行屏蔽防护；二是保持与导线或接地构件的同一地电位；三是因为当接触传递绳上的金属工具时，屏蔽服可旁路静电感应电流，防止因"麻电"引发二次事故。在停电回路接地前，作业人员不允许接触该线路，并应保持足够的距离；只有通过绝缘工具将临时接地线挂上，并检查良好接地后，才能触及该检修线路。接地方式、步骤必须严格按相关规定进行。

（二）双回直流输电线路一回运行、停电回路检修方式研究

根据±660kV 同塔双回直流输电线路的基本数据，建立线路的数学模型，分析计算线路在不同工况下的感应电压。

双回直流输电线路的极线布置方式对线路的空间电磁场以及空间离子流的分布都有很大的影响。±660kV 同塔双回直流输电线路极线的布置方式有四种方案，如图 4-33 所示，在本次计算中采用方案 A，即一回上+、下-，二回上-，下+。

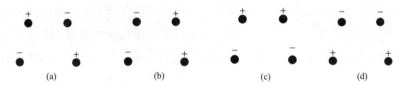

图 4-33　±660kV 同塔双回直流输电线路极线布置方案示意图

（a）＋－/－＋布置方案 A；（b）－＋/－＋布置方案 B；

（c）＋－/－＋布置方案 C；（d）－＋/－＋布置方案 D

±660kV 双直流输电线路参数见表 4-10，极线与地线在塔头的位置如图 4-34 所示。

表 4-10　　　　　　　　　±660kV 双直流输电线路参数

项次		直流线路		接地极引线
	型号	LBGJ-150-20AC	OPGW-150	GJ-80
架空地线	外径（mm）	15.75		11.5
	直流电阻（Ω/km）	0.5817		2.418
	水平距离（m）	29.8		塔中心
	塔上悬挂高度（m）	66.47		28.6
	弧垂（m）	11		8
	地线是否分段接地	分段接地		直接接地

续表

项次		直流线路	接地极引线
导线	型号	6×LGJ－630/45	2×2×LGJ－630/45
	外径（cm）	3.36	3.36
	直流电阻（Ω/km）	0.04633	0.04633
	分裂间距（mm）	450	垂直分裂 600
	极间距离（m）	19.2	5.2
	上层导线塔上悬挂高度（m）	52.5	23.3
	下层导线塔上悬挂高度（m）	33.7	
	弧垂（m）	16	10
平均大地电阻率（Ω·m）		500	

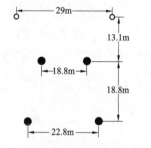

图 4－34　直流线路杆塔采用 V 串塔头布置示意图

双回直流输电线路在一回停运检修，一回正常运行时，运行极会在停运极线路上产生一静电感应电压。为了研究停运极线路上的感应电压分布特点，分析了停运线路一端接地、两端悬空、两端接地等情况下的静电感应电压情况。为了分析停运极线静电感应的分布特点，沿线每隔 50km 取一个电压，得到停运回路极线在不同接线方式下的静电感应电压分布。

双回直流输电线路检修时可以采取灵活的接地方式，主要包含以下几种情况：一回线路运行，另外一回线路停运；一回线路运行，另外一回线路一极运行、一极停运。

（1）一回线路运行、一回线路停运。

1）停运回路两端都不接地。当一回线路运行、一回线路停运后，在停运回路不接地的情况下，停运回路上会产生幅值较大的静电感应电压，该电压的大小与极线的空间位置相关，因为该电压主要由极导线间的互电容和自电容决定。从图 4－35 可以看出，在极线方案 A 布置下，在正极性导线上感应电压幅值比负极性线路要大 20kV，两极线上电压最大值分别为 66kV 和 47kV，所以在停运极线上开展检修作业时，需采取必要的接地措施或保护措施。

2）停运回路首端接地。在停运回路首端接地的情况下，停运极导线对杆塔的电压接近于零，停运回路首端和末端都不接地时沿线电压分布曲线如图 4－35 所示。所以对于直流输电线路，对停运极采用接地方式可以有效消除静电感应电压成分。

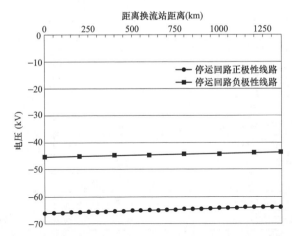

图 4-35　停运回路首端和末端都不接地时沿线电压分布曲线

3）停运回路末端接地。在线路末端接地时，停运回路极线上沿线感应电压分布的趋势和首端接地时相同，对杆塔电压为零。

（2）一回运行，另外一回一极运行、一极停运。当双回线路一回运行，而另外一回线路一极停运、一极运行时，对两端都不接地、首端接地、末端接地情况下的静电感应电压进行了计算。在不接地的情况下，停运极线上感应出的最大值为66kV；当采取接地措施后，停运极线上的静电感应电压接近于零。

±660kV直流同塔双回输电线路一回带电、一回停电检修，当停电回路两端均不接地时，应将停电检修线路仍视作带电回路进行检修作业；作业人员进出检修线路时，按进出带电回路高电位的方式进行，作业人员需穿戴全套屏蔽服、应用绝缘工器具进出高电位。

在线路首端接地或末端接地以及在工作点的适当位置加挂便携式接地线后，停电回路和停电极线都可以采用停电检修方式进行作业。

第二节　±800kV直流输电线路带电作业

一、±800kV直流安全间隙的研究线路带电作业

（一）线路基本情况

1. 线路参数及塔型结构

楚雄—穗东±800kV直流输电系统的额定运行电压为±800kV，双极额定输送功率为5000MW，线路长度为1418km。±800kV直流输电线路参数见表4-11，杆塔如图4-36所示。

表 4 - 11 ±800kV 直流输电线路参数

项次		直流线路	接地极引线
架空地线	型号	LBGJ - 180 - 20AC	GJ - 80
	外径（mm）	17.5	11.4
	直流电阻（Ω/km）	0.709 8Ω	2.418Ω
	水平距离（m）	27	塔中心
	塔上悬挂高度（m）	50	28
	弧垂（m）	11	8
	地线是否分段接地	直接接地	直接接地
导线	型号	6 × LGJ - 630/45	2 × 2 × ACSR - 720/50
	外径（mm）	33.6	36.24
	直流电阻（Ω/km）	0.04633	0.03984
	分裂间距（mm）	450	500
	极间距离（m）	22	4.2
	塔上悬挂高度（m）	33.5	22
	弧垂（m）	16	10
平均大地电阻率（Ω·m）		1000	

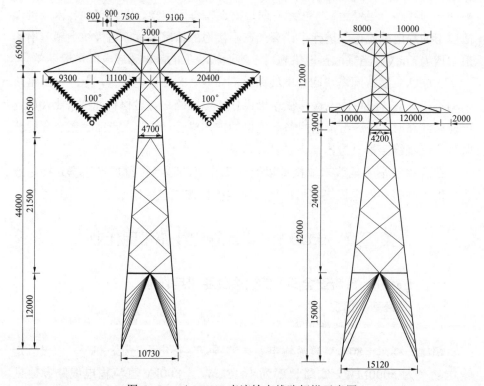

图 4 - 36　±800kV 直流输电线路杆塔示意图

2. 带电作业过电压水平

负极性线路沿线从 0～100%线长对应点分别接地，健全极正极性线路相对应的 0～100%线长的感应过电压大小及沿线分布计算结果见表 4-12 和图 4-37。接地故障发生在线路中点时，健全极上感应过电压最高。由于两端直流滤波器电容量较小，最高仅为 1351kV，相当于 1.69p.u.（1p.u.=800kV），且仅距中部 ±10km 的过电压（41.3%和 50.7%接地）大于 1.67p.u.，离开中点过电压立即下降，且降幅很大。而±10km 以外沿线其他都小于 1.67p.u.。楚雄侧负极性线路接地，正极性线路电压为 1076kV，相当于 1.40p.u.。穗东侧负极性线路接地，正极性线路电压为 933kV，相当于 1.22p.u.。穗东侧健全极最高过电压出现在线路 60%点接地，最高过电压为 1.29p.u.。

根据表 4-12 中的数据，画成直方图可求出各点的 2%过电压。由于过电压较低，因此全线的 2%过电压可以 1.69p.u.计。

表 4-12　　　　　　负极性线路沿线 0～100%线长接地，

正极性线路的 0～100%线长的感应过电压

过电压 (p.u.)	沿线接地点										
	0	10%	20%	30%	40%	50%	60%	70%	80%	90%	100%
0	1.40	1.41	1.42	1.41	1.42	1.41	1.40	1.36	1.32	1.21	1.25
10%	1.35	1.49	1.44	1.48	1.47	1.45	1.43	1.40	1.27	1.28	1.22
20%	1.27	1.38	1.52	1.50	1.54	1.48	1.46	1.32	1.42	1.27	1.20
30%	1.32	1.34	1.48	1.51	1.50	1.53	1.41	1.54	1.38	1.29	1.25
40%	1.35	1.42	1.47	1.48	1.56	1.42	1.64	1.41	1.39	1.38	1.26
50%	1.32	1.29	1.40	1.49	1.42	1.69	1.43	1.48	1.40	1.37	1.24
60%	1.31	1.35	1.41	1.43	1.61	1.41	1.57	1.47	1.47	1.36	1.29
70%	1.34	1.32	1.39	1.55	1.37	1.52	1.50	1.49	1.45	1.37	1.28
80%	1.29	1.26	1.42	1.30	1.45	1.46	1.53	1.47	1.48	1.36	1.24
90%	1.21	1.26	1.27	1.39	1.41	1.43	1.45	1.45	1.42	1.44	1.21
100%	1.17	1.19	1.30	1.34	1.37	1.38	1.39	1.38	1.35	1.36	1.22

线路中点接地故障中，由故障极滤波器放电电流引起的健全极最高过电压的波前/波尾时间为 80/100μs，其他点接地的波前时间为 50～200μs。而计算其

感应过电压部分的波前时间为 5000～7000μs，由操作波 50%放电电压与波前时间关系的 U 形曲线推测空气间隙在该波形下的 50%放电电压高于临界操作波（250/2500μs）放电电压，而采用 3000～5000μs 长波前的放电电压也高于临界操作波放电电压。负极性线路中点（50%）接地故障时，健全极过电压—波前时间曲线如图 4-38 所示。

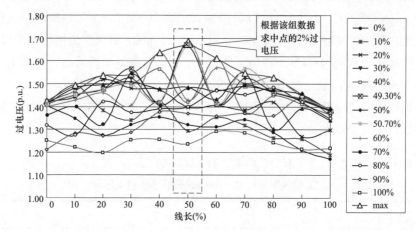

图 4-37　负极性线路沿线各节点接地，对应正极性线路各节点最高过电压曲线

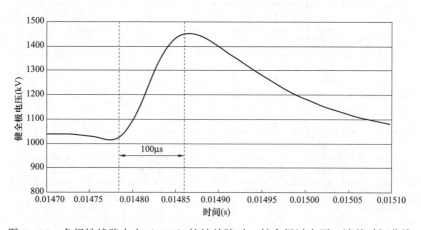

图 4-38　负极性线路中点（50%）接地故障时，健全极过电压—波前时间曲线

±800kV 直流输电线路带电作业最大过电压水平主要取决于单极发生接地故障后在另一极上产生的过电压，而直流单极接地在另一极上感应产生短尾操作波性质的过电压大小及沿线分布与直流系统的滤波器电容量、故障位置、

杆塔接地电阻密切相关相关。根据±800kV 云广特高压直流输电线路参数计算可知，该线路带电作业最大过电压为 1.69p.u.（1p.u.＝800kV），发生在线路中点处，且仅距中部±10km 的过电压大于 1.67p.u.，离开中点过电压立即下降，且降幅很大，±10km 以外沿线其他都小于 1.67p.u.。为了确保线路带电作业的安全性，综合考虑，确定±800kV 云广特高压直流输电线路带电作业过电压为 1.69p.u.。

3．海拔修正

为满足工程实际需求，分别计算了海拔 0（标准气象条件）、500、1000、1500、2000、2500m 处的带电作业最小安全距离及最小组合间隙。

（二）试验条件

±800kV 云广特高压直流输电线路直线塔典型塔型如图 4－39 所示，试验中据此加工 1:1 模拟塔和进行试验布置。其他条件同±660kV 直流输电线路。

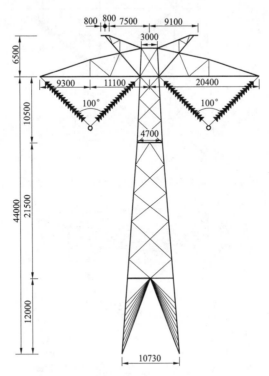

图 4－39　±800kV 云广特高压直流输电线路直线塔典型塔型

（三）带电作业安全距离试验研究

在±800kV 特高压直流输电线路带电作业中，各种工况下可能会出现的带电作业安全距离包括等电位作业人员与其上方横担、极导线与侧面塔身地电位作业人员以及等电位作业人员与侧面塔身的安全距离。

1. 等电位作业人员与其上方横担安全距离试验

等电位作业人员与其上方横担安全距离试验布置如图 4−40 所示，模拟人位于位置 1。试验模拟人穿戴整套屏蔽服，骑跨在模拟极导线上。试验中使模拟人头顶超出极导线处均压环上沿，调节模拟人头顶与上方横担下沿的间隙距离，分别选取距离为 4.0、4.8、5.6、6.4m 和 7.2m 五个试验点进行操作冲击试验，试验现场实景如图 4−41 所示。根据试验结果得到该工况安全距离放电特性曲线，如图 4−42 所示。

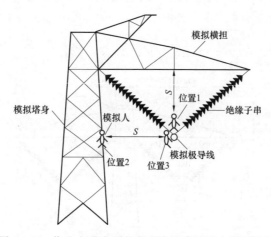

图 4−40   作业人员典型位置安全距离试验布置示意图

图 4−41   等电位作业人员与其上方横担安全距离试验现场实景

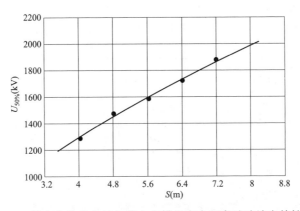

图 4-42　等电位作业人员与其上方横担安全距离试验放电特性曲线

图 4-43　极导线与侧面塔身地电位作业人员安全距离试验现场实景

2. 极导线与侧面塔身地电位作业人员安全距离试验

极导线与侧面塔身地电位作业人员安全距离试验布置如图 4-40 所示，模拟人位于位置 2。试验模拟人穿戴整套屏蔽服，采用坐姿位于塔身靠近极导线侧，模拟人背对塔身面向极导线，并与极导线基本保持水平，试验中调节模拟人膝盖与极导线内侧均压环边沿的间隙距离，分别选取距离为 4.0、4.8、5.6、6.4m 和 7.2m 五个试验点进行操作冲击试验，试验现场实景如图 4-43 所示。根据试验结果得到该工况安全距离放电特性曲线，如图 4-44 所示。

3. 等电位作业人员与侧面塔身安全距离试验

等电位人员与侧面塔身安全距离试验布置如图 4-40 所示，模拟人位于位置 3。试验模拟人穿戴整套屏蔽服，面向极导线，并使模拟人的部分身体较之极导线内侧均压环更近于侧面塔身，避免试验时出现均压环对侧面塔身放电。试验中调节模拟人与侧面塔身的间隙距离，分别选取距离为 4.0、4.8、5.6、6.4m

和 7.2m 五个试验点进行操作冲击试验，试验现场实景如图 4−45 所示。根据试验结果得到该工况安全距离放电特性曲线，如图 4−46 所示。

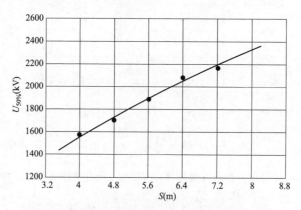

图 4−44   极导线与侧面塔身地电位作业人员安全距离试验放电特性曲线

图 4−45   等电位作业人员与侧面塔身安全距离试验现场实景图

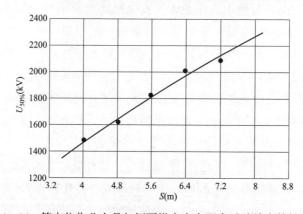

图 4−46   等电位作业人员与侧面塔身安全距离试验放电特性曲线

4. 带电作业最小安全距离

根据等电位作业人员与其上方横担、极导线与侧面塔身地电位作业人员、等电位作业人员与侧面塔身最小安全距离试验放电特性曲线，计算该工况的带电作业最小安全距离（考虑人体活动范围 0.5m），并根据海拔修正公式计算相应海拔下的最小安全距离。带电作业最小安全距离见表 4-13。

表 4-13　　　　　　　　　带电作业最小安全距离

最大过电压（p.u.）	海拔（m）	等电位作业人员（m）		极导线与侧面塔身地电位作业人员（m）
		与上方横担	与侧面塔身	
1.69	0（标准气象条件）	6.8	5.6	5.2
	500	6.9	5.7	5.3
	1000	7.1	5.8	5.4
	1500	7.2	6.0	5.6
	2000	7.4	6.1	5.7
	2500	7.6	6.3	5.8

（四）带电作业组合间隙试验研究

1. 带电作业组合间隙试验

（1）吊篮法从侧面塔身进入等电位带电作业组合间隙试验。吊篮法从侧面塔身进入等电位带电作业组合间隙试验如图 4-47 所示。

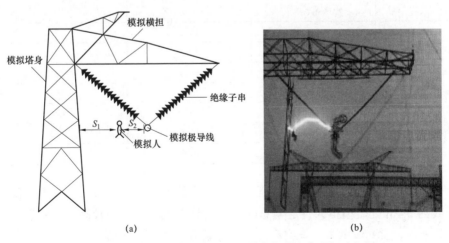

(a)　　　　　　　　　　　　　　　　(b)

图 4-47　吊篮法从侧面塔身进入等电位带电作业组合间隙

（a）试验布置示意图；（b）现场实景

1）确定最低放电位置。

试验中固定塔身构架至模拟导线间隙距离 5.0m 不变，模拟人穿戴整套屏蔽服，面向极导线背对塔身，由水平于模拟导线高度的塔身处逐步向模拟导线行进，选取行进过程中不同位置进行操作冲击试验，试验结果见表 4-14，放电特性曲线如图 4-48 所示。

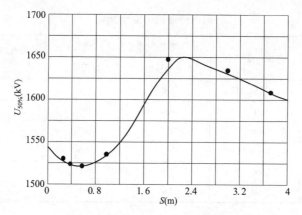

图 4-48　吊篮法从侧面塔身进入等电位带电作业组合间隙
最低放电位置试验放电特性曲线

表 4-14　　　　吊篮法从侧面塔身进入等电位带电作业组合
间隙最低放电位置试验结果

间隙距离 $S = S_1 + S_2$（m）	模拟人距高压导线间隙距离 S_2（m）	操作冲击 50%放电电压 $U_{50\%}$（kV）	变异系数 Z（%）
5.0	0.3	1530	5.7
	0.4	1524	4.5
	0.6	1525	4.8
	1.0	1535	5.8
	2.0	1648	3.2
	3.0	1635	5.1
	3.7	1609	4.5

根据试验结果可知，塔上吊篮法组合间隙的最低放电位置在模拟人距高压导线约 0.4m 处，模拟人行进至总间隙中间时 50%放电电压较高。当模拟人靠近塔身时，50%放电电压会有所降低，比最高放电电压约降低 2.4%。

2）确定最小组合间隙。根据最低放点位置试验结果，固定模拟人与极导线内侧均压环间隙保持 0.4m，模拟人头顶不超过均压环上沿，试验中调节塔身与模拟人的距离，分别选取组合间隙为 4.0、4.8、5.6、6.4m 和 7.2m 五个试验点进行操作冲击试验，试验现场实景如图 4-49 所示。根据试验结果得到吊篮法从侧面塔身进入等电位组合间隙放电特性曲线，如图 4-50 所示。

图 4-49 吊篮法从侧面塔身进入等电位组合间隙试验现场实景

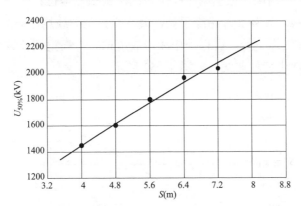

图 4-50 吊篮法从侧面塔身进入等电位带电作业组合间隙试验放电特性曲线

（2）沿耐张串进入等电位带电作业组合间隙试验。在耐张杆塔带电作业中，等电位作业人员通常采用沿耐张串自由穿越的方式进入等电位。结合实际作业工况，试验模拟人身穿屏蔽服，以"跨二短三"方式沿耐张串进入。试验布置如图 2-26（a）所示。

1）确定最低放电位置。如图 2-26（a）所示，总间隙为 40 片绝缘子不变，选用 XZP-300 型绝缘子，结构高度为 195mm，模拟人人体占位为 0.5m，调整模拟人距均压环位置 S_2 分别为 0、2、3、5、7 片绝缘子，进行操作冲击试验，求取该工况操作冲击 50%放电电压。根据试验结果得到耐张串带电作业组合间隙最低放电位置放电特性曲线，如图 4-51 所示。

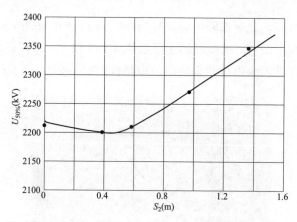

图4-51　沿耐张串进入等电位带电作业组合间隙最低放电位置放电特性曲线

由试验结果可见，耐张串组合间隙最低放电位置在模拟人距均压环（高电位）绝缘子片数为 2 片处，约 0.4m。

2）确定组合间隙。根据耐张串组合间隙最低放电位置试验结果，将模拟人固定于距导线均压环 2 片绝缘子处，改变横担至导线均压环分别为 25、30、35、40、45 片绝缘子处，进行操作冲击放电试验。根据试验结果得到耐张串最小组合间隙放电特性曲线，如图 4-52 所示。

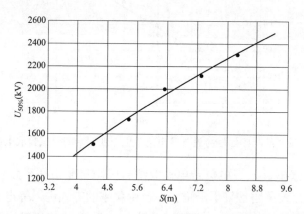

图4-52　沿耐张串进入等电位带电作业组合间隙放电特性曲线

2. 带电作业最小组合间隙

根据吊篮法从侧面塔身进入等电位组合间隙、沿耐张串进入等电位组合间隙的操作冲击放电曲线，计算该工况的最小组合间隙（考虑人体占位间隙 0.5m），并根据海拔修正公式计算相应海拔下的带电作业最小组合间隙。带电作业最小组合间隙见表 4-15。

表 4-15   带电作业最小组合间隙

最大过电压（p.u.）	海拔（m）	吊篮法从侧面塔身进入等电位（m）	沿耐张串进入等电位（m）
1.69	0（标准气象条件）	5.7	5.6
	500	5.8	5.8
	1000	6.0	5.9
	1500	6.1	6.0
	2000	6.3	6.2
	2500	6.4	6.3

（五）绝缘工具有效绝缘长度试验研究

1. 绝缘工具有效绝缘长度试验

目前，绝缘工具的最小有效绝缘长度是按带电作业中的绝缘配合确定的。与带电作业安全间隙试验类似，通过试验获得带电作业绝缘工具的操作冲击放电特性，从而得到绝缘工具的最小有效绝缘长度，分别对软质绝缘工具（绝缘绳）和硬质绝缘工具（绝缘杆）进行了试验。

（1）绝缘绳索有效绝缘长度试验。绝缘绳索有效绝缘长度试验如图 4-53 所示，将绝缘绳一端连接在导线挂点垂直上方活动横担，另一端连接在挂点处均压环上。试验中通过调节上方活动横担与导线的距离，分别选取距离为 4.0、4.8、5.6、6.4m 和 7.2m 五个试验点进行操作冲击试验。根据试验结果得到该工况安全距离放电特性曲线，如图 4-54 所示。

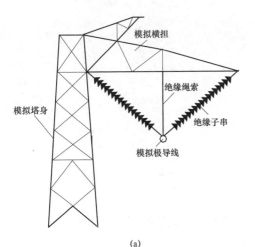

模拟横担

绝缘绳索

模拟塔身

绝缘子串

模拟极导线

(a)

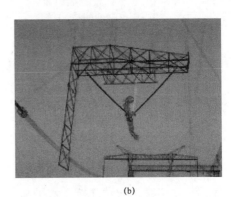

(b)

图 4-53 绝缘绳索有效绝缘长度试验

（a）试验布置示意图；（b）现场实景

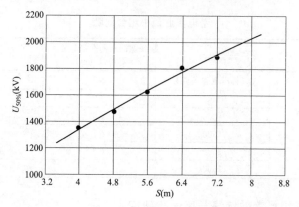

图 4－54　绝缘绳索有效绝缘长度试验放电特性曲线

（2）绝缘拉吊杆有效绝缘长度试验。绝缘拉吊杆有效绝缘长度试验如图 4－55 所示，与绝缘绳试验类似，将绝缘杆一端连接在导线挂点垂直上方活动横担，另一端连接在挂点处均压环上。试验中通过调节上方活动横担与导线的距离，分别选取距离为 4.0、4.8、5.6、6.4m 和 7.2m 五个试验点进行操作冲击试验。试验结果见表 4－16，并根据试验结果得到该工况拉吊杆有效绝缘长度放电特性曲线，如图 4－56 所示。

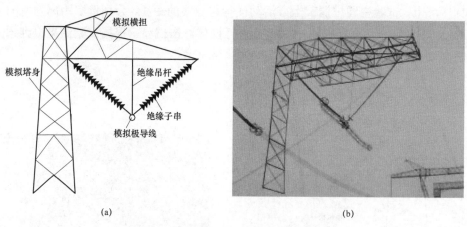

图 4－55　绝缘拉吊杆有效绝缘长度试验
（a）试验布置示意图；（b）现场实景

（3）绝缘操作杆有效绝缘长度试验。绝缘操作杆有效绝缘长度试验如图 4－57 所示，将绝缘杆一端连接在水平与导线的侧面塔身构架，另一端连接在挂点处塔身侧均压环上。试验中通过调节塔身构架与导线的距离，分别选取距离为 4.0、4.8、5.6、6.4m 和 7.2m 五个试验点进行操作冲击试验。根据试验结果得到该工况安全距离放电特性曲线，如图 4-58 所示。

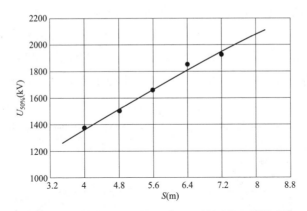

图 4-56 绝缘拉吊杆有效绝缘长度试验放电特性曲线

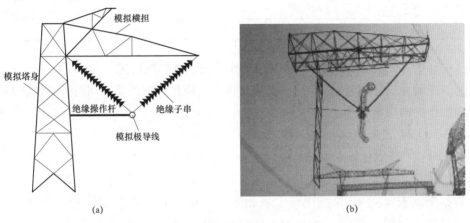

(a) (b)

图 4-57 绝缘操作杆有效绝缘长度试验

（a）试验布置示意图；（b）现场实景

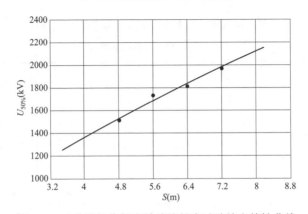

图 4-58 绝缘操作杆有效绝缘长度试验放电特性曲线

2. 绝缘工具最小有效绝缘长度

根据绝缘绳、绝缘拉吊杆、绝缘操作杆最小有效绝缘长度放电特性曲线，计算绝缘绳最小有效绝缘长度，并根据海拔修正公式将标准气象海拔条件下的放电电压 $U_{50\%}$ 计算海拔 0、500、1000、1500、2000m 和 2500m 下的最小有效绝缘长度，计算结果见表 4-16。绝缘操作杆须考虑一定安全裕度，一般取 0.3m。

表 4-16 最小有效绝缘长度

最大过电压（p.u.）	海拔（m）	绝缘绳（m）	绝缘吊杆（m）	绝缘操作杆（m）
	0（标准气象条件）	6	5.8	5.7
	500	6.1	6	5.9
1.69	1000	6.3	6.1	6.0
	1500	6.5	6.3	6.2
	2000	6.6	6.4	6.4
	2500	6.8	6.6	6.5

（六）塔身宽度及波前时间对带电作业安全性影响研究

在前述试验的基础上，研究了塔身宽度及操作冲击波前时间对带电作业间隙操作冲击放电特性的影响。

1. 塔身宽度对带电作业间隙放电特性的影响

选取"等电位作业人员与侧面塔身构架安全距离试验"为不同塔宽试验间隙，改变塔身宽度分别为 1.4、2.4m 和 4.0m，进行操作冲击放电试验，试验结果见表 4-17，试验现场实景如图 4-59 所示。根据试验结果，得到不同塔宽下等电位作业人员与侧面塔身构架安全距离试验的放电特性曲线，如图 4-60 所示。

表 4-17 不同塔身宽度下等电位作业人员与侧面塔身架构
安全距离试验放电试验结果

等电位作业人员与侧面塔身构架距离（m）	塔身宽度 1.4m		塔身宽度 2.4m		塔身宽度 4.0m	
	$U_{50\%}$（kV）	Z（%）	$U_{50\%}$（kV）	Z（%）	$U_{50\%}$（kV）	Z（%）
4.0	1498	5.2	1479	4.6	1474	5.2
4.8	1701	5.6	1668	5.0	1629	4.3
5.6	1910	4.8	1882	3.4	1819	5.7
6.4	2058	5.2	2013	4.0	2017	5.0
7.2	2200	3.9	2158	3.9	2099	4.6

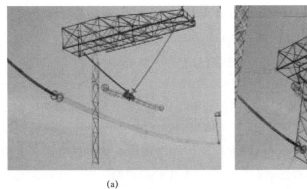
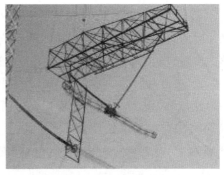

(a)

(b)

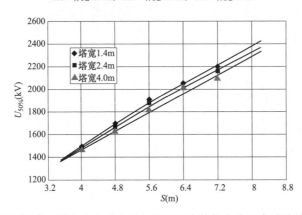

(c)

图 4-59　操作冲击放电试验现场实景

（a）塔宽 1.4m；（b）塔宽 2.4m；（c）塔宽 4.0m

图 4-60　不同塔宽下等电位作业人员与侧面塔身构架安全距离试验放电特性曲线

　　根据试验结果，带电作业间隙操作冲击 50%放电电压随着塔身宽度的增加而降低。但在作业间隙较小时，塔宽对安全间隙操作冲击 50%放电电压的影响并不明显。作业间隙为 4.0m 时，三种塔宽下操作冲击 50%放电电压基本一致，随着作业间隙的增大，塔宽造成的影响也变大，作业间隙为 7.2m 时，塔身宽度为 4.8m 时的操作冲击 50%放电电压比塔身宽度为 1.4m 时降低了约 4.6%。

2. 波前时间对带电作业间隙放电特性的影响

选取"等电位作业人员与其上方横担安全距离试验"作为不同波前时间试验间隙，固定等电位作业人员与其上方横担间隙距离 5.6m，改变波前时间分别为 150、250、500μs 和 800μs，进行操作冲击放电试验，试验结果见表 4－18。根据试验结果，得到波前时间 t 与带电作业间隙操作冲击 50%放电电压 $U_{50\%}$ 关系曲线，如图 4－61 所示。

表 4－18　　　　　不同波前时间下等电位作业人员与其上方横担

安全距离试验放电试验结果

等电位作业人员与其上方横担间隙距离（m）	波前时间 t（μs）	50%放电电压 $U_{50\%}$（kV）	变异系数 Z（%）
5.6	150	1624	4.1
	250	1581	3.8
	500	1771	4.5
	800	1847	5.3

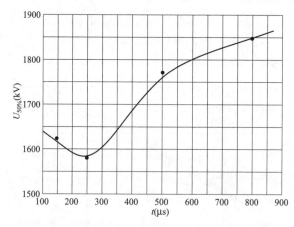

图 4－61　波前时间与带电作业间隙操作冲击 50%放电电压关系曲线

根据试验结果可知，带电作业间隙操作冲击 50%放电电压与波前时间关系呈 U 形曲线，最低发生在波前时间为 250μs 左右。由此可见，试验中采用标准操作波（250/2500μs）确定的作业间隙值具有一定的安全裕度，可确保带电作业检修人员的安全。

二、±800kV 直流输电线路带电作业现场应用试验研究

（一）进入等电位

1. 直线塔进入等电位方法

（1）塔上吊篮法。

1）直线塔塔上吊篮法进入等电位如图 4-62 所示。

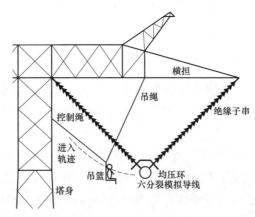

图 4-62　直线塔塔上吊篮法进入等电位示意图

2）主要工具。绝缘吊篮及 2-2 绝缘滑车组 1 套，绝缘控制绳 2 条、高空保护绳 1 条，绝缘吊绳 1 条，绝缘传递绳及绝缘滑车 1 套。

3）作业步骤。塔上电工携带绝缘传递绳和绝缘滑车登塔至横担，在适当位置挂好绝缘滑车；地面电工配合塔上电工将吊篮、滑车组等工具传到塔上；塔上电工在横担导线挂点处安装好吊篮吊绳及控制绳、滑车组等，并调整吊篮吊绳至合适长度，使吊篮下垂后和上层导线等高；塔上电工将吊篮拉到横担处，等电位电工系好绝缘保护绳后坐入吊篮，扣好绝缘安全带、高空保护绳。塔上电工控制滑车组绝缘绳，使等电位电工进入强电场；等电位电工接近带电体约0.5m 时，通过电位转移与带电体形成等电位后攀上导线，并将安全带扣在子导线上。

（2）塔上软梯法。

1）直线塔塔上软梯法进入等电位如图 4-63 所示。

2）主要工具。绝缘软梯 1 副，绝缘控制绳 2 条、高空保护绳 1 条，绝缘吊绳 1 条，绝缘传递绳及绝缘滑车 1 套。

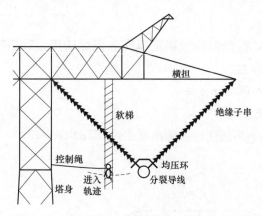

图 4-63　直线塔塔上软梯法进入等电位示意图

3）作业步骤。塔上电工携带绝缘传递绳和绝缘滑车登塔至横担，在适当位置挂好绝缘滑车；地面电工配合塔上电工将绝缘软梯等工具传到塔上；塔上电工在横担距导线挂点适当位置安装好绝缘软梯，并将绝缘控制绳与软梯连接好；等电位电工系好绝缘保护绳后，沿绝缘软梯进入强电场；等电位电工沿软梯下至与导线水平位置，塔上电工通过绝缘控制绳，使等电位人员接近带电体；当接近导线约 0.5m 时，等电位电工通过电位转移与带电体形成等电位后攀上导线，并将安全带扣在子导线上。

（3）滑轨吊椅法。

1）直线塔滑轨吊椅法进入等电位如图 4-64 所示。

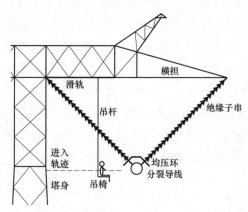

图 4-64　直线塔滑轨吊椅法进入等电位示意图

2）主要工具。绝缘滑轨—吊杆—吊椅组成的运载工具 1 套，绝缘高空保护绳 1 条，绝缘传递绳 1 条，绝缘拉绳及绝缘单滑车 2 套。

3）作业步骤。塔上电工携带绝缘传递绳及绝缘滑车登上横担，在合适位置挂好绝缘滑车；地面电工将定位卡具、绝缘单滑车、滑轨、吊杆、吊椅等组装成整体并确认各部位连接可靠；塔上地电位电工与地面电工相互配合，将已组装成套的运载工具吊到塔上。塔上电工相互配合，将运载工具可靠地安装在横担上，将吊椅滑向塔身侧。等电位电工从塔身侧坐上吊椅，将安全带扣在吊椅上并系好绝缘高空保护绳；塔上地电位电工控制绝缘拉绳，通过滑轨将等电位电工送入强电场。当接近导线约 0.5m 时，等电位电工通过电位转移与带电体形成等电位后攀上导线，并将安全带扣在子导线上。

（4）地面吊篮法。

1）直线塔地面吊篮法进入等电位如图 4-65 所示。

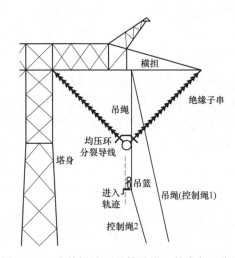

图 4-65　直线塔地面吊篮法进入等电位示意图

2）主要工具。绝缘吊篮及 2-2 绝缘滑车组 1 套，手摇绞磨（机动绞磨）、绝缘控制绳 1 条，绝缘吊绳 1 条，绝缘传递绳及绝缘滑车 1 套。

3）作业步骤。塔上电工携带绝缘吊绳和绝缘滑车登塔至横担导线挂点处，在适当位置挂好；地面电工将绝缘吊绳一端安装到塔脚的手摇绞磨上，另一端连接吊篮；等电位电工从地面坐入吊篮，系好绝缘安全保护绳和绝缘安全带，地面电工通过绝缘控制绳控制吊篮防止晃动，检查无问题后，地面电工摇动手摇绞磨（启动机动绞磨），将吊篮均衡吊起；进入强电场后，当接近导线约 0.5m 时，等电位电工通过电位转移与带电体形成等电位后攀上导线，并将安全带扣在子导线上。

2. 耐张塔进入等电位方法

（1）从耐张串进入等电位如图 4-66 所示。

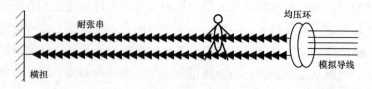

耐张串　　　　　　　　　　　　均压环

横担　　　　　　　　　　　　　模拟导线

图 4-66　从耐张串进入等电位示意图

（2）主要工具。绝缘安全带、高空保护绳、绝缘子检测仪、绝缘传递绳及绝缘滑车 1 套。

（3）作业步骤。塔上电工携带绝缘吊绳和绝缘滑车登塔，在横担作业的适当位置将绝缘传递绳和绝缘滑车装好；地面作业人员将检测工具传递至塔上，塔上作业人员对绝缘子进行检测；等电位作业人员打好绝缘安全带，经工作负责人同意后，携带绝缘传递绳和滑车用"跨二短三"的方法沿绝缘子串进入高电场；等电位作业人员在距离均压环约 0.5m 时，等电位电工通过电位转移与带电体形成等电位后攀上导线，并将安全带扣在子导线上。

3. 作业方式选择

由于 ±800kV 直流输电线路杆塔尺寸大，采用地面吊篮法时，由于导线离地高度较高，进入等电位路径长，作业人员劳动强度大；采用塔上软梯法时，由于绝缘子串较长，作业人员沿软梯进入高电场路径较长，作业人员劳动强度大。

采用滑轨吊椅法时，由于横担长，使得滑轨等硬质绝缘工器具尺寸和质量大，给工具的使用、运输、传递带来一定的困难。

塔上吊篮法进入等电位工器具轻便，便于携带和使用，进入等电位路径较合理，作业人员劳动强度较小。因此，综合考虑以上带电作业进入等电位方式，推荐采用塔上吊篮法，通过 ±800kV 直线塔进入等电位。

超高压输电线路从耐张塔进入等电位一般均采用沿耐张绝缘子串进入方式。这种方法使用的工器具较少，耐张串的水平布置也有助于作业人员的行走。因此，沿耐张绝缘子串进入方式也适用于 ±800kV 耐张塔进入等电位。

（二）带电作业技术现场应用试验

为了验证 ±800kV 直流输电线路带电作业技术，根据技术研究结果，在特高压直流试验线段上开展了带电作业技术现场应用试验。

1. 主要技术依据

针对 ±800kV 直流输电线路典型直线塔等塔型，进行了大量的试验研究及计算分析，确定了±800kV直流输电线路带电作业安全距离、组合间隙、绝缘工具最小有效绝缘长度、良好绝缘子最少片数、电位转移、安全防护等技术要求，具体技术参数如下。

（1）安全距离。塔上地电位作业人员与带电体、等电位作业人员与接地体之间的最小安全距离（考虑人体活动范围0.5m）应满足表4-19的规定。

表4-19　　　　　　最　小　安　全　距　离　　　　　　（m）

作业位置	海拔				
	=500	500～1000	1000～1500	1500～2000	2000～2500
塔身地电位作业人员与带电体	5.3	5.4	5.6	5.7	5.8
等电位作业人员与塔身	5.7	5.8	6.0	6.1	6.3
等电位作业人员与上横担或顶部构架	6.9	7.1	7.2	7.4	7.6

（2）组合间隙。作业人员在进出等电位过程中，处于中间电位时，与带电体及接地体形成的最小组合间隙（考虑人体占位间隙0.5m）应满足表4-20的规定。

表4-20　　　　　　最　小　组　合　间　隙　　　　　　（m）

作业位置	海拔				
	=500	500～1000	1000～1500	1500～2000	2000～2500
作业人员至塔身	5.8	6.0	6.1	6.3	6.4

（3）良好绝缘子最少片数。作业人员沿耐张串进入高电场时，耐张串中扣除人体短接和不良绝缘子片数后，良好绝缘子最少片数应满足表4-21的规定。

表4-21　　　　耐张串最小组合间隙和良好绝缘子的最少片数

海拔（m）	良好绝缘子串的总长度最小值（m）	单片绝缘子结构高度（mm）	良好绝缘子的最少片数
=500	5.3	170	32
		195	28
		205	26
500～1000	5.4	170	32
		195	28
		205	27

续表

海拔（m）	良好绝缘子串的总长度最小值（m）	单片绝缘子结构高度（mm）	良好绝缘子的最少片数
1000~1500	5.5	170	33
		195	29
		205	27
1500~2000	5.7	170	34
		195	30
		205	28
2000~2500	5.8	170	35
		195	30
		205	29

（4）绝缘工具最小有效绝缘长度。绝缘操作杆、绝缘承力工具（拉杆）和绝缘绳索的最小有效绝缘长度应满足表4－22的规定。

表4－22　　　　　　　　　绝缘工具最小有效绝缘长度　　　　　　　　　（m）

海拔	最小有效绝缘长度	海拔	最小有效绝缘长度
=500	6.1	1500~2000	6.6
500~1000	6.3	2000~2500	6.8
1000~1500	6.5		

（5）作业指导书。针对此次现场试验，在相关研究成果的基础编制了作业指导书，确定了作业项目的人数及分工、所需带电作业工器具数量和规格、作业时危险点分析、进入等电位的方法、作业内容、作业时的安全措施等。

2. 现场勘察及试验项目的确定

现场试验在单回±800kV直流试验线段开展，如图4－67所示。

图4－67　单回±800kV直流试验线段

为了验证相关研究成果，选择在直线塔开展进入等电位及检查导线、绝缘子金具、间隔棒等的试验项目。验证带电作业安全距离、组合间隙、绝缘工具最小有效绝缘长度以及作业人员安全防护、电位转移等技术要求。

（三）作业人员及工具

1. 作业人员

作业人员应身体健康，无妨碍作业的生理和心理障碍。应具有电工原理和电力线路的基本知识，掌握带电作业的基本原理和操作方法，熟悉作业工器具的适用范围和使用方法，熟悉《电力安全工作规程（电力线路部分）》（DL 409—1991），通过专责培训机构的理论、操作培训，考试合格并持有超高压带电作业上岗证。同时应具有超高压线路带电作业实际经验，针对此次带电作业学习过±800kV直流输电线路带电作业技术导则及作业指导书。

工作负责人（或安全监护人）应具有3年以上的超高压输电线路带电作业实际工作经验，熟悉设备状况，具有一定的组织能力和事故处理能力，经专门培训、考试合格并持有上岗证。开展此次现场试验的工作人员及分工见表4－23。

表4－23　　　　　　　　　带电作业人员及分工

作业位置	作业内容	人数（人）
等电位作业人员	进入等电位	1
塔上地电位作业人员	传递及安装工具、协助进入等电位	3
塔上监护人员	对等电位及塔上作业人员进行监护	1
地面作业人员	传递工具	3
工作负责人	对整个工作进行监护	1

2. 作业工具

根据试验杆塔的情况及试验项目，准备了作业工具，见表4－24。

表4－24　　　　　　　　带电作业现场试验工具清单

序号	名称	型号/规格	单位	数量	备注
1	吊篮		个	1	含附属工具
2	绝缘滑车组	2-2	组	1	含绝缘绳，行程
3	绝缘滑车	单轮，1t	个	1	
4	绝缘吊绳	$\phi 16mm \times 140mm$	根	1	
5	绝缘保护绳	$\phi 12mm \times 20mm$	根	2	

续表

序号	名称	型号/规格	单位	数量	备注
6	绝缘安全带		根	5	
7	绝缘吊篮绳	$\phi12mm\times30mm$	根	2	
8	绝缘绳套	$\phi16mm$	个	2	
9	U形环	1t	个	2	
10	屏蔽服	$\pm800kV$专用	套	5	
11	个人工具		套	1	
12	绝缘电阻表	5000V	块	1	
13	防潮帆布		块	1	
14	温湿度计		个	1	
15	对讲机		个	4	

注　绝缘工具最小有效绝缘长度应满足要求。

（四）现场试验

在$\pm800kV$试验线段直线塔上开展了带电作业现场应用试验。

作业人员穿上$\pm800kV$专用屏蔽服，采用塔上吊篮法进入高电场，通过电位转移顺利进入等电位。作业人员在地电位、中间电位以及等电位时，均无任何不舒服的感觉。作业人员在等电位进行了检查金具、导线、间隔棒等工作后，安全回到地电位。具体过程如下。

1. 现场试验位置

现场试验位置及塔型如图4－68所示。

图4－68　现场试验位置及塔型

2. 穿戴安全防护用具

等电位作业人员穿戴$\pm800kV$带电作业专用屏蔽服，此屏蔽服的衣料屏蔽效率大于40dB，并有屏蔽效率大于20dB的网状面罩。塔上地电位人员也穿戴全套屏蔽服。穿戴$\pm800kV$带电作业专用屏蔽服如图4－69所示。

图 4-69　穿戴±800kV 带电作业专用屏蔽服

3. 登塔

塔上作业人员携带滑车和传递绳登塔，如图 4-70 所示。

4. 地电位

作业人员位于塔身及横担地电位处，保持与带电体的距离满足最小安全距离要求。地电位作业工况如图 4-71 所示。

图 4-70　登塔

图 4-71　地电位作业工况

5. 传递及安装工具

塔上作业人员与塔下作业人员配合，通过滑车和传递绳将工具传至塔上，将进入等电位运载工具（绝缘吊篮）安装好，并保持绝缘工具的最小有效长度满足要求。传递及安装工具如图 4-72 所示。

图 4-72　传递及安装工具

6. 中间电位

等电位作业人员在横担靠近塔身处坐入吊篮中，在塔上作业人员的配合下进入高电位。在进入过程中，作业人员处于中间电位。作业人员活动范围不得过大，人体前后占位不超过 0.5m，保持塔身—作业人员—导线（均压环）、上横担—作业人员—导线（均压环）、下横担—作业人员—导线（均压环）的距离等各种组合间隙满足最小组合间隙要求。中间电位工况如图 4−73所示。

 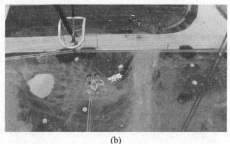

(a)　　　　　　　　　　　　　　　　　　　(b)

图 4−73　中间电位工况

（a）远景；（b）近景

7. 电位转移

当作业人员距离导线约 0.5m 时，迅速抓住导线完成电位转移。随着一声拉弧声，作业人员顺利实现电位转移，进入等电位。电位转移如图 4−74所示。

图 4−74　电位转移

8. 等电位

作业人员进入等电位后，保持背对塔身距离、头顶与上横担距离等间隙满足最小安全距离要求，对金具、导线等设备进行检查。等电位作业工况如图 4-75 所示。

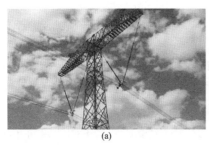

(a)　(b)

图 4-75　等电位作业工况

（a）远景；（b）近景

9. 走线、检查线路设备

等电位作业人员离开横担下方，进入档距中间，检查线路设备。走线如图 4-76 所示。

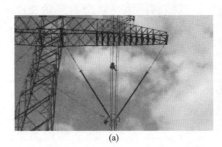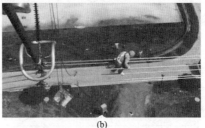

(a)　(b)

图 4-76　走线

（a）远景；（b）近景

10. 离开等电位

作业人员回到横担下方，坐入吊篮中，将安全带从导线转至吊篮上。塔上作业人员拉动控制绳，等电位作业人员保持抓住导线。当等电位作业人员身体离开导线大于 0.5m 时，迅速松开导线实现脱离等电位。

11. 返回地面

塔上作业人员通过控制绳使等电位作业人员返回塔上地电位，在中间电位时，保持各组合间隙满足最小组合间隙要求。

最后，塔上作业人员将工具传递到地面后，沿塔返回地面。

现场试验表明，±800kV 直流输电线路带电作业是安全可行的。

第三节 ±800kV 与双回 500kV（220kV）交流同塔多回线路带电作业

±800kV 与双回 500kV（220kV）交流输电线路同塔架设，可增大单位输电线路走廊的输送容量，节省线路走廊和工程投资，是解决线路通道问题的优选方案，在线路走廊较为紧张的地区显得尤为必要。

由于 ±800kV 与双回 500kV（220kV）交直流混压同塔多回线路对于可靠性要求较高，带电作业（含不全停电时的检修作业）技术是需要考虑的重点问题。±800kV 与双回 500kV（220kV）交直流混压同塔多回线路塔型结构和导线布置与单一电压等级的双回线路有一定的区别；典型带电作业工况下的间隙放电特性存在特殊性，特别是在制定安全距离等技术参数时须考虑相间过电压的影响。

一、带电作业安全距离试验研究

500kV 双回交流线路与单回 ±800kV 直流线路同塔（V 形串夹角 90°）的技术参数见表 4-25，杆塔结构如图 4-77 所示。

表 4-25　500kV 双回交流线路与单回 ±800kV 直流线路同塔技术参数

项次		800kV 直流线路	500kV 交流线路
导线	型号	6×JL/G3A-900/75	4×LGJ-630/45
	直流电阻（Ω/km）	0.0320	0.0463
	导线半径（mm）	20.0	16.8
	分裂导线间距（mm）	450	400
	水平距离（m）	22.2	38.3/18.4/16
	塔上悬挂高度（m）	61.5	44/30.6
	弧垂（m）	18	18
	地线是否分段	连续	连续
架空地线	型号	—	
	直流电阻（Ω/km）	0.3601	
	导线半径（mm）	10	
	水平距离（m）	38.3	
	塔上悬挂高度（m）	77.2	
	弧垂（m）	15	
线路长度（km）		100	
大地平均电阻率（Ω·m）		100	

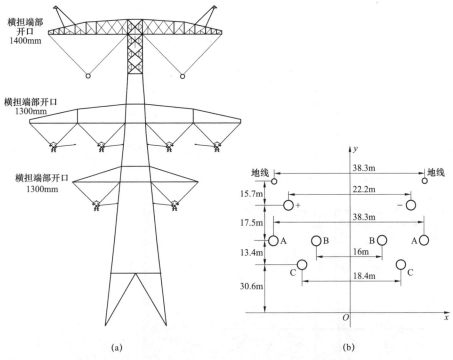

图 4-77　500kV 双回交流与单回 ±800kV 直流同塔线路杆塔结构（V 形串夹角 90°）

（a）塔型结构示意图；（b）导线间距及对地距离示意图

220kV 双回交流线路与单回 ±800kV 直流线路同塔（V 形串夹角 90°）的技术参数见表 4-26，杆塔结构如图 4-78 所示。

表 4-26　220kV 双回交流线路与单回 ±800kV 直流线路同塔参数

	项次	±800kV 直流线路	220kV 交流线路
导线	型号	6×JL/G3A-900/75	2×LGJ-630/45
	直流电阻（Ω/km）	0.0320	0.0463
	导线半径（mm）	20.0	16.8
	分裂导线间距（mm）	450	400
	水平距离（m）	22.2	38.4/25.6/12.8
	塔上悬挂高度（mm）	48	34.4
	弧垂（m）	18	18
	地线是否分段	连续	连续
架空地线	型号	—	
	直流电阻（Ω/km）	0.3601	

续表

项次		±800kV 直流线路	220kV 交流线路
架空地线	导线半径（mm）	10	
	水平距离（m）	38.42	
	塔上悬挂高度（m）	63.7	
	弧垂（m）	15	
线路长度（km）		100	
大地平均电阻率（Ω·m）		100	

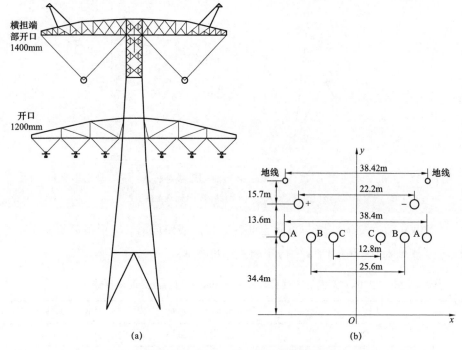

(a) (b)

图 4-78　220kV 双回交流与单回±800kV 直流同塔线路杆塔结构（V 形串夹角 90°）

(a) 塔型结构示意图；(b) 导线间距及对地距离示意图

经计算，500kV 单相接地故障时（停用重合闸），500kV 线路与±800kV 直流线路相间过电压见表 4-27，±800kV 极线与 500kV 的 A、B、C 相导线之间的电压曲线如图 4-79 所示。

表 4-27　　　　500kV 交流线路与±800kV 直流线路相间过电压　　　　（kV）

相间	最大过电压水平
500kV 交流线路与上层±800kV 直流线路	1684

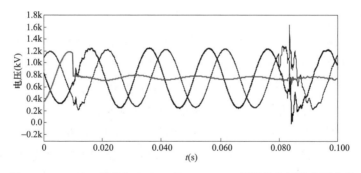

图 4-79 800kV 极线与 500kV 的 A、B、C 相导线之间的电压曲线

经计算,220kV 单相接地故障时(停用重合闸),220kV 交流线路与±800kV 直流线路相间过电压见表 4-28,±800kV 极线与 220kV 的 A、B、C 相导线之间的电压曲线如图 4-80 所示。

表 4-28   220kV 交流线路与±800kV 直流线路相间过电压   (kV)

相间	最大过电压水平
220kV 线路与上层±800kV 线路	1109

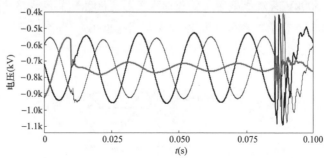

图 4-80 ±800kV 极线与 220kV 的 A、B、C 相导线之间的电压曲线

根据交直流线路同塔架设时的过电压计算结果,可确定单回±800kV 与双回 500kV(220kV)交流同塔多回输电线路带电作业时可能产生的最大操作过电压水平分别为:500kV 线路相地为 1.74p.u.,相间为 2.0p.u.(1.0p.u.=550× $\sqrt{2}/\sqrt{3}$),500kV 与上层 800kV 相间为 1684kV;220kV 线路相地为 1.80p.u.,相间为 2.2p.u.(1.0p.u.=253× $\sqrt{2}/\sqrt{3}$),220kV 与上层 800kV 相间为 1109kV。

对于单回±800kV 与双回 500kV(220kV)交直流同塔多回输电线路带电作业,当作业人员在下层 500kV 或 220kV 上进行带电作业时,作业空间存在±800kV 直流输电线路所产生的离子流,可能对带电作业间隙的放电特性产生影响。因此,需研究离子流对空气间隙操作冲击放电特性的影响。

　　±800kV 特高压直流电磁环境的研究成果表明,输电线路下方地面的离子流密度不超过 100nA/m²。试验时,在直流模拟导线上施加直流电压,可在下方交流模拟导线—模拟塔身之间空气间隙处产生离子流。通过调节直流电压的极性和大小,可以得到不同极性和密度的离子流。在交流模拟导线—模拟塔身之间的空气间隙上施加操作冲击电压,可获得不同间隙和离子流密度条件下的放电电压 $U_{50\%}$。

　　根据试验数据和放电曲线分析,在密度范围为 $0\sim167nA/m^2$ 的负极性离子流背景下,各组空气间隙的放电电压只在很小的范围内波动。负极性离子流引起空气间隙操作冲击放电电压变化范围在 1.5%～2.3%。实际工程中评估 ±800kV 直流线路产生的离子流对下层 500kV（220kV）交流线路带电作业安全性的影响时,还应考虑到塔身下层横担对于离子流的吸收作用,地电位的铁塔横担对于带极性的离子流会有比较显著的吸收作用。因此,交直流同塔情况下,悬挂 500kV（220kV）交流导线的横担会吸收很大一部分离子流,交流导线处的离子流密度要小得多,其对带电作业安全距离的影响会进一步减小。因此,在交直流混压同塔多回线路下层 500kV（220kV）交流线路上作业时,可以忽略离子流的影响,以此确定的带电作业距离是满足安全要求的。

　　1. 档中 500kV 交流线路等电位作业人员对 ±800kV 直流线路最小安全距离

　　档中 500kV 交流线路等电位作业人员对 ±800kV 直流线路相间最小安全距离试验布置如图 4-81 所示。试验时,在构成放电间隙的两相分别施加 +250/

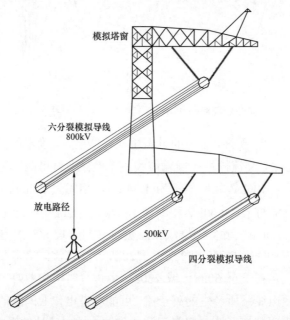

图 4-81　500kV 交流线路等电位作业人员对上层 ±800kV 导线安全距离试验布置图

2500μs 操作波和 −250/2500μs 操作波，波形系数 $\alpha = 0.3$。

试验得出 500kV 交流线路等电位人员对上层 ±800kV 导线最小安全距离（考虑人体活动范围 0.5m 及海拔修正）见表 4-29。

表 4-29　　　　　　500kV 交流线路等电位作业人员
对上层 ±800kV 导线最小安全距离

最大过电压值（kV）	海拔（m）	标准条件下放电电压 $U_{50\%}$（kV）	最小安全距离（m）	危险率
1684	0（标准气象条件）	2039	6.9	7.94×10^{-6}
	500	2124	7.3	7.64×10^{-6}
	1000	2223	7.8	5.30×10^{-6}

2. 档中 220kV 交流线路等电位作业人员与 ±800kV 直流线路最小安全距离

采用类似试验布置，试验得出 220kV 交流线路等电位人员与上层 ±800kV 导线最小安全距离（考虑人体活动范围 0.5m 及海拔修正）见表 4-30。

表 4-30　　　　　　220kV 交流线路等电位作业人员与上层
±800kV 导线最小安全距离

最大过电压值（kV）	海拔（m）	标准条件下放电电压 $U_{50\%}$（kV）	最小安全距离（m）	危险率
1109	0（标准气象条件）	1351	4.2	6.44×10^{-6}
	500	1408	4.4	7.89×10^{-6}
	1000	1514	4.8	4.66×10^{-6}

3. 500kV 交流线路等电位作业人员相间最小安全距离

500kV 交流线路等电位作业人员相间最小安全距离（考虑人体活动范围 0.5m 及海拔修正）见表 4-31。

表 4-31　　　　500kV 交流线路上相等电位作业人员相间最小安全距离

最大相间过电压（p.u.）	海拔（m）	标准条件下放电电压 $U_{50\%}$（kV）	最小安全距离（m）	危险率
2.0	0（标准气象条件）	1114	3.4	3.03×10^{-6}
	500	1193	3.6	2.26×10^{-6}
	1000	1267	3.8	2.34×10^{-6}

4. 220kV 交流线路等电位作业人员相间最小安全距离

220kV 交流线路等电位作业人员相间最小安全距离（考虑人体活动范围

0.5m 及海拔修正）见表 4-32。

表 4-32　　　220kV 交流线路上相等电位作业人员相间最小安全距离

最大相间过电压（p.u.）	海拔（m）	标准条件下放电电压 $U_{50\%}$（kV）	最小安全距离（m）	危险率
2.2	0（标准气象条件）	591	1.5	2.92×10^{-6}
	500	657	1.6	1.38×10^{-6}
	1000	718	1.7	0.74×10^{-6}

二、输电线路检修方式

1. 直流±800kV、交流 500kV 和直流±800kV、交流 220kV 同塔多回线路典型检修运行方式

为了便于分析同塔多回线路不同运行方式，分别对直流±800kV、交流 500kV 同塔多回线路及直流±800kV、交流 220kV 同塔多回线路各条线路进行编号，如图 4-82 所示。

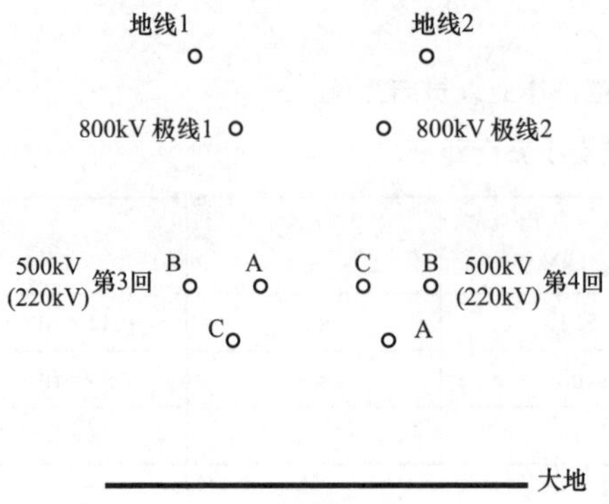

图 4-82　同塔多回线路编号示意图

在仿真计算中，设直流 800kV 极线 1 为负极线，直流 800kV 极线 2 为正极线，交流 500kV（220kV）第 3 回运行电压相序为正相序，交流 500kV（220kV）第 4 回运行电压相序为逆相序。

图 4-82 中，地线 1 为 OPGW，地线 2 为采用分段绝缘一点接地的分段地线。由于 OPGW 采用逐基接地方式，其在各种运行方式下的感应电压基本消除（接近零），仿真计算时只考虑分段地线上的感应电压。在其他条件不变的情况下，地线在同塔多回线路的带电回路侧时的感应电压要高于在停电回路侧时的感应电压。为确保作业安全从严考虑，计算地线在同塔多回线路带电回路侧时的感应电压，以此作为线路检修工作的依据。

直流±800kV、交流 500kV 和直流±800kV、交流 220kV 同塔多回线路停运检修时的感应电压，主要与线路塔型、线路停运方式和停运检修线路接地方式有关。

考虑直流±800kV、交流 500kV 和直流±800kV、交流 220kV 同塔多回线

路典型检修运行方式为：

（1）单回（单极）运行、其余停运。

1）直流 800kV 极线 2 运行；直流 800kV 极线 1，交流 500kV（220kV）第 3、4 回停运。

2）交流 500kV（220kV）第 3 回运行；直流 800kV 极线 1、2，500kV（220kV）第 4 回停运。

（2）两回（双极）运行、其余停运。

1）直流 800kV 极线 1、2 运行，500kV（220kV）第 3、4 回停运。

2）500kV（220kV）第 3、4 回运行，直流 800kV 极线 1、2 停运。

3）直流 800kV 极线 2、500kV（220kV）第 3 回运行，直流 800kV 极线 1、500kV（220kV）第 4 回停运。

4）直流 800kV 极线 2、500kV（220kV）第 4 回运行，直流 800kV 极线 1、500kV（220kV）第 3 回停运。

（3）直流单极与交流单回运行、其余停运。

1）直流 800kV 极线 2，500kV（220kV）第 3、4 回运行；直流 800kV 极线 1 停运。

2）直流 800kV 极线 1、2，500kV（220kV）第 4 回运行；500kV（220kV）第 3 回停运。

线路停运检修时，停运线路接地方式主要有：① 线路两端不接地；② 线路末端接地；③ 线路首端接地；④ 线路两端接地。

直流±800kV、交流 500kV（220kV）同塔多回线路感应电压仿真计算中，设电源端为首端，即 0km 处；负荷端为线路末端，即 100km 处。

2. 直流±800kV、交流 500kV 同塔多回线路感应电压计算

（1）±800kV 直流单极运行。±800kV 直流单极运行时，停运检修线路不同接地方式下，各条检修线路沿线感应电压（停运检修线路或分段地线对杆塔电位）最大有效值见表 4-33。

表 4-33　　　　　　　　　　感应电压最大有效值　　　　　　　　　　（V）

接地方式	沿线感应电压最大有效值						
	线路序号	A 相	B 相	C 相	极线 1	极线 2	分段地线
两端不接地	3	144037	109008	86573	176756	—	0
	4	195860	183294	105175			

续表

接地方式	沿线感应电压最大有效值						
	线路序号	A 相	B 相	C 相	极线 1	极线 2	分段地线
末端接地	3	0	0	0	0	—	0
	4	0	0	0			
首端接地	3	0	0	0	0		0
	4	0	0	0			
两端接地	3	0	0	0	0		0
	4	0	0	0			

注 仿真计算中，感应电压以有效值表示；"—"表示该回线路运行。

±800kV 直流单极线运行时，分段地线感应电压为零。各停运检修线路两端不接地时，沿线感应电压为恒定值。各停运检修线路单端接地或两端接地时，沿线感应电压为零。

（2）500kV 交流线路单回运行。500kV 交流线路单回运行时，各停运检修线路感应电压最大有效值见表 4-34。

表 4-34　　　　　　　　　感应电压最大有效值　　　　　　　（V）

接地方式	沿线感应电压最大有效值						
	线路序号	A 相	B 相	C 相	极线 1	极线 2	分段地线
两端不接地	3	27223	15964	20322	19502	30104	151
	4	—	—	—			
末端接地	3	5406	3666	6570	3545	5971	157
	4	—	—	—			
首端接地	3	5435	3751	5759	3437	5759	149
	4	—	—	—			
两端接地	3	44	43	49	38	40	175
	4	—	—	—			

检修线路两端接地时，加挂临时接地线，流过临时接地线的瞬态电流幅值为 10.5A，稳定后的有效值为 5.3A。流过临时接地线的瞬态电流曲线如图 4-83 所示。

（3）±800kV 直流线路双极运行。±800kV 直流线路双极运行时，各停运检修线路感应电压最大有效值见表 4-35。

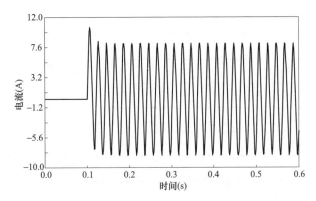

图 4-83　流过临时接地线的瞬态电流曲线

表 4-35　　　　　　　　　　　　感应电压最大有效值　　　　　　　　　　　（V）

接地方式	沿线感应电压最大有效值						
	线路序号	A 相	B 相	C 相	极线 1	极线 2	分段地线
两端不接地	3	66792	95969	25296	—	—	0
	4	66800	95989	24834			
末端接地	3	0	0	0	—	—	0
	4	0	0	0			
首端接地	3	0	0	0	—	—	0
	4	0	0	0			
两端接地	3	0	0	0	—	—	0
	4	0	0	0			

±800kV 直流双极运行时，分段地线感应电压为零。各停运检修线路两端不接地时，沿线感应电压为恒定值。各停运检修线路单端接地或两端接地时，沿线感应电压为零。

（4）500kV 交流双回运行。500kV 交流双回运行时，各停运检修线路感应电压最大有效值见表 4-36。

表 4-36　　　　　　　　　　　　感应电压最大有效值　　　　　　　　　　　（V）

接地方式	沿线感应电压最大有效值						
	线路序号	A 相	B 相	C 相	极线 1	极线 2	分段地线
两端不接地	3	—	—	—	18530	17937	142
	4	—	—	—			
末端接地	3	—	—	—	4188	2854	145
	4	—	—	—			

续表

接地方式	沿线感应电压最大有效值						
	线路序号	A 相	B 相	C 相	极线 1	极线 2	分段地线
首端接地	3	—	—	—	4065	2743	141
	4	—	—	—			
两端接地	3	—	—	—	48	48	88
	4	—	—	—			

检修线路两端接地时，加挂临时接地线，流过临时接地线的瞬态电流幅值为 11.7A，稳定后的有效值为 5.9A。

（5）±800kV 直流极线 2 运行、500kV 交流第 3 回运行。±800kV 直流极线 2 运行、500kV 交流第 3 回运行时，各停运检修线路感应电压最大有效值见表 4-37。

表 4-37　　　　　　　　感应电压最大有效值　　　　　　　（V）

接地方式	沿线感应电压最大有效值						
	线路序号	A 相	B 相	C 相	极线 1	极线 2	分段地线
两端不接地	3	—	—	—	140789	—	151
	4	163402	163797	80771			
末端接地	3	—	—	—	3600	—	155
	4	5406	3666	6570			
首端接地	3	—	—	—	3502	—	145
	4	5435	3751	5759			
两端接地	3	—	—	—	39	—	165
	4	44	43	49			

检修线路两端接地时，加挂临时接地线，流过临时接地线的瞬态电流幅值为 10.5A，稳定后的有效值为 5.3A。

（6）±800kV 直流极线 2 运行、500kV 交流第 4 回运行。±800kV 直流极线 2 运行、500kV 交流第 4 回运行时，各停运检修线路感应电压最大有效值见表 4-38。

检修线路两端接地时，加挂临时接地线，流过临时接地线的瞬态电流幅值为 10.5A，稳定后的有效值为 5.3A。

表4-38　　　　　　　　　　感应电压最大有效值　　　　　　（V）

接地方式	沿线感应电压最大有效值						
	线路序号	A相	B相	C相	极线1	极线2	分段地线
两端不接地	3	99317	80169	54453	146254	—	151
	4						
末端接地	3	5406	3666	6570	3545	—	157
	4						
首端接地	3	5435	3751	5759	3437	—	149
	4						
两端接地	3	44	43	49	38	—	175
	4	—	—	—			

（7）±800kV 直流双极运行、500kV 交流第4回运行。±800kV 直流双极运行、500kV 交流4回运行时，各停运检修线路感应电压最大有效值见表4-39。

表4-39　　　　　　　　　　感应电压最大有效值　　　　　　（V）

接地方式	沿线感应电压最大有效值						
	线路序号	A相	B相	C相	极线1	极线2	分段地线
两端不接地	3	84939	105022	41108	—	—	151
	4	—	—	—			
末端接地	3	5406	3666	6570	—	—	157
	4	—	—	—			
首端接地	3	5435	3751	5759	—	—	149
	4	—	—	—			
两端接地	3	44	43	49	—	—	175
	4	—	—	—			

检修线路两端接地时，加挂临时接地线，流过临时接地线的瞬态电流幅值为 10.5A，稳定后的有效值为 5.3A。

（8）±800kV 直流极线2运行、500kV 交流双回运行。±800kV 直流极线2 运行、500kV 交流双回运行时，各停运检修线路感应电压最大有效值见表4-40。

检修线路两端接地时，加挂临时接地线，流过临时接地线的瞬态电流幅值为 11.7A，稳定后的有效值为 5.9A。

表 4-40　　　　　　　　　　感应电压最大有效值　　　　　　　　　　（V）

接地方式	沿线感应电压最大有效值						
	线路序号	A 相	B 相	C 相	极线 1	极线 2	分段地线
两端不接地	3	—	—	—	122497	—	142
	4	—	—	—			
末端接地	3	—	—	—	4188	—	145
	4	—	—	—			
首端接地	3	—	—	—	4065	—	141
	4	—	—	—			
两端接地	3	—	—	—	48	—	88
	4	—	—	—			

3. 直流±800kV、交流 220kV 同塔多回线路感应电压计算

（1）±800kV 直流单极线运行。±800kV 直流单极线运行时，各停运检修线路感应电压最大有效值见表 4-41。

表 4-41　　　　　　　　　　感应电压最大有效值　　　　　　　　　　（V）

接地方式	沿线感应电压最大有效值						
	线路序号	A 相	B 相	C 相	极线 1	极线 2	分段地线
两端不接地	3	132873	107644	87552	156162	—	0
	4	177824	184805	169116			
末端接地	3	0	0	0	0		0
	4	0	0	0			
首端接地	3	0	0	0	0		0
	4	0	0	0			
两端接地	3	0	0	0	0		0
	4	0	0	0			

±800kV 直流单极线运行时，分段地线感应电压为零。各停运检修线路两端不接地时，沿线感应电压为恒定值。各停运检修线路单端接地或两端接地时，沿线感应电压为零。

（2）220kV 交流线路单回运行。220kV 交流线路单回运行时，各停运检修线路感应电压最大有效值见表 4-42。

线路两端接地时，加挂临时接地线，流过临时接地线的瞬态电流幅值为8.4A，稳定后的有效值为 4.2A。

表 4-42　　　　　　感应电压最大有效值　　　　　（V）

接地方式	沿线感应电压最大有效值						
	线路序号	A 相	B 相	C 相	极线 1	极线 2	分段地线
两端不接地	3	14548	9136	6174	6722	1405	25
	4	—	—	—			
末端接地	3	5491	3927	3065	2762	653	23
	4	—	—	—			
首端接地	3	5436	3879	3021	2918	900	27
	4	—	—	—			
两端接地	3	35	36	36	34	35	96
	4						

（3）±800kV 直流线路双极运行。±800kV 直流线路双极运行时，各停运检修线路感应电压最大有效值见表 4-43。

表 4-43　　　　　　感应电压最大有效值　　　　　（V）

接地方式	沿线感应电压最大有效值						
	线路序号	A 相	B 相	C 相	极线 1	极线 2	分段地线
两端不接地	3	56291	96707	102713	—	—	0
	4	56248	96677	102678			
末端接地	3	0	0	0	—	—	0
	4	0	0	0			
首端接地	3	0	0	0	—	—	0
	4	0	0	0			
两端接地	3	0	0	0			0
	4	0	0	0			

±800kV 直流双极运行时，分段地线感应电压为零。各停运检修线路两端不接地时，沿线感应电压为恒定值。各停运检修线路单端接地或两端接地时，沿线感应电压为零。

（4）220kV 交流双回运行。220kV 交流双回运行时，各停运检修线路感应电压最大有效值见表 4-44。

线路两端接地时，加挂临时接地线，流过临时接地线的瞬态电流幅值为 3.3A，稳定后的有效值为 1.7A。

表 4-44　　　　　　　　　　感应电压最大有效值　　　　　　　　　　（V）

接地方式	沿线感应电压最大有效值						
	线路序号	A 相	B 相	C 相	极线 1	极线 2	分段地线
两端不接地	3	—	—	—	3773	3586	78
	4	—	—	—			
末端接地	3	—	—	—	2098	1908	78
	4	—	—	—			
首端接地	3	—	—	—	2099	1922	78
	4	—	—	—			
两端接地	3	—	—	—	20	23	63
	4	—	—	—			

（5）±800kV 直流极线 2 运行、220kV 交流第 3 回运行。±800kV 直流极
线 2 运行、220kV 交流第 3 回运行时，各停运检修线路感应电压最大有效值见
表 4-45。

表 4-45　　　　　　　　　　感应电压最大有效值　　　　　　　　　　（V）

接地方式	沿线感应电压最大有效值						
	线路序号	A 相	B 相	C 相	极线 1	极线 2	分段地线
两端不接地	3	—	—	—	121638	—	25
	4	148477	166091	156459			
末端接地	3	—	—	—	2862	—	21
	4	5491	3927	3065			
首端接地	3	—	—	—	2948	—	26
	4	5436	3879	3021			
两端接地	3	—	—	—	36	—	83
	4	35	36	36			

线路两端接地时，加挂临时接地线，流过临时接地线的瞬态电流幅值为
8.4A，稳定后的有效值为 4.2A。

（6）±800kV 直流极线 2 运行、220kV 交流第 4 回运行。±800kV 直流极
线 2 运行、220kV 交流第 4 回运行时，各停运检修线路感应电压最大有效值见
表 4-46。

线路两端接地时，加挂临时接地线，流过临时接地线的瞬态电流幅值为
8.4A，稳定后的有效值为 4.2A。

表 4－46　　　　　　　　　　感应电压最大有效值　　　　　　　　　　（V）

接地方式	沿线感应电压最大有效值						
	线路序号	A 相	B 相	C 相	极线 1	极线 2	分段地线
两端不接地	3	89345	77873	66084	129140	—	25
	4	—					
末端接地	3	5491	3927	3065	2762	—	23
	4	—					
首端接地	3	5436	3879	3021	2918	—	27
	4	—					
两端接地	3	35	36	36	34	—	96
	4	—					

（7）±800kV 直流双极运行、220kV 交流第 4 回运行。±800kV 直流双极运行、220kV 交流第 4 回运行时，各停运检修线路感应电压最大有效值见表 4－47。

表 4－47　　　　　　　　　　感应电压最大有效值　　　　　　　　　　（V）

接地方式	沿线感应电压最大有效值						
	线路序号	A 相	B 相	C 相	极线 1	极线 2	分段地线
两端不接地	3	73201	106568	108811	—	—	25
	4	—					
末端接地	3	5491	3927	3065			23
	4	—					
首端接地	3	5436	3879	3021			27
	4	—					
两端接地	3	35	36	36			96
	4	—					

线路两端接地时，加挂临时接地线，流过临时接地线的瞬态电流幅值为 8.4A，稳定后的有效值为 4.2A。

（8）±800kV 直流极线 2 运行、220kV 交流双回运行。±800kV 直流极线 2 运行、220kV 交流双回运行时，各停运检修线路感应电压最大有效值见表 4－48。

线路两端接地时，加挂临时接地线，流过临时接地线的瞬态电流幅值为 3.3A，稳定后的有效值为 1.7A。

表 4 - 48　　　　　　　　　　感应电压最大有效值　　　　　　　　（V）

接地方式	沿线感应电压最大有效值						
	线路序号	A 相	B 相	C 相	极线 1	极线 2	分段地线
两端不接地	3	—	—	—	106282	—	78
	4	—	—	—		—	78
末端接地	3	—	—	—	2098		78
	4	—	—	—			78
首端接地	3	—	—	—	2099		78
	4	—	—	—			78
两端接地	3	—	—	—	20	—	63
	4	—	—	—		—	63

三、安全检修方式

根据以上计算结果，结合工程特点，当直流±800kV、交流 500kV 和直流±800kV、交流 220kV 同塔多回线路在不同停运检修方式下，对停电回路各相导线检修时，为保证作业安全，可采用以下两种方式进行，并采取相应措施。

1. 带电作业方式

当停电回路两端均不接地或仅一端接地时，应将停电检修线仍视作带电回路进行作业；作业人员进出检修线路时，按进出带电回路高电位的方式进行，作业人员需穿戴全套屏蔽服、应用绝缘工器具进出高电位。在进入高电位后，作业人员应保持与接地构件足够的安全距离。杆塔构架上的地电位电工也应穿全套屏蔽服，向检修线路上作业的等电位电工传递工具或配合作业时，也应通过绝缘工器具进行，并与被检修线路保持足够的安全距离。

2. 停电检修方式

当停电回路在首末端均接地时，可采用停电检修方式进行作业。如工作点在杆塔处或杆塔两侧附近，可在杆塔处通过便携式接地线将工作相导线接地；如工作点距杆塔较远或在档距中央，可在工作点两端相邻的杆塔处通过便携式接地线将工作相停电导线接地。选择的临时接地线的通流容量应满足要求，挂接方式、步骤必须严格按相关规定进行。

第四节　直流输电线路带电作业人员的安全防护

安全防护是带电作业研究领域中十分重要的一环，带电作业人员对±500kV 直流输电线路的安全防护已具有丰富的经验，但±800kV 特高压直流输电线路带电作业的安全防护是一个新的课题。有必要对±800kV特高压直流输电线路带电作业环境进行分析，明确带电作业各环节安全防护的对象，研究并验证适用于±800kV特高压直流输电线路带电作业的安全防护用具，制订±800kV特高压直流线路带电作业安全防护措施。由于±800kV直流输电线路较±660kV直流输电线路的电压等级更高，因此，适用于±800kV直流输电线路带电作业的安全防护用具、方法和措施亦适用于±660kV直流输电线路带电作业的安全防护。

对于±800kV直流输电线路而言，由于不可避免的电晕存在，使空间出现带电粒子——空间电荷，这些空间电荷在直流电场的作用下，做定向移动形成空间离子流。此时导线表面或其附件的电荷在导线周围产生静电场，同时空间带电粒子形成了空间电荷场，直流输电线路附近的电场为静电场与空间电荷电场综合作用的合成场。鉴于±800kV特高压直流输电线路工作时导线表面梯度大于临界水平，导线附近空间存在着大量的带电粒子，带电作业过程中作业人员处于合成场中，因此防护合成场对作业人员的影响是±800kV特高压直流输电线路带电作业安全防护应考虑的重点问题之一。

由于直流输电的特点，在直流输电线路下几乎不存在电容耦合作用，这时在直流输电线路导线附近的空间电荷及其定向运动所形成的离子流对空间电流起着决定性的作用。对于直流输电线路带电作业人员，通过人体的电流主要是穿透屏蔽服通过人体的空间离子电流，这一空间离子电流也应作为带电作业安全防护的对象。

电位转移即作业人员通过导电手套或其他专用工具从中间电位转移到等电位的过程，是带电作业进入等电位过程中的重要环节。在电位转移的瞬间，作业人员与导线之间将出现电弧，并有较大的脉冲电流；因此电位转移过程中的脉冲电流也应作为带电作业安全防护需考虑的问题，研制的安全防护用具应起到对脉冲电流的防护作用。

根据上述分析，作为作业人员最主要的安全防护用具，用于±800kV特高压直流输电线路的带电作业安全防护用具必须具备对合成场、离子流、电位转移脉冲电流等对象进行防护的能力。因此须通过试验对防护用具进行验证，明确安全防护用具的技术条件，并制订安全防护措施。

一、特高压直流输电线路带电作业安全防护分析

（一）作业人员体表合成场

对于交流电场中的人体感受，国内外均进行了大量的研究。一般认为，人

体可感知的交流均匀电场强度为 10～15kV/m，感到刺痛的电场强度为 30～40kV/m。由于人体进入电场中会造成局部电场畸变，人体各部位体表场强不同，尖端部位局部场强增高。交流 500kV 输电线路下实测地面 1m 处场强为 10kV/m 时，头顶局部场强已达 180kV/m。据试验，人体皮肤感知表面局部交流场强为 240kV/m，低于此值则无不适反应。我国相关标准规定，交流线路带电作业人员局部裸露部位最大交流场强应不大于 240kV/m，屏蔽服内不大于 15kV/m。

对于直流合成场的人体效应，一般认为同一电场值下直流影响效应小于交流。美国达列斯试验中心曾对直流电场做过评价，他们认为：当直流电场为 22kV/m 时，头皮有非常轻微的刺痛感；为 27kV/m 时，头皮有刺击感，耳朵与毛发有轻微感觉；为 32kV/m 时，头皮有强烈刺痛感；为 40kV/m 时，脸与腿均有感觉；直流可感觉场强比交流高约 14kV/m，即人体对直流场强的感觉没有交流敏感。

实测表明，±800kV 特高压直流输电线路下方合成场强度 15～25kV/m。考虑到塔上作业人员距离导线较近，且人员尖端部位对合成场的畸变，作业人员体表的场强可能达到较高的水平，因此须对地电位、进入过程、等电位等作业工况人员体表的合成场强度进行分析与测量。

直流线路的带电作业人员处在塔上不同的位置及进入等电位的过程中，其体表及周围电场不断变化，一般规律是：

（1）随攀登高度增加与带电体距离逐渐减小，其体表场强值逐渐增高，在与相导线等高的位置处达到较大值，与导线等电位时体表场强最大。

（2）绝缘子（Ⅰ串）横担端部作业处体表场强值较高。

（3）体表场强面向带电导线部位较背向部位高。

（4）沿水平方向从塔体接近带电体时，身体各部位的体表场强呈 U 形分布，即头顶和脚尖场强较高，胸腹部场强较低。

（二）±800kV 直流输电线路人员体表场强

计算采用三维有限元计算方法。在本计算中只考虑静电场，不考虑导线的电晕情况以及空间离子流电场。

选择 ±800kV 直流线路典型直线塔，塔型如图 4-84 所示，电场强度的计算位置如图 4-85 所示，对应的各计算位置的说明见表 4-49。

1. 无人情况下直流特高压电场分布

考虑铁塔的影响，不考虑离子流及人体的影响，铁塔周围的电场分布如图 4-86 所示。

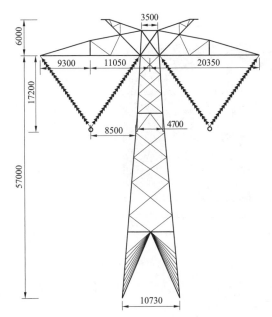

图 4-84 杆塔结构示意图   图 4-85 电场强度计算位置示意图

表 4-49   场 强 计 算 位 置 说 明

测量位置	位置说明	测量部位
位置 1	地电位,与导线处于同一水平面的塔身处	横担内、横担外
位置 2	地电位,导线正上方的横担处	横担内、横担外
位置 3	中间点位,进入过程中距离导线约 3m 处,头部超出吊篮,脚尖处于吊篮边缘,其他部位处于吊篮内	头部、胸前、吊篮外、脚尖
位置 4	等电位,塔窗内人员站立于最下两个子导线上,头部、手部、脚尖超出分裂导线,其他部位处于分裂导线内	头部、胸前、手部、脚下
位置 5	等电位,塔窗外人员站立于最下两个子导线上,头部、手部、脚尖超出分裂导线,其他部位处于分裂导线内	头部、胸前、手部、脚下

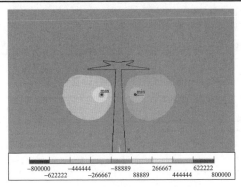

图 4-86 铁塔周围电场分布(不考虑离子流及人体影响)

铁塔周围的电场强度分布及等值线如图 4-87 所示。

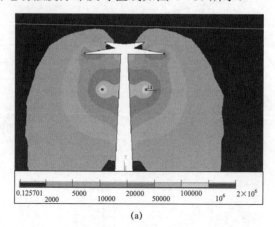

(a)

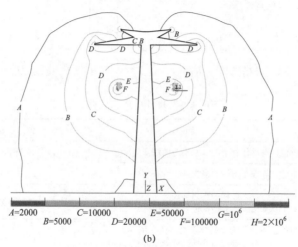

$A=2000$ $C=10000$ $E=50000$ $G=10^6$
$B=5000$ $D=20000$ $F=100000$ $H=2\times10^6$

(b)

图 4-87 铁塔周围电场强度分布（不考虑离子流及人体影响）

（a）电场强度分布；（b）等值线

2. 带电作业人员体表合成场计算

位置 1，即塔身表面与导线等高处的电场强度计算值见表 4-50。

表 4-50 作业位置 1 处场强计算值

位 置	场强（kV/m）
塔身内	—
塔身外	54.1

位置 2，即横担表面与导线相对应处的电场强度计算值为 27.3kV/m（见

表 4 – 51）。横担末端表面电场强度最大值约为 61.7kV/m。

表 4–51	作业位置 2 处场强计算值
位置	场强（kV/m）
横担内	—
横担外	27.3

位置 3，作业人员利用塔上吊篮法进入等电位过程中，对吊篮内外人员体表典型位置的场强进行计算，电场强度分布如图 4 – 88 所示，场强计算值详见表 4 – 52。

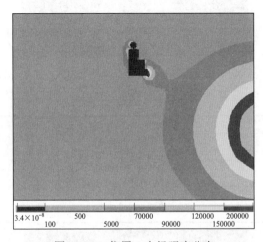

图 4 – 88　位置 3 电场强度分布

表 4 – 52　　　　作业位置 3 处场强计算值（距离均压环 2.5m）

位置	场强（kV/m）	位置	场强（kV/m）
头顶	162.4	吊篮外（空间）	52.9
胸前	44.6	脚尖	184.2

位置 4，作业人员处于杆塔构件内的等电位，站立于最下两个子导线上，头部、手部、脚尖超出分裂导线，其他部位处于分裂导线内。该位置电场强度分布如图 4 – 89 所示，场强计算结果见表 4 – 53。

位置 5，作业人员处于杆塔构件外的等电位（距杆塔构架范围约 15m），站立于最下两个子导线上，头部、手部、脚尖超出分裂导线，其他部位处于分裂导线内。该位置电场强度分布如图 4 – 90 所示，场强计算结果见表 4 – 54。

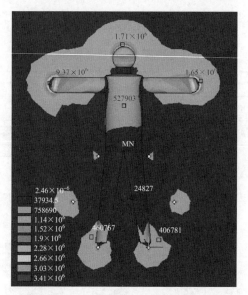

图4-89　位置4电场强度分布

表4-53　　　　　　　　　　　作业位置4处场强计算值

位置	场强（kV/m）	备注
头顶	1710	
胸前	527.9	导线外
	24.8	导线内
手部	1650	导线外
脚	406	

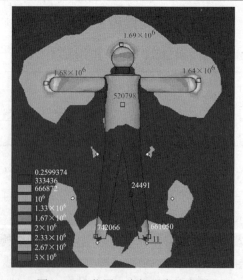

图4-90　位置5电场强度分布图

表 4-54　　　　　　　　　　　作业位置 5 处场强计算值

位置	场强（kV/m）	备注
头顶	1690	
胸前	520.8	导线外
	24.5	导线内
手部	1640	导线外
脚	661	

　　分析计算结果发现，在人员处于地电位及进入过程中（距离等电位 2.5m）时，其体表的场强一般低于 200kV/m，而当人员进入等电位后，处于分裂导线外的头部、手部等尖端部位场强一般为 1500～1800kV/m（位置 4、5 的头部、手部），这也是人员体表场强的最大值。

　　需要说明的是，在进行仿真计算时未考虑电晕以及空间离子流电场的影响。而在直流电场中，直流导体的电晕作用以及空间离子流电场都将削弱导体附近的电场，且如导体处电场畸变越严重，则这种削弱作用将更明显。由于在仿真计算中未考虑电晕及空间电场的影响，因此计算值相对于实际值将偏大，且在等电位作业人员头部、手部等电场畸变严重的部位，计算值与实际值之间的误差将更大。

　　3.　±800kV 直流输电线路人员体表场强现场测量

　　为进一步研究作业人员在各具体作业位置时其体表场强情况，进行了作业人员进入 ±800kV 特高压直流输电线路等电位试验，并对各典型作业位置人员体表的合成场强度进行了测量。

　　采用合成场强仪作为测量工具。该仪器基于 IEEE Std 1227—1990：IEEE Guide for the Measurement of DC Electric-Field Strength and Ion Related Quantities《直流电场强度和离子相关量测量指南》中的场磨（Field Mill）原理研发，由下位机单元、上位机单元和 PC 机三部分组成。下位机单元由合成场传感器、信号处理电路、单片机、通信模块、AD 芯片和电源模块等组成。原理方框图及装置分别如图 4-91～图 4-93 所示。

　　通过实验室测试与现场使用证明，该装置测量地面合成场时，其绝对误差小于 1kV/m。在测量空间合成场时，由于下位机单元（及传感器部分）对空间合成场的畸变作用以及空间电荷电场本身的不稳定性，其测量误差将显著增加。即使如此，现场测量结果对于空间合成场的分析仍具有重要的参考价值。

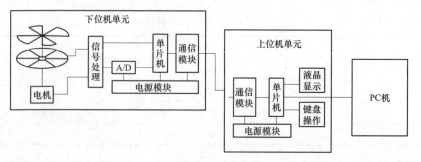

图 4-91   直流合成场测量装置电路方框图

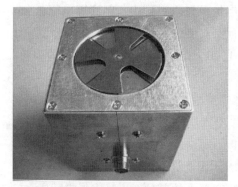

图 4-92   下位机单元

图 4-93   装置整体连接图

进行体表场强测量时，现场海拔 2100m，气温 23.6℃，风速 2.3m/s，相对湿度 49.5%，气压 79.3kPa。测量在试验场 ZV1 直线塔上进行，如图 4-94所示。

测量过程中，作业人员穿戴全套屏蔽服装登塔，到达塔上各典型地电位作业位置测量横担内外的合成场强度，然后作业人员从塔身适当位置采用吊篮法进入等电位；在进入过程中，距离绝缘子导线侧均压环约 3m 处，测量吊篮内外人体体表的场强；进入等电位后，在绝缘子导线侧均压环附近人员站立于最下面两根子导线上，测量体表场强，然后人员沿导线走出约 15m，再次测量体表场强。

对±800kV 直流输电线路各典型作业位置的人员体表场强进行了现场测量。现

图 4-94   ZV1 直线塔

场合成场强测量如图 4 - 95 所示，测量结果见表 4 - 55。

图 4 - 95　合成场强测量

（a）位置 1；（b）位置 2；（c）位置 3；（d）位置 4；（e）位置 5

表 4-55　　　　　　　　　　　人员体表场强测量结果　　　　　　　　　　（kV/m）

测量位置		测量结果	说明
位置 1	塔身内	4	地电位位置
	塔身外	26	
位置 2	塔身内	6	地电位位置
	塔身外	48.4	
位置 3	头顶	132	人员处于吊篮中，距离等电位约 2.5m，手部伸出吊篮外
	胸前	96.2	
	手部	241.5	
	脚尖	150	
位置 4	头顶	404.2	处于分裂导线外
	胸前	39.1	处于分裂导线内
	手部	5.290	处于分裂导线外
	脚下	1.453	脚踩在分裂导线上
位置 5	头顶	4.006	处于分裂导线外
	胸前	0.377	处于分裂导线内
	手部	5.605	处于分裂导线外
	脚下	2.504	脚踩在分裂导线上

通过对表 4-55 中的测量结果进行分析发现：地电位时场强最大值为48.4kV/m；进入过程中（测量位置）场强最大值为 241.5kV/m；等电位场强的最大值约为 560.5kV/m，出现于等电位作业人员伸出导线外的手部。通过合成场的现场测量可知，地电位作业点在铁塔构架内的工况场强一般不大于10kV/m，人员不会感觉到电场的存在；而在铁塔构架外场强水平不大于50kV/m，远远低于 240kV/m 的电场感知水平。因此，对于在特高压直流输电线路地电位作业的人员，合成场对其构成的威胁较小。在进入过程中，吊篮外的场强大于 240kV/m 的电场感知水平，而吊篮内的场强水平较低（不大于150kV/m）；因此，在进入过程中作业人员应保持手臂、脚尖等身体部位处于吊篮内，在减少人体短接空间间隙的同时，避免在人员体表形成较高的畸变电场。进入到等电位后，分裂导线外人体头部、手部、脚尖等尖端部位的场强为500~600kV/m 的水平，大于 240kV/m 的电场感知水平，此时对于人员的场强防护显得非常重要。

需要说明的是，使用场磨原理对发生畸变的空间合成场进行测量时，其测量结果是偏小的,而且电场的畸变越严重,测量结果的误差则越大。由于场磨原理的测量仪器由旋转或固定的金属片构成,当其靠近存在尖端的高压导体时,会改变导体附近的电位分布,缓解电场的畸变程度,从而使测量值相对于实际值偏小;而且导体附近的电场畸变越严重,场磨仪器对电场畸变的缓解也更加明显,因此电场畸变越严重,测量结果的误差也越大。

比较仿真计算值与现场测量值可以发现,在场强较低、电场畸变不明显的工况(位置 1~位置 5 分裂导线内的部位等),计算值与测量值吻合较好;而在场强较大、电场畸变严重的工况(位置 4、位置 5 伸出分裂导线外的部位),计算值与测量值的差距较大,计算值明显大于测量值。造成这种情况的主要原因在于:在场强较低、电场畸变较小的工况下,电晕作用、空间离子电场以及场磨仪器对电场分布的影响等均不明显,因而计算值与测量值吻合较好;在电场畸变严重的工况,由于空间电场的影响,计算值显著大于实际值,而由于场磨仪器对电场畸变的缓解,测量值小于实际值,因此这时计算值与测量值的差别较大,而实际值将处于计算值与测量值之间,通过分析计算与测量的结果可对实际合成场场强进行有效的估计。

基于上述分析,通过仿真计算与测量,可确定±800kV 特高压直流输电线路带电作业人员体表场强分布如下:

(1)带电作业人员处于地电位作业位置时,其体表的场强较小,在塔身构架内时人员体表场强不大于 10kV/m,在塔身构架外时人员体表场强最大值为 50~60kV/m,均小于 240kV/m 的电场感知水平。

(2)使用塔上吊篮法进入等电位时,进入过程中吊篮内的场强小于 240kV/m 的电场感知水平;而当吊篮靠近导线一定距离后(约距离等电位 3m),伸出吊篮外人体的关节部位表面场强将大于 240kV/m 的电场感知水平。

(3)当作业人员到达等电位后,处于分裂导线内的身体部位场强为 20~40kV/m,伸出分裂导线外的身体部位表面场强的最大值超过 500kV/m,超出了 240kV/m 的电场感知水平。

4. 特高压交、直流输电线路人员体表场强比较

测量数据显示,1000kV 交流特高压输电线路等电位作业人员头顶与手部(分裂导线外)的场强为 1800~2500kV/m,分裂导线内的身体部位场强也可达到 390~450kV/m 的水平。在±800kV 特高压直流输电线路上,等电位人员分裂导线外的头顶与手部场强不超过 1650kV/m,分裂导线内的场强仅为 20~40kV/m。相比于 1000kV 交流特高压线路,±800kV 特高压直流输电线路等电位作业人员体表的场强值明显较小。而在地电位与进入过程中,直流特高压线路人员体表场强水平略小于特高压交流输电线路。

特高压直流输电线路等电位人员尖端部位（畸变场）场强较小的原因主要是由于直流线路的电晕造成。与特高压交流输电线路附近极性交变的电场不同，特高压直流输电线路对空气的电离作用是单极性的。这种单极性的电离作用造成导线附近空间中出现大量的带电离子，并在场作用下沿电力线方向迁移形成离子流。因此，直流高压导线附近空间一般可分为游离区与极间区两个区域。其中，游离区指直流高压导线周围电场强度大到致使汤逊第一碰撞电离系数超过了电子复合系数的空间，在该处电子从气体分子中释放并向着或离开它所邻近的导线方向加速。而除去游离区之外的空间，包括两极导线间和导线与大地间的空间均为极间区。直流导体附近游离区的宽度与导体表面场强有关，场强越大，游离区宽度越大。国外研究资料表明，极间距和导线对地距离约为15m的线路，游离区的宽度约为2cm。

由于游离区的空气中存在着大量的自由电子，游离区空气可看作为导体。而且游离区宽度与导体表面场强相关，场强越大游离区宽度越大。因此，游离区的存在等效于改变了导体的外形尺寸，改善了导体表面的电荷分布，从而降低了导体表面的电场强度，特别是对于导体的尖端部位，这种减小趋势将更加明显。当带电作业人员进入等电位后，由于其身体突出部位表面的场强较大，在这些部位附近的空气中将会出现游离区。而游离区的出现改善了这些突出部位的电荷分布，降低了这些部位的电场强度，从而造成特高压直流输电线路等电位人员体表场强的最大值显著低于特高压交流输电线路的水平。突出部位表面的电场强度越大，这种抑制作用就越明显。因此，游离区的出现以及其对导体表面场强的抑制作用是造成直流特高压等电位作业人员部分部位场强较交流特高压等电位作业人员显著降低的主要原因。

5. 作业区域离子流特性

离子流也是高压直流输电的特有现象。直流高压输电线路附近的空间电荷沿电力方向进行定向迁移便形成了离子流。直流电场单是电场强度本身不能完全表征电场效应，由于直流电场中不存在电容耦合作用，长期通过人与物体的电流主要为其所截获的离子流。因此，作业区域内离子流水平以及对离子流的防护能力是带电作业安全防护重点研究的问题之一。

国内外对于交、直流输电线路附近长期流过人体的安全电流均进行了研究。加拿大安大略水电局规定人体允许长期电流为 80～120μA。IEC 推荐人体感知电流：直流为 2mA；交流为 0.5mA。对于交流带电作业，美国规定在 765kV 线路控制人体电流小于 40μA；加拿大规定在 540kV 线路不超过 50μA；匈牙利规定在 400kV 线路不超过 20μA，750kV 线路小于 50μA；IEC TC78 标准制订时，也建议定为 100μA；我国相关国家标准规定交流线路附近长期通过人体电流应小于 50μA。

IEC 推荐，在等效电流效应的情况下，直流与交流电流的有效值之比为 2～4；在人体感知电流时，这个比值为 4，在引起心室纤颤时，这个比值约为 3.75。为安全起见，取安全电流的比值为 2，根据交流线路经验推算，直流带电作业时应限制人体电流小于 100μA。由于在直流线路下只有电晕引起的空间离子电流，其幅值比交流线路对地容性电流低 1～2 个数量级；而且以往研究成果表明，屏蔽服能够较好地防护作业区域内离子流的穿透。从偏严偏安全的角度出发，确定 ±800kV 特高压直流输电线路带电作业时流经人体的电流限值小于 50μA 也是可以的。

研究表明，处于地面或塔上地电位人员所截获的离子流水平非常低，显著小于 50μA。美国 BPA 的试验场测量表明，人站在 ±600kV 直流线路下举手，测得的合成电场强度为 40kV/m 时人体截获的电流仅为 3～4μA。

直流输电线路附近，人员或物体所截获的离子流可通过离子流密度与等量电荷累计面积的乘积进行估算。其中人体的等量电荷累计面积可将人体等效于圆锥体进行估算，如图 4-96 所示。

如作业人员的身高为 1.8m，其等量电荷累计面积约为 6m²，如向上伸出双手，其等量电荷累计面积约为 11m²。±800kV 特高压直流电磁环境的研究成果表明，输电线路下方地面上的离子流

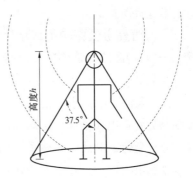

图 4-96　人体等量电荷集积
面积的计算示意图

密度应不超过 100nA/m²；而对于塔上地电位，由于其距离导线较近，离子流密度应高于地面，但也不会超过 500nA/m²。依此估算，人员处于地面时，流过其身体的离子电流约为 0.6μA；站在导线正下方垂直向上举起双手时，流过其身体的离子电流约为 1.1μA；而处于塔上地电位时，流过其身体的离子电流不超过 5.5 μA。因此，人员处于地面或塔上地电位时，流过其身体的离子电流较低，远小于电流限值 50μA。

国内对于 ±500kV 超高压直流输电线路带电作业过程中，流进等电位作业人员的电流已进行了测量。测量结果表明，流经 ±500kV 超高压直流输电线路等电位作业人员的离子电流最大值为 70μA。

国内已对±800kV 特高压直流输电线路等电位作业人员离子电流水平进行了现场实际测量。结果表明，如不采取屏蔽措施，流经±800kV 特高压直流输电线路等电位作业人员的总离子电流最大值为 120μA；由于导线表面的离子流密度易受到风等因素的影响，变化较大。在实际测量的同时，也可采用计算的方法对±800kV 特高压直流输电线路等电位作业人员所截获的离子电流水平进行估算。

计算表明，在良好天气及理想状态下，±800kV 特高压直流输电线路导线表面的离子流密度不超过 1μA/m²；考虑可能出现的各种工况，取作业人员的等量电荷累计面积为 15～20m²，则此时通过人体的总电流约为 15～20μA。说明在良好天气条件下，流经±800kV 特高压直流输电线路等电位作业人员的离子流水平为几十微安。

综上所述，在良好天气条件下，流过±800kV 特高压直流输电线路等电位作业人员体表的离子流一般为 15～20μA，而最大值将超过 100μA，目前实测约为 120μA，超过了电流限值 50μA。因此，应当对流经等电位作业人员的离子电流进行防护。

二、特高压直流输电线路带电作业安全防护用具及防护措施

（一）特高压直流输电线路带电作业安全防护用具

屏蔽服是带电作业中最重要的安全防护用具。对于直流线路等电位作业人员，通过人体的电流主要是穿透屏蔽服通过人体的空间离子电流。所以在直流线路上实施带电作业时，屏蔽服的作用为：屏蔽空间合成场，将衣内场强限制到一个安全值；阻挡空间离子定向移动所形成的电流，使衣内人体电流限制到人体感知电流以下；并在人体转移到不同电位时，将转移的能量通过屏蔽服释放，从而保证电位转移过程中人体安全。

1. 特高压直流输电线路屏蔽服的功能实现与主要技术参数

（1）功能实现。适用于±800kV 特高压直流输电线路带电作业的屏蔽服必须具有屏蔽合成场、阻挡直流离子电流、释放电位转移时的能量等功能。应根据±800kV 直流输电线路安全防护对象的特性，确定屏蔽服的主要技术参数，并通过试验进行验证，以保证带电作业的安全性。

1）屏蔽作业空间的合成场是屏蔽服的主要功能之一。根据上文分析，±800kV 特高压直流输电线路带电作业人员体表的合成场强度水平远远低于特高压交流输电线路的水平，而且一般认为在同样的场强下，直流电场对人体的影响要低于交流电场。因此在制定直流线路带电作业场强防护标准时，可沿用交流线路带电作业中防护电场的要求，在±800kV 特高压直流输电线路最高

运行电压带电作业时，屏蔽服内部局部最大电场不超过 15kV/m，裸露部位局部最大电场不超过 240kV/m，作为用于±800kV 特高压直流输电线路屏蔽服主要技术参数基准原则之一。

2）由于在直流线路下只有电晕引起的离子电流，其幅值比交流线路对地容性电流低 1～2 个数量级。IEC 相关资料显示，要达到等效的人体电流效应，直流与交流电流的有效值之比为 2～4。目前我国相关国家标准规定交流线路附近长期通过人体电流应小于 50μA；以往研究结果表明，使用直流屏蔽服进行带电作业时，要限制人体电流小于 50μA 是不难做到的。因此，可参照对交流电流的规定，以特高压直流输电线路附件带电作业时，流经人体的电流不超过 50μA 作为确定±800kV 特高压直流输电线路直流屏蔽服主要技术参数的基准原则之一。

3）目前屏蔽服的导电手套与电位转移棒均可作为电位转移脉冲电流的安全防护用具。在电位转移放电不明显、转移脉冲电流较小时，可直接使用导电手套进行电位转移，不必采用电位转移棒；而当电位转移脉冲电流幅值较高，转移能量较大，有可能对屏蔽服及作业人员造成危害时，应使用电位转移棒。目前，进行交流 1000kV 进行电位转移时，必须采用电位转移棒。鉴于特高压直流输电线路电位转移脉冲电流幅值远低于交流特高压线路水平，试验表明，在穿戴专用于±800kV 特高压直流输电线路带电作业的屏蔽服装后，既可采用电位转移棒进行电位转移，也可直接使用导电手套进行电位转移。

（2）主要技术参数。综上所述，可依照如下原则确定屏蔽服的主要技术参数。

1）屏蔽服内部最大电场不超过 15kV/m。

2）流经人体的电流不超过 50μA。

3）载流容量等参数能够达到电位转移安全防护的要求。

综合以上要求，研制了适用于±800kV 特高压直流输电线路的带电作业屏蔽服装，其采用均匀分布的导电材料和纤维材料，具有屏蔽合成场、旁路电流、阻挡离子流、耐汗蚀、耐洗涤、耐电火花等功能。

2. 特高压直流输电线路屏蔽服基本参数测试

屏蔽效率、衣料电阻、熔断电流等是相关标准中规定的屏蔽服的基本参数。《带电作业用屏蔽服装》（GB/T 6568—2008）对带电作业用屏蔽服装进行了规范，屏蔽服应具有较好的屏蔽性能、较低的电阻、适当的载流容量、一定的阻燃性及较好的服用性能，整套屏蔽服间应有可靠的电气连接；对于整套屏蔽服，各最远端点间的电阻值不小于 20Ω，在规定的使用电压等级下，衣服内的体表场强不大于 15kV/m，流经人体的电流不大于 50μA，人体外露部位的体表局部场强不得大于 240kV/m；在进行整套屏蔽服的通流容量试验时，屏蔽服任何部位的温升不得超过 50℃。

另外，帽子的保护盖舌和外伸边缘必须确保人体外露部位不产生不舒适感，并确保在最高使用电压的情况下，人体外露部位的表面场强不大于 240kV/m。

图 4-97　直流±800kV 全套屏蔽服

针对±800kV 特高压直流输电线路的特点，借鉴 1000kV 交流带电作业的研究经验，研制了用于±800kV 特高压直流输电线路带电作业的屏蔽服装。为保证屏蔽服具有很高的屏蔽效率与离子流阻挡能力，屏蔽服的设计采用连体式结构，并用导电材料和阻燃纤维编织而成的网状屏蔽面罩，以减少裸露的体表面积。直流±800kV 全套屏蔽服如图 4-97 所示。

根据《带电作业用屏蔽服装》（GB/T 6568—2008）中的要求对用于±800kV 特高压直流输电线路的屏蔽服进行了测试，测试结果见表 4-56。

表 4-56　　　　±800kV 直流输电线路带电作业用屏蔽服装
衣料及成品性能试验

序号	试验项目		标准规定值		测量值
			GB/T 6568	IEC 60895	
1	交流电场屏蔽效率（dB）		＞40	＞40	69.44
2	衣料电阻（Ω）		0.8	1.0	0.441
3	衣料熔断电流（A）		＞5	＞5	11.2
4	耐燃	炭长（mm）	300	300	72
		烧坏面积（cm²）	100	100	16.3
5	金属网屏蔽面纱屏蔽效率（dB）		—	—	20.6
6	鞋子（Ω）		500	500	297
7	整套屏蔽服装电阻（Ω）	任意最远端点之间	20	40	18.5

上述衣料及成衣性能试验结果表明，用于±800kV特高压直流输电线路的屏蔽服衣料完全符合GB/T 6568和IEC 60895规定。需要指出的是，GB/T 6568是用于在交流110（66）～750kV、直流±500kV及以下电压等级的电气设备上进行的带电作业，IEC 60895适用于交流800kV及以下、直流±600kV及以下电压等级电气设备，目前还没有针对直流±800kV电压等级线路用屏蔽服的标准。从试验检测结果来看，直流±800kV电压等级屏蔽服衣料的各项技术性能均明显高于以上两项标准中规定的技术要求，保证了该屏蔽服具有较好的性能。

3. 特高压直流输电线路屏蔽服交、直流屏蔽效率测试

在对屏蔽服衣料及成衣性能进行测试的基础上，根据特高压直流输电线路带电作业的特定要求，对屏蔽服对人员体表合成场、离子流、脉冲电流等对象的防护性能进行专项测试。

在人体接近超/特高压导线或与其等电位时，会出现较高的体表场强，而且由于人体形状复杂及人体各部位与带电体的方位距离不同，各部位的电场强度是不同的，若不采取屏蔽措施，会使作业人员皮肤感到重麻、刺激。屏蔽服的主要功能之一就是屏蔽高压电场，降低电场对作业人员的影响。屏蔽效率是衡量屏蔽服性能的这一功能的指标，在交流电压下，其可表示为屏蔽前后接收极上的电压比值，单位为分贝。屏蔽效率按式（2－1）计算。

对于交流750kV等级以下的屏蔽服，我国相关国家标准中规定，其屏蔽效率不得小于40dB，即能够屏蔽99%的外部场强。而用于交流1000kV线路的屏蔽服的屏蔽效率应超过60dB。

对用于±800kV特高压直流输电线路带电作业中的屏蔽服进行了试验，试验结果表明该屏蔽服屏蔽效率为69.44dB，能够屏蔽外界99.9%以上的电场。

为直接验证用于±800kV特高压直流输电线路的屏蔽服对直流合成场的屏蔽能力，根据直流合成场中屏蔽效率（SE_D）的概念，设计了试验对屏蔽服的直流合成场屏蔽效率进行了测试。试验原理如图4－98和图4－99所示。

该试验在实验室中进行，利用直流高压发生器产生直流合成场，使用合成场测量仪对屏蔽服遮挡前后的合成场场强进行测量，屏蔽前场强为E_1，屏蔽后场强为E_2，然后计算得到直流合成场中的屏蔽效率SE_D。测量现场实景如图4－100所示，测试结果见表4－57。

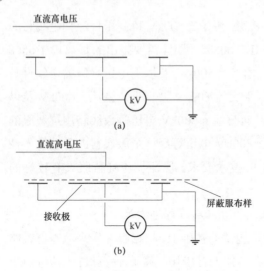

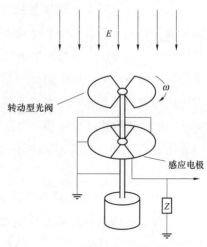

图 4-98　直流合成场屏蔽效率测试原理图
（a）测量 E_1（无屏蔽）；（b）测量 E_2（有屏蔽）

图 4-99　直流合成场屏蔽效率
测试中电场表原理图

图 4-100　直流合成场屏蔽效率测量现场实景
（a）无屏蔽；（b）有屏蔽

表 4-57　　　　　　　　　直流合成场屏蔽效率测试结果

序号	1	2	3	4	5	6	7
E_1（kV/m）	239.9	294.6	368.2	440.7	550.8	655.7	865.3
E_2（kV/m）	0.10	0.12	0.14	0.16	0.20	0.23	0.28
SE_D	67.6	67.8	68.4	68.8	68.8	69.1	69.8

　　分析表 4-57 中的结果可得，屏蔽服对直流合成场的屏蔽效率的范围为
67.6～69.8dB。根据屏蔽服内人员体表场强不超过 15kV/m 的要求，该屏蔽服

能满足电场防护要求。

4. 特高压直流输电线路离子流屏蔽能力测试

用于±800kV 特高压直流输电线路带电作业中的屏蔽服应保证流过屏蔽服内人体的电流低于 50μA。为保证屏蔽服能够满足此要求，通过试验对屏蔽服对直流线路附近空间离子流的屏蔽能力进行了测试，试验接线如图 4–101 所示，试验现场实景如图 4–102 所示。

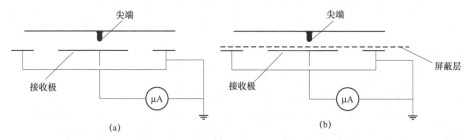

图 4–101　离子流屏蔽能力试验接线示意图
（a）无屏蔽；（b）有屏蔽

图 4–102　离子流屏蔽能力试验现场实景图
（a）无屏蔽；（b）有屏蔽

试验中选用了两平行板电极构成直流合成场，尽量提高极板间的场强，并在高压极平板上安装尖端，以促进离子流产生。分别在无屏蔽［见图 4–101（a）］与有屏蔽［见图 4–101（b）］两种情况下测量测离子流密度，以检验屏蔽服拦截离子流的能力。试验结果见表 4–58。

表 4-58   离子流屏蔽能力试验结果   （nA/m²）

屏蔽方式	离子流密度						
无屏蔽	178	308	448	592	794	1004	1194
有屏蔽	<1	<1	<1	1	1	1	2

分析表 4-58 中试验结果可得，用于 ±800kV 特高压直流输电线路的屏蔽服对离子流具有很强的拦截作用，无遮蔽与有遮蔽时离子电流的比值超过 500:1。由 ±800kV 特高压直流输电线路附件最大的离子流密度如达到 120μA/m²，而根据表 4-41 中结果计算可知，此时流过人体的离子电流仅为 0.24μA/m²，远小于安全限制值 50μA。

5. 特高压直流输电线路屏蔽服防护脉冲电流测试

在 ±800kV 特高压直流输电线路带电作业电位转移时，会发生较强的放电现象，产生幅值较高的脉冲电流。因此，在带电作业进入等电位过程中，必须对电位转移时的脉冲电流进行防护。目前主要通过屏蔽服与电位转移棒来防护电位转移过程的脉冲电流。

由于屏蔽服具有很强的旁路电流的能力，在电位转移时几乎全部的脉冲电流全部从屏蔽服流过。耐受电位转移过程的脉冲电流也是带电作业屏蔽服的主要功能之一。IEC 60895 中利用"载流能力"（current-carrying capability）指标来表征在作业人员所处电位发生变化时，屏蔽服防护脉冲电流的能力。其中，屏蔽服的载流能力定义为：当工人转移工作位置时（从杆塔的金属构件或高空作业车上），在接触带电导体的瞬间，电容电流将流经作业人员屏蔽服，制订本指标以保证屏蔽服在通过电流时没有危险（出现发热、冒烟、燃烧等）。在 GB/T 6568 中利用"整套衣服通流容量"指标来表征屏蔽服防护脉冲电流的能力，通过比较参数要求及试验方法，其要求比 IEC 标准中更加严格。在相关国标中"整套衣服通流容量"定义为：屏蔽服装各部件连接成整体后，在衣服任意两个最远端之间，通过某一工频电流值并经过一定热稳定时间后，衣服上任何点局部温升为规定限制时的这一电流，即为整套衣服通流容量。

为验证用于 ±800kV 特高压直流输电线路带电作业的屏蔽服耐受作业过程中的脉冲电流，依照 GB/T 6568 中的方法对屏蔽服进行了整套衣服通流容量试验。试验现场实景如图 4-103 所示，试验结果见表 4-59。

通过表 4-59 可发现，当整套屏蔽服流过 5A 电流时，其温升仅为 5.0℃；而达到 50℃ 的温升时，屏蔽服需流过 14.5A 的电流，即整套屏蔽服的通流容量为 14.5A。

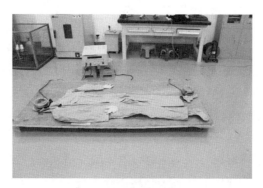

图 4-103　通流容量试验现场实景

表 4-59　　　　　　　　　　屏蔽服通流容量试验结果

通流电流有效值（A）	5	6	7	8	9	11	12	14.5
最大温升（℃）	5.0	7.8	9.8	15.0	19.8	24.4	31.9	50.4

注　电流持续时间为 15min。

屏蔽服防护脉冲电流的实质，是屏蔽服能够承受脉冲电流所产生的热效应而不发生危险，即屏蔽服承受脉冲电流的能量后，其温升在可接受范围内。可采用"比能量"来分析屏蔽服电位转移时耐受脉冲电流的能力。在电位转移试验中，实际作业人员借助电位转移棒进入等电位时，整个电位转移过程共出现了 30 次较明显的电流脉冲，前后约 600ms（第一个至最后一个脉冲的时间），所产生的比能量总计为 $3.27A^2s$。根据整套屏蔽服通流容量试验结果，屏蔽服通入有效值为 14.5A 工频电流时，在 600ms 内所产生的比能量为 $126.15A^2s$，远远超过了脉冲电流所产生的比能量。而屏蔽服流经有效值为 5A 工频电流时温升仅为 5.0℃，此时电流在 600ms 内所产生的比能量为 $15A^2s$，也远大于电位转移时脉冲电流所产生在屏蔽服上产生的能量。从而说明，用于 ±800kV 特高压直流输电线路的屏蔽服完全可以承受电位转移过程中所产生的能量。

通过 ±800kV 特高压直流输电线路电位转移脉冲电流特性分析以及专用屏蔽服的载流容量试验表明，用于 ±800kV 特高压直流输电线路的屏蔽服完全可以防护电位转移时的脉冲电流；因此，在 ±800kV 特高压直流输电线路上，等电位电工可不使用电位转移棒进行电位转移。在进行模拟人电位转移试验时发现：当人员距离导线较近时，人员头部、手部、脚尖等尖端部位均可能与导线之间出现电弧；而实际人员采用电位转移棒进入等电位时，人体距离导线较远，只可能在电位转移棒与导线间出现电弧。这说明在 ±800kV 特高压直流输电线路带电作业中，电位转移棒可以增加电位转移过程的安全性；因此，在安全距离、组合间隙可充分保证的条件下（使用电位转移棒进行带电作业时，电位转移棒的长度应作为人体占位的一部分），宜采用电位转移棒进行电位转移。

（二）特高压直流输电线路带电作业安全防护措施

综合现场测量结果和计算分析可发现，±800kV 特高压直流输电线路带电作业时，作业人员的体表场强的分布规律受较多因素的影响，其中最主要的影响因素是作业人员距离各带电体的距离及人体的各部位特征。一般来说，当人体的某一部位在空间形成一尖端面时，电场畸变更明显；如果这一尖端部位又距带电体较近时，该部位的体表场强达到较大值。

地电位作业人员体表场强的分布的规律是：随着离地高度的增加，作业人员与带电导线的空间距离逐渐减小，体表场强逐渐增大。当作业人员攀登到与带电体等高处，作业人员与带电体的空间垂直距离最小，体表场强达到较大值。此处人体体表的头部、肩部、脚尖等部位都可能形成尖端点，主要与人在该处的形体位置和外伸突出部位有关，即最大场强不一定出现在头部位置。另外，在各横担绝缘子串悬挂点处作业人员的体表场强较大。经测量，在上述各位置人员体表部位场强一般为 10～60kV/m，低于 240kV/m 的电场感知水平。

在作业人员从杆塔地电位进入等电位的过程中，最高体表场强随着与带电体距离的减小而增大，当作业人员从塔体接近带电体时，身体各部位的体表场强呈 U 形分布，即头顶和脚尖最高，胸、腹部场强较低。在到达等电位作业位置时，处于分裂导线外的体表场强很高；分裂导线内的体表场强较低，不超过 40kV/m。

针对±800kV 特高压直流输电线路带电作业时人员体表合成场的特点，应采取如下措施进行安全防护：塔上地电位及等电位作业人员均应穿戴全套屏蔽服装；其中，等电位作业人员应使用屏蔽效率为 60dB、配有金属丝面罩的直流特高压专用屏蔽服。

直流线路附件只有电晕引起的空间离子电流，其幅值比交流线路附件容性电流低 1～2 个数量级。通过±800kV 特高压直流输电线路带电作业过程中流过人体的离子流特性分析以及屏蔽服的验证试验证明，塔上作业人员（含地电位、等电位等）穿戴屏蔽服装后即可对空间离子流进行有效防护。

由于直流特高压线路电位转移脉冲电流幅值远小于交流特高压线路，±800kV 特高压直流输电线路上等电位电工也可不使用电位转移棒进行电位转移。而采用电位转移棒的进入方法可避免人体面部等与导线间发生电弧，在安全距离、组合间隙可充分保证的条件下，建议采用电位转移棒进行电位转移。

因此±800kV 特高压直流输电线路带电作业安全防护的主要措施可总结

如下：

（1）等电位作业。等电位作业人员必须穿戴专用屏蔽服，其与周围带电体及接地体的距离必须满足相关规程要求。等电位电工进出等电位时的最小组合间隙必须满足相关规程要求。等电位电工在距离等电位 0.5m 应进行电位转移，电位转移过程中头部应远离等电位，防止面部与导线间发生电弧。等电位电工进出强电场时应有后备保险带。从杆塔、地面向等电位电工传递工具等时，要用干燥、清洁的绝缘绳。

（2）地电位作业。地电位作业人员应穿戴屏蔽用具。在绝缘子两端悬挂支、拉、吊等绝缘件时，绝缘件的有效长度必须满足相关规程要求。使用绝缘操作杆时，绝缘杆的有效绝缘长度必须满足相关规程要求。

第五章

特高压输电线路直升机带电作业

直升机带电作业是当前世界上少数先进国家在电网维护检修中采用的作业手段，具有作业快速高效的特点。带电作业人员被直升机直接送至线路检修工位，使检修人员没有了上下铁塔的体力消耗和高坠风险。直升机可带有液压或电动动力，使检修人员在检修过程中的体力消耗大大减少、工作时间大大缩短，提高检修质量。直升机作业法因为工效高，相对于传统作业方法，完成相同的工作量，其投入的人力更少，使人员暴露在强电场的时间更短，引发的人身电力伤害事故的可能性比传统作业法更小，其在输电线路运行维护领域具有广阔应用前景。本章结合直升机带电作业工作特点，研究了特高压输电线路直升机带电作业安全距离、组合间隙和安全防护措施，研究成果为直升机带电作业的安全开展提供技术依据。

第一节 直升机带电作业方法简介

特高压线路相（极）间、相（极）地间尺寸较超高压线路更大，更适于直升机的飞行作业，因此应用直升机开展特高压线路带电作业成为一种可行的技术手段。直升机带电作业方法主要有平台法和悬吊法：平台法直升机带电作业，是指在直升机的两侧或机腹安装检修操作平台，直升机携带乘坐在检修操作平台上的作业人员直接接触带电线路并进行作业的方法；悬吊法直升机带电作业，是指直升机通过绝缘绳索将作业人员或作业设备（包括吊篮、吊椅、梯子等）送至线路作业点进行带电作业的方法。相对于传统的带电作业方法，应用直升机开展带电作业，作业人员进入强电场的方式由人力方式改为直升机方式。直升机带电作业现场如图 5-1 所示。

平台法带电作业因直升机和作业人员作为整体进入等电位，直升机本体需能经受住相应电压等级线路的等电位试验测试，作为悬浮电位的直升机整体对

(a)　　　　　　　　　　　　　(b)

图 5－1　直升机带电作业现场

（a）平台法；（b）悬吊法

作业空气间隙的外绝缘特性构成影响，作业过程中涉及的电气及飞行安全影响因素非常复杂。但是，由于该方法能更精准定位作业工位，作业人员进入电位的方式更先进且作业效率更高。

悬吊法带电作业对直升机机型及机体尺寸没有特定要求，但需求直升机的安全稳定性更高，因而一般要求使用多发直升机。由于直升机本体与带电体之间不直接接触，且绝缘悬索的长度一般选在 20～50m，在作业过程中直升机受到来自带电导线的电磁场及放电影响较小。该方法重点需要解决悬吊过程中的定位、直升机与悬吊装备连接系统及作业人员与飞行员间通信等问题。

第二节　平台法直升机带电作业

应用平台法进行带电作业的直升机，对其本身设备、飞行控制要求很高，一般选择机型较小、安全性能高的飞机，适用的直升机机型主要有 Bell206 系列和 MD 500 系列。由于直升机乘载着作业人员一同进入等电位，直升机本体必须要通过带电考核及试验验证。在 20 世纪 90 年代，美国、法国的电力研究机构已针对上述两种机型开展过相关电气试验并通过了带电考核；但是带电考核的电压等级最高为 500kV，其是否能适用于特高压输电线路等电位作业尚未可知。针对 MD 500E 直升机机型，本节研究了 1000kV 特高压交流输电线路平台法直升机带电作业安全距离、组合间隙，完成了直升机 1000kV 等电位试验安全评估，研究成果可为在特高压线路上安全开展平台法直升机带电作业提供技术依据。

一、带电作业安全距离和组合间隙试验研究

1. 试验条件

为模拟直升机悬停于带电导线附近的带电作业工况，并满足在 1000kV 电压等级下的绝缘强度要求，搭建直升机带电作业试验平台，布置于门型塔正下方；门型塔上方悬挂 1000kV 八分裂试验模拟导线、模拟架空地线等试品。通过行吊系统调整模拟导线与直升机试验平台之间的间隙距离，以满足不同作业工况的要求。直升机带电作业试验平台如图 5−2 所示。

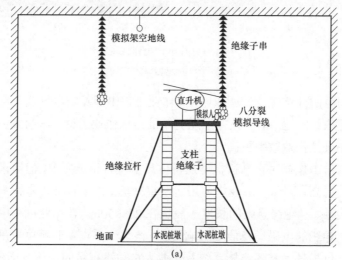

(a)

(b)

图 5−2　直升机带电作业试验平台

（a）平台示意图；（b）现场实景

试验在特高压交流试验基地冲击户外场进行。试验设备有：7500kV 冲击电压发生器；7500kV 低阻尼串联阻容分压器；4800kV、527kJ 冲击电压发生

器；4800kV 低阻尼串联阻容分压器；64M 型峰值电压表；Tek TDS340 示波器。经校正，整个测量系统的总不确定度小于 3%。

采用模拟直升机开展间隙操作冲击放电试验，根据 MD 500E 直升机的尺寸大小，模拟直升机按照 1:1 比例并由金属外壳制作而成。MD 500E 直升机外观如图 5−3 所示。

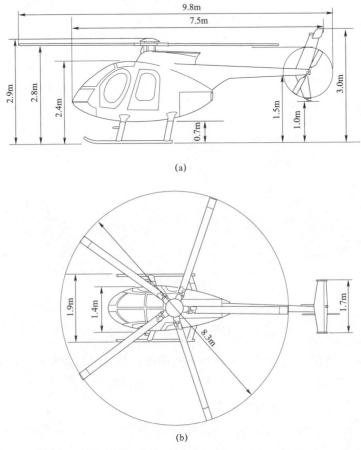

(a)

(b)

图 5−3　MD 500E 直升机外观示意图

(a) 侧视图；(b) 俯视图

八分裂模拟导线长 25m，两端装有 ϕ1.5m 的均压环，以改善端部电场分布。试验用模拟架空地线长 20m。试验用模拟人由铝合金制成，与实际人体的形态及结构一致，四肢可自由弯曲，以便调整其各种姿态；模拟人坐姿高 1.0m，身宽 0.5m。

从严考虑，相地试验中采用波前时间为 250μs 的操作冲击波进行放电试验。

由于直升机平台法带电作业进入导线等电位进行作业，在档中进行作业时，存在直升机作业整体在两相导线之间的典型位置工况，因此也进行了相间试验。在进行相间操作冲击放电电压试验时，在构成放电间隙的两相分别施加 +250/2500μs 波形操作波和 −250/2500μs 波形操作波，波形系数 $\alpha = 0.33$。

2. 典型带电作业工况

以在相导线为三角排列的单回 1000kV 输电线路上开展直升机平台法带电作业为试验研究基础，结合直升机在边相及中相导线实际作业特点，明确各典型带电作业工况，如图 5-4 所示。

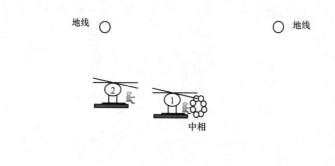

图 5-4　典型带电作业工况示意图

1，2—相地工况；3~5—相间工况

从间隙放电的角度考虑，直升机带电作业典型工况可分为相地（工况 1、2）和相间（工况 3~5）两大类位置工况。分别说明如下：

（1）相地安全间隙试验典型工况。

1）工况 1：模拟相导线为三角排列中相导线（或水平排列的边相导线）等电位作业时，试验确定直升机与上方架空地线的相地最小安全距离（也适用于双回线路上相导线等电位作业工况）。

2）工况 2：模拟直升机在进入带电导线的等电位过程中形成的"地线—直升机—导线"组合间隙工况，试验确定直升机作为悬浮电位在带电导线与地线之间需满足的最小组合间隙距离（也适用于双回线路）。

（2）相间安全间隙试验典型工况。

1）工况 3：模拟最常见的工况之一，即直升机在边相导线外侧等电位作业，试验确定直升机等电位作业时与另外相导线之间的最小相间安全距离。

2）工况 4：模拟直升机在边相导线内侧等电位作业（也适用于三相导线水平排列时中相等电位作业工况），试验确定与直升机另外一侧导线之间的最小相间安全距离。

3）工况 5：模拟直升进入中相导线过程中形成的"边相导线—直升机—中相导线"工况，试验确定直升机带电作业最小相间组合间隙距离。

3. 最小相地安全距离和组合间隙试验研究

（1）带电作业最小相地安全距离试验。在平台法直升机带电作业中，直升机本体连同工作平台及带电作业人员作为直升机带电作业整体，带电作业安全距离的指代对象由带电作业人员替换为直升机整体。直升机整体与八分裂模拟导线等电位连接，试验模拟人穿戴整套屏蔽服乘坐在作业平台一端面向导线，调节改变模拟架空地线与直升机之间的最短间隙距离 S（架空地线距临近的直升机螺旋桨叶片），进行操作冲击放电试验，工况 1 试验如图 5-5 所示，根据试验结果得工况 1 操作冲击放电特性曲线如图 5-6 所示。

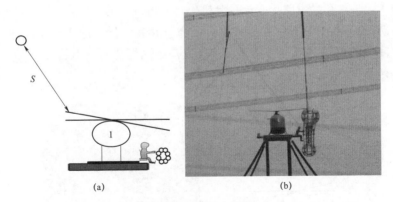

图 5-5　工况 1 试验

（a）试验布置示意图；（b）现场实景

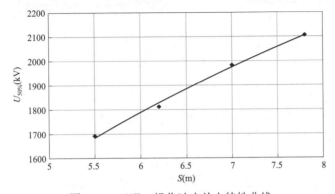

图 5-6　工况 1 操作冲击放电特性曲线

从严考虑，带电作业最大相地过电压取 1.72p.u.，保证作业危险率小于 1.0×10^{-5}，并根据海拔修正公式将标准气象海拔条件下的放电电压 $U_{50\%}$ 修正到海拔 1000m 及以下高度，计算相应海拔下的最小安全距离。带电作业最小相地安全距离见表 5-1。

表 5-1　　　　　　　　　　　带电作业最小相地安全距离

最大过电压（p.u.）	海拔（m）	放电电压 $U_{50\%}$（kV）	最小安全距离（m）
1.72	0（标准气象条件）	1860	6.6
	500	1894	6.7
	1000	1911	6.8

注　表中安全距离值未考虑直升机占位空间大小。

（2）带电作业最小相地组合间隙试验。在平台法直升机带电作业中，直升机整体（包括直升机本体、作业平台和作业人员）在最终等电位连接带电导线的过程中，将存在"带电导线—直升机整体—地线"的中间电位工况（即典型作业工况 2），直升机整体作为大型悬浮电位存在于导、地线之间，将对导、地线之间的放电电压产生影响。试验获取在不同组合间隙下的 $U_{50\%}$。工况 2 试验如图 5-7 所示。

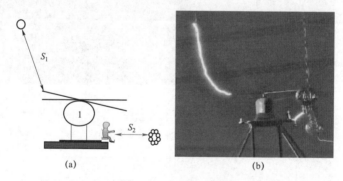

图 5-7　工况 2 试验
（a）试验布置示意图；（b）现场实景

取总间隙 $S_c = 7.5\text{m}$ 不变，相应改变 S_1 和 S_2 的值，通过试验求取其 $U_{50\%}$。相地组合间隙最低放电位置试验结果列于表 5-2 中，图 5-8 所示为直升机整体在不同位置时的放电特性曲线。

由试验结果可知，最低放电位置在直升机整体距导线（高电位）为 2.2m 处，取 $S_2 = 2.2\text{m}$ 不变，改变 S_1、S_c 的值进行操作冲击放电试验，获取相地组合间隙试验放电特性曲线，如图 5-9 所示。

表 5-2　　　　　　　　　　　相地组合间隙最低放电位置试验结果

S_c（m）	S_2（m）	S_1（m）	$U_{50\%}$（kV）	Z（%）
7.5	0	7.5	2077	4.9
	0.5	7.0	2068	5.0
	1.0	6.5	2068	5.1
	1.6	5.9	1999	3.7
	2.2	5.3	1949	3.0
	2.8	4.7	2064	5.1
	3.2	4.3	2066	4.9

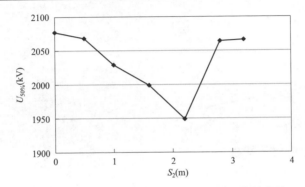

图 5-8　直升机整体在不同位置时的放电特性曲线

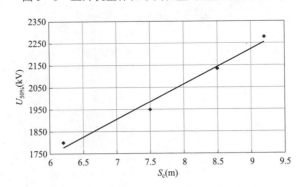

图 5-9　相地组合间隙试验放电特性曲线

保证作业危险率小于 1.0×10^{-5}，并根据海拔修正公式将标准气象海拔条件下的放电电压 $U_{50\%}$ 修正到海拔 1000m 及以下高度，计算得到带电作业最小相地组合间隙，见表 5-3。

表5-3 最小相地组合间隙距离

最大过电压（p.u.）	海拔（m）	放电电压 $U_{50\%}$（kV）	最小相地组合间隙（m）
1.72	0（标准气象条件）	1864	7.0
	500	1880	7.1
	1000	1912	7.3

注 表中安全距离值未考虑直升机占位空间大小。

4. 最小相间安全距离和组合间隙试验研究

（1）带电作业最小相间安全距离试验。工况3和工况4试验分别如图5-10和图 5-11 所示，根据试验结果得到该两个工况安全距离放电特性曲线，如图 5-12 所示。

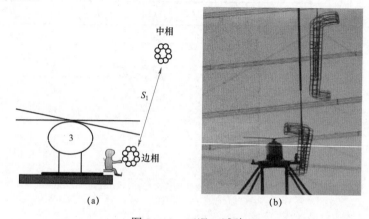

图5-10 工况3试验

（a）试验布置示意图；（b）现场实景

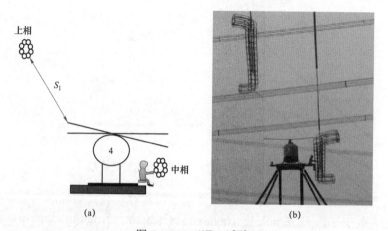

图5-11 工况4试验

（a）试验布置示意图；（b）现场实景

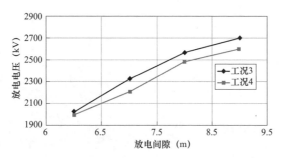

图 5-12 工况 3、4 相间最小安全距离的试验放电特性曲线

由两种工况下的放电特性曲线图可知，相同间隙距离下工况 4 的放电电压值小于工况 3。根据试验结果比较发现，工况 4 比工况 3 的操作冲击放电电压值小 1.5%～5.5%。由此可见，直升机在边相内侧进行等电位作业时更危险。从严考虑，在确定相间最小安全距离时，以作业工况 4 的试验数据为参考依据。

从严考虑，带电作业最大相间过电压取 2.2p.u.，保证危险率小于 1.0×10^{-5}，并根据海拔修正公式将标准气象海拔条件下的放电电压 $U_{50\%}$ 修正到海拔 1000m 及以下高度，计算相应海拔下的最小相间安全距离，见表 5-4。

表 5-4 　　　　　　　　最 小 相 间 安 全 距 离

最大过电压（p.u.）	海拔（m）	放电电压 $U_{50\%}$（kV）	最小相间安全距离（m）
2.2	0（标准气象条件）	2374	8.2
	500	2474	8.7
	1000	2569	9.2

注　表中安全距离值未考虑直升机占位空间大小。

（2）带电作业最小相间组合间隙试验。与相地最小组合间隙试验类似，首先试验确定最低放电位置点，试验中总间隙距离 8.5m 不变。通过试验结果发现，直升机整体在距离边相导线 2.7m 处时放电电压最低。然后固定直升机整体距边相导线 2.7m 不变，改变斜上方中相导线与直升机之间的距离。工况 5 试验如图 5-13 所示，获取试验结果并绘制相间组合间隙试验放电特性曲线如图 5-14 所示。

保证危险率小于 1.0×10^{-5}，并根据海拔修正公式将标准气象海拔条件下的放电电压 $U_{50\%}$ 修正到海拔 1000m 及以下高度，计算相应海拔下的最小相间组合间隙，见表 5-5。

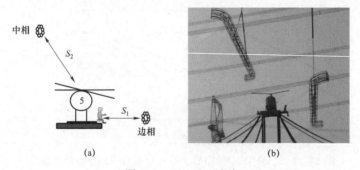

图 5-13　工况 5 试验

（a）试验布置示意图；（b）现场实景

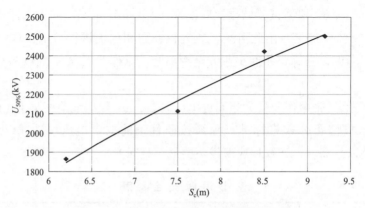

图 5-14　相间组合间隙试验放电特性曲线

表 5-5　　　　　　　　　最 小 相 间 组 合 间 隙

最大过电压（p.u.）	海拔（m）	放电电压 $U_{50\%}$（kV）	最小组合间隙（m）
2.2	0（标准气象条件）	2378	8.5
	500	2474	9.0
	1000	2565	9.5

注　表中组合间隙值未考虑直升机占位空间大小。

二、直升机等电位及电位转移试验研究

结合实际现场需求并进一步明确平台法直升机带电作业的安全性，对 MD 500E 直升机开展交流 1000kV 电压等级等电位及电位转移电流实测及分析。

1. 试验条件

（1）试验整体布置。在进行等电位试验中，模拟导线通过高压引线连接 1000kV 试验变压器输出端，调整模拟导线使其与直升机整体可靠连接。试验接线如图 5-15 所示。

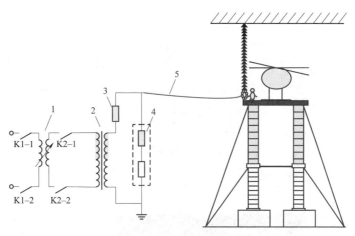

图 5-15　试验接线示意图

1—柱式调压器；2—试验变压器；3—保护电阻；4—分压器；5—高压引线

为保证直升机螺旋桨运转工作状态下试验平台的稳定性，真型直升机稳定落位于试验平台中间，通过拉力收紧带将直升机起落架固定于落位平台四周。直升机等电位试验现场实景如图 5-16 所示。

（2）电场测量装置。电场测量装置主要由 MEMS（微机电系统）传感器探头、激励信号模块、信号采集无线发射模块、电源模块以及上位机构成。其中，MEMS 传感器探头主要包括 MEMS 电场敏感芯片和 I/U 转换电路。地面电脑终端接收到无线发射模块发射出的传感

图 5-16　直升机等电位试验现场实景

器探头数据和参考信号数据后采用解调算法进行处理，计算出被测电场大小。该套测量仪器已在平行板电场中校正。电场测量系统如图 5-17 所示，电场测量装置如图 5-18 所示。

（3）电位转移电流测试原理及装置。电位转移电流测试原理如图 5-19 所示，电流传感器采用同轴管式分流器，阻值为 4.69mΩ，电流传感器前端连接电位转移棒，分流器输出到光纤数据采集系统采集电流波形，经光纤和下位机将信号输送至电脑上，光纤数据采集系统测量频带为 15MHz，最高 50MS/s（百万次每秒）同步采集，测量系统精度为±0.2%。

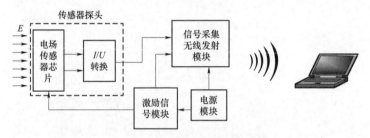

图 5-17　电场测量系统示意图

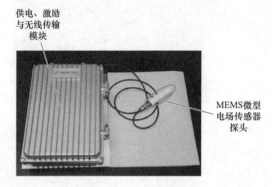

图 5-18　电场测量装置

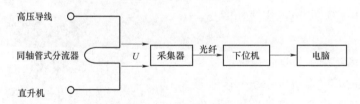

图 5-19　电位转移电流测试原理图

现场测试前，参照《1000kV 交流输电线路带电作业技术导则》（DL/T 392—2015）对光纤进行电气性能试验，试验过程中未发现有闪络、击穿及发热。全套测量设备如图 5-20 所示。

图 5-20　全套测量设备

MD 500E 直升机固定于试验平台上，模拟人手部持有专用电位转移棒，电位转移棒后端用铜带连接工作平台并与直升机本体相通，前端测量设备安置于模拟人身后的工作平台上，后端光纤数据线牵引至地面终端。直升机电位转移试验现场实景如图 5－21 所示。

为模拟直升机等电位转移的过程，模拟人乘坐的工作平台部位安装有滑轮装置。模拟人手部固定在滑轮装置前端，后端连有绝缘绳，地面试验配合人

图 5－21　直升机电位转移试验现场实景

员通过牵引绝缘绳控制模拟人手部专用电位转移棒的移动。

2. 等电位试验及分析

（1）试验方法与步骤。

1）直升机等电位安全评估。直升机等电位试验按照直升机通电和悬停飞行两种状态下进行。考虑实际现场工作条件，此时试验电源输出 1000kV 电压等级的最高运行相电压为 $1.1 \times 1000 \div \sqrt{3} = 635\text{kV}$。试验按照以下两步进行：

a. 直升机通电状态下，直升机内部各仪器、仪表均在开启工作状态，直升机螺旋桨静止，考核时间为 1h。完毕之后，将直升机吊装至地面，飞行员及机械师对直升机进行全面检查并进行性能评估，确定直升机本体性能正常后方可进行下一步。

b. 飞行员操控试验平台上的直升机，使直升机处于直升机悬停飞行状态下，直升机内部各仪器、仪表均处于工作状态。等电位试验过程中，飞行员观测并评估内部各仪器、仪表运行参数，考核时间为 30min。完毕之后，同样将直升机吊装至地面，对直升机进行全面检查并进行性能评估。

2）直升机等电位时电场测量试验。结合等电位考核试验的整个过程，同时开展带电作业电场实测工作。同样分别在直升机通电和悬停飞行两种状态下进行。实测位置点分别选取直升机内部飞行员体表周围、仪器仪表附近及工作平台上作业人员体表。为了对比分析，还进行了 750kV 及 500kV 电压等级的电场实测工作。试验步骤如下：

a. 试验布置好，模拟导线与直升机整体可靠连接形成等电位。高压牵引线一端由工频试验变压器引出，连接至模拟试验导线。

b. 工频试验变压器调节电压输出 1000kV 电压等级的最高运行相电压值

635kV。

    c. 在直升机处于不同大小电压下，试验人员身穿全套特高压屏蔽防护服并手持电场测量仪，测取直升机本体内部场强大小。

    d. 同步骤c，测量机舱外工作平台端模拟人的体表场强大小。

    （2）试验结果与分析。

    1）直升机等电位安全评估。在搭建的试验平台上，MD 500E 直升机经过通电和悬停飞行两种状态在 1000kV 等电位试验测试后，将直升机吊装至地面，飞行员及机械师对直升机进行安全性能检查及飞行测试，确认直升机的各工作仪器、仪表工作正常，飞机能够正常飞行并满足现场安全飞行要求。直升机飞行测试及检查如图 5-22 所示。

(a)

(b)

(c)

图 5-22 直升机飞行测试及检查（一）

（a）检查仪表及机械状态；（b）旋翼启动状态；（c）准备提升状态

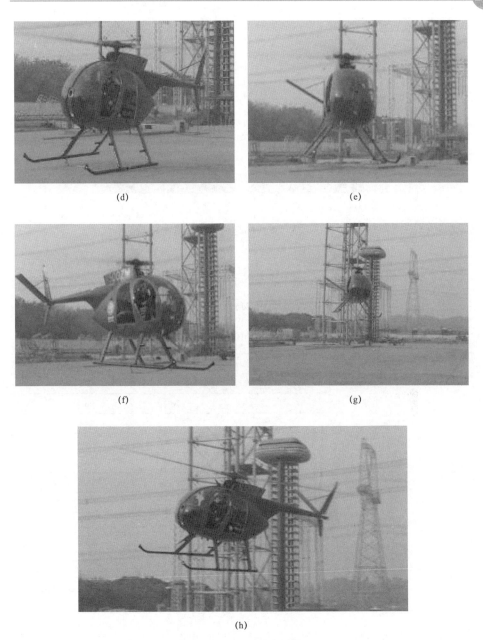

图 5-22 直升机飞行测试及检查（二）

（d）提升状态 1；（e）提升状态 2；（f）飞行状态 1；

（g）飞行状态 2；（h）转向飞行状态

2）直升机等电位时电场实测分析。直升机等电位时电场实测如图 5-23
所示。

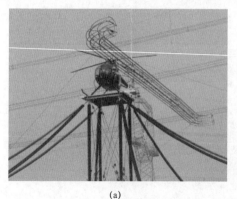

(a)　　　　　　　　　　　　　　　　　(b)

图 5-23　直升机等电位时电场实测
（a）通电静止状态；（b）悬停飞行状态

　　a. 在直升机通电静止状态下，1000kV 等电位的工况时，测得直升机机舱内及舱外工作平台端等电位人员的电场强度数据见表 5-6。

表 5-6　　　　直升机通电静止状态下、1000kV 等电位时电场强度　　　　（kV/m）

人员	体表部位	实测场强值
	胸部	52.6
	膝盖	106.4
驾驶员	手部	77.9
	头顶	95.4
	面部	76.5
	胸部	54.6
	膝盖	107.7
副驾驶员	手部	74.3
	头顶	110.8
	面部	92.0
工作平台端（等电位模拟人）	头顶	308.6
	背部	150.4

　　由电场测量数据可见，飞机机舱内场强值并不大，驾驶员体表周围的场强范围为 52.6～106.4kV/m，副驾驶员体表场强范围为 54.6～110.8kV/m，两个位置的整体场强分布特性相近，其中膝盖和头顶的场强比其他部位大。在工作平台端的等电位模拟人的头顶场强为 308.6kV/m，超过了人体电场感知水平（240kV/m）。从整体测量结果来看，机舱内电场强度并不大，说明直升机外壳及机翼对机舱内部起到了电场屏蔽作用。

b. 在直升机悬停飞行状态下，1000kV 等电位的工况时，测得直升机机舱内及舱外工作平台端等电位人员的电场强度数据见表 5－7。

表 5－7　　　直升机悬停飞行状态下、**1000kV 等电位时电场强度**　　　（kV/m）

人员	体表部位	实测场强值
驾驶员	胸部	43.7
	膝盖	101.3
	手部	73.7
	头顶	89.2
	面部	78.5
工作平台端（等电位模拟人）	头顶	290.1
	背部	144.8

由表 5－7 可知，机舱内靠近导线侧人员不同身体部位，膝盖部位场强最大，为 101.3kV/m。从整体测量结果来看，机舱内场强分布并不大，说明直升机外壳及机翼对机舱内部电场起到了电场屏蔽作用。等电位模拟人头顶场强为290.1kV/m，相对于直升机通电状态下略微减小。

3. 电位转移试验及分析

（1）进入等电位过程中临界拉弧距离试验。在直升机通电静止状态下，首先调整模拟人手端专用电位转移棒与模拟导线最近距离为 1.3m，然后调节试验电源输出最大运行相电压 635kV；在地面通过拉动绝缘控制绳使模拟人手持电位转移棒缓慢靠近带电导线，当电位转移棒与带电导线间开始拉弧时，立即停止电位转移棒的移动并将运行电压降至零，测量此时电位转移棒最前端与模拟导线之间的最短距离。在直升机悬停飞行状态下，试验步骤与直升机通电静止状态相同。临界拉弧距离试验如图 5－24 所示。

图 5－24　临界拉弧距离试验

　　通过试验可知，在直升机通电静止状态下，临界拉弧距离为 0.99m；在直升机悬停飞行状态下，临界拉弧距离为 0.95m。从测试结果可知，在直升机两种状态下的临界拉弧距离相差不大，平均为 0.97m。

　　（2）电位转移脉冲电流测量及分析。在直升机悬停飞行状态下进行电位转移脉冲电流测量试验，地面人员通过绝缘控制绳使模拟人手持的电位转移棒匀速靠近带电导线直至可靠接触导线。等电位转移试验过程如图 5-25 所示。

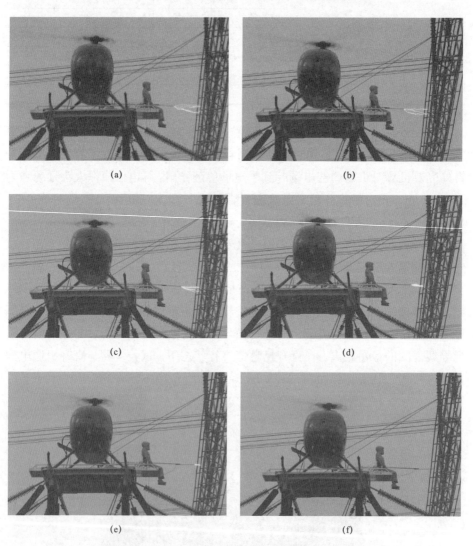

图 5-25　等电位转移过程（直升机悬停飞行状态）

（a）距导线约 0.8m；（b）距导线约 0.6m；（c）距导线约 0.4m；（d）距导线约 0.2m；

（e）距导线约 0.1m；（f）与导线接触

模拟人手持电位转移棒开始移动，从起弧开始直至与导线接触时电弧熄灭，地面计算机终端在整个过程中采集完成一次脉冲电流数据。如此进行了6次，试验中记录每次转移电流波形，记录时长为400ms。选取其中第2次典型的电位转移电流波形如图5-26所示。

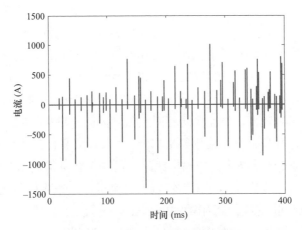

图5-26　典型电位转移电流波形

在6次电位转移电流波形数据中，第2次的正负极性脉冲电流峰值最大，分别为1011.49A和-1486.36A，最大幅值脉冲波形如图5-27所示。

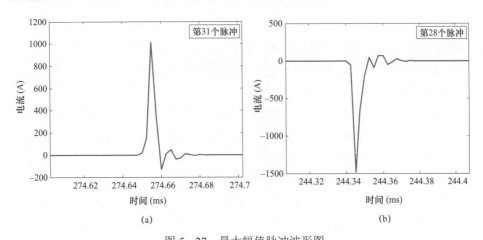

图5-27　最大幅值脉冲波形图

（a）最大幅值正极性脉冲波形；（b）最大幅值负极性脉冲波形

为了衡量等电位转移过程中的能量转移情况，对等电位转移电流波形的比能量进行分析，第2次电位转移电流在400ms内所产生的比能量为70.73A^{2}s，6次电位转移电流在400ms内所产生的比能量平均为64.13A^{2}s。根据特高压带电作业屏蔽服通流容量试验结果，屏蔽服通入有效值为 14.5A 工频电流时，在 400ms 内所产生的比能量为 84.1A²s，大于脉冲电流所产生的比能量。

第三节　悬吊法直升机带电作业

悬吊法直升机带电作业过程中，直升机不进入等电位。相比于平台法直升机带电作业，悬吊法直升机带电作业对作业机型要求较低，选择余地更多；而且飞行作业过程中，直升机运送完人员和工器具后即飞离作业地点，检修工作结束后再将人员和工器具接送至地面，直升机空中悬停时间较短，对飞行员操控技术的要求相对较低，作业风险相对较低。因此，在实际应用中，悬吊法相对于平台法直升机带电作业应用得更广泛。本节针对悬吊法直升机带电作业方式，研究了 1000kV 特高压交流输电线路悬吊法直升机带电作业安全距离、组合间隙，结合研究成果和实际工作特点，研究了带电作业规范化作业流程。

一、带电作业安全距离和组合间隙试验研究

按照直升机吊挂对象的不同，悬吊法直升机带电作业又可细分为吊篮法和吊索法。吊索法作业中，直升机通过绝缘绳索直接将作业人员运送至输电线路作业点进行作业，该方式中等电位作业主体仅为单个作业人员，与传统作业方式相同，带电作业最小安全距离和组合间隙值可参考传统作业方式的相关技术要求。吊篮法作业中，吊篮及吊篮中的作业人员作为等电位作业主体被直升机调运至作业点，从带电作业间隙放电的角度看，其与传统作业方式不一样，需要针对性地开展试验研究。

1. 典型带电作业工况分析

在 1000kV 特高压交流输电线路上开展直升机悬吊法带电作业时，需考虑的三相导线布置型式包括：① 单回线路三角形布置、水平布置；② 同塔双回线路垂直布置。结合悬吊法直升机带电作业实际操作特点，分析直升机通过绝缘绳索吊挂吊篮进入等电位的路径如图 5-28 所示。

针对特高压交流单回输电线路，直升机吊挂吊篮进入等电位的路径有三种，其中路径 1、2 是根据地线对导线正、负保护角而确定的，即吊篮从外侧或内侧进入边相导线。针对特高压交流同塔双回输电线路，直升机吊挂吊篮进入导线等电位仅考虑上相导线。

（1）带电作业相间试验工况。综合上述特高压交流单、双回线路不同的导线布置方式下直升机吊挂吊篮的进入等电位路径，从构成带电作业相间间隙电极结构的角度考虑，确定带电作业相间试验工况如图 5-29 所示。

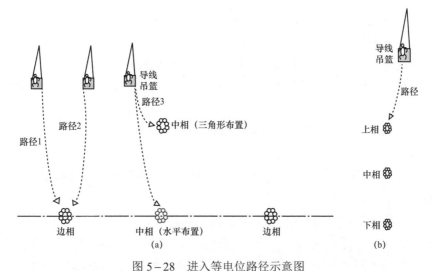

图 5-28　进入等电位路径示意图

（a）单回线路导线三角布置或水平布置；（b）同塔双回线路导线垂直布置

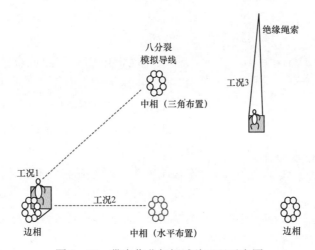

图 5-29　带电作业相间试验工况示意图

从相间间隙放电试验的角度考虑，悬吊法直升机带电作业典型工况存在三种相间作业工况，分别说明如下。

工况 1：直升机吊挂导线吊篮落位于边相导线形成等电位，此时形成相间电极结构"导线吊篮—中相导线（三角布置）"，可能出现的放电路径为"等电位吊篮—中相导线"。该工况下，可通过试验确定吊篮整体边相等电位作业时与旁侧中相带电导线的最小相间安全距离。

工况 2：直升机吊挂导线吊篮落位于边相导线形成等电位，此时形成相间电极结构"导线吊篮—中相导线（水平布置）"，可能出现的放电路径为"等电位吊篮—中相导线"。该工况下试验可确定吊篮整体边相等电位作业时与旁侧中相带电导线的最小相间安全距离。

对比分析工况 1 和工况 2，其带电作业间隙电极结构型式相同，基于中国电力科学研究院以往间隙放电试验基础和经验，工况 1 所形成的带电作业间隙结构"等电位作业人员头顶—上方导线"比工况 2 的放电电压更低。因此，从严考虑，在研究吊篮法直升机带电作业最小相间安全距离时，采用工况 1 的试验布置。

工况 3：直升机吊挂导线吊篮进入边相导线形成等电位的过程中，形成了"边相导线—吊篮整体—中相导线"的工况。该工况下，可通过试验确定吊篮整体进入边相等电位过程中的最小相间组合间隙。

（2）带电作业相地试验工况。直升机吊挂导线吊篮（连同作业人员）进入特高压交流单回线路中相导线或同塔双回线路上相导线等电位时，以及直升机

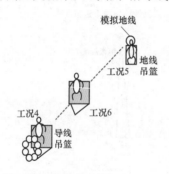

图 5-30　相地试验工况示意图

悬挂地线吊篮（连同作业人员）进入特高压地线进行地电位作业时，相地试验工况如图 5-30 所示。

从相地带电作业间隙放电试验的角度考虑，直升机悬吊法带电作业典型工况存在三种作业工况，分别说明如下。

工况 4：直升机吊挂导线吊篮进入中相（或双回上相）导线形成等电位时，此时形成相地电极结构为"导线吊篮—斜上方地线"，可能出现的放电路径为"等电位吊篮—地线"。该工况下，可通过试验确定吊篮整体中相（上相）等电位作业时与斜上方地线的最小相地安全距离。

工况 5：直升机吊挂地线吊篮进入地线作业位置时，形成的地电极结构为"中相/上相导线—地线吊篮"，可能出现的放电路径为"带电导线—地线吊篮"。该工况下，可通过试验确定地线吊篮与带电导线的最小相地安全距离。

工况 6：直升机吊挂导线吊篮靠近单回中相（或双回上相）导线进入等电位过程中，导线吊篮作为中间悬浮电位，可能出现的放电路径为"带电导线—导线吊篮—架空地线"。该工况下，可通过试验确定导线吊篮整体进入等电位过程中的最小相地组合间隙。

2. 最小相间安全距离和组合间隙试验

（1）最小相间安全距离试验。导线吊篮落位于工作相试验模拟导线，模拟

人穿戴全套屏蔽服站立于导线吊篮中靠近中相模拟导线的一侧，等电位导线吊篮与邻相导线安全距离试验如图 5−31 所示。

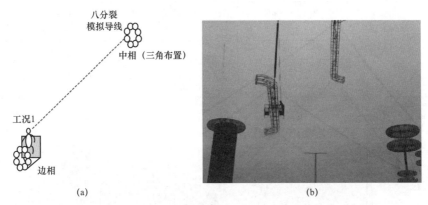

图 5−31　等电位导线吊篮与邻相导线安全距离试验

（a）试验布置示意图；（b）现场实景

调节吊篮内模拟人头顶与中相模拟导线的间隙距离，试验得出操作冲击 50% 放电电压 $U_{50\%}$，相应的放电特性曲线如图 5−32 所示。

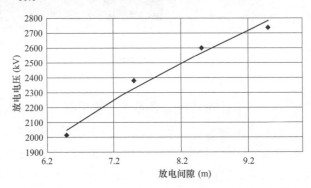

图 5−32　等电位吊篮与邻相导线安全距离试验放电特性曲线

从严考虑，带电作业最大相间过电压取 2.2p.u.，保证危险率小于 1.0×10^{-5}，计算该工况的带电作业最小相间安全距离，并根据海拔修正公式将标准气象海拔条件下的放电电压 $U_{50\%}$ 修正到海拔 2000m 及以下高度，计算相应海拔下的最小安全距离，见表 5−8。

（2）最小相间组合间隙试验。在直升机悬吊法带电作业中，吊篮作为整体在进入等电位的过程中，将存在"边相导线—吊篮作业整体—中相导线"的中间电位工况（即典型作业工况 3），作业整体作为悬浮电位存在于两相导线之间。带电作业相间组合间隙试验如图 5−33 所示。

表 5-8　　　　　　　　　　吊篮法最小相间安全距离

最大过电压（p.u.）	海拔（m）	放电电压 $U_{50\%}$（kV）	最小相间安全距离（m）
2.2	0（标准气象条件）	2379	7.7
	500	2477	8.1
	1000	2569	8.5
	1500	2658	8.9
	2000	2763	9.4

注　表中安全距离未考虑导线吊篮占位空间大小。

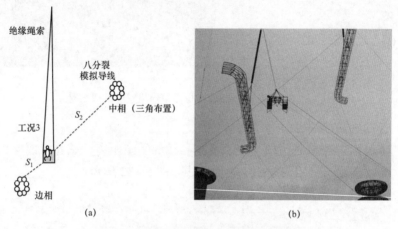

图 5-33　带电作业相间组合间隙试验

（a）试验布置示意图；（b）现场实景图

取总间隙 $S_c = S_1 + S_2 = 8.5\text{m}$ 不变，调整边相模拟导线与吊篮作业整体之间的最短距离 S_1 和中相模拟导线与吊篮作业整体之间的最短距离 S_2，分别改变 S_1/S_2 为 0m/8.5m，0.5m/8.0m，1.0m/7.5m，1.5m/7.0m，2.0m/6.5m、2.5m/6.0m、3.0m/5.5m，对其中临近导线施加正的操作冲击电压，另外一侧导线施加负极性操作冲击电压。通过试验求取其操作冲击 50%放电电压，获得导线吊篮在相间不同位置时的放电特性曲线，如图 5-34 所示。

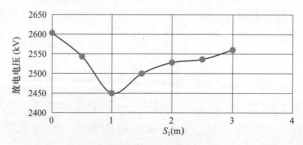

图 5-34　导线吊篮在相间不同位置时的放电特性曲线

由试验结果可知，吊篮作业整体在两导线之间行进过程中，当相间线路有操作冲击波产生时，存在一个最低放电位置的"临界点"。试验数据表明，此临界位置在吊篮作业整体距边相导线约为 1.0m 处。

固定导线吊篮与边相模拟导线之间的间隙距离为 1.0m，调节中相模拟导线与吊篮作业整体的距离，试验得出组合间隙 S_c 的操作冲击 50%放电电压 $U_{50\%}$，相应的放电特性曲线如图 5-35 所示。

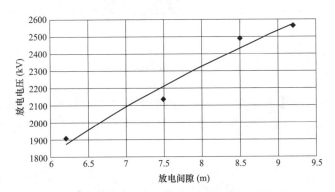

图 5-35 相间组合间隙试验放电特性曲线

保证危险率小于 1.0×10^{-5}，计算该工况下的带电作业最小相间组合间隙，并根据海拔修正公式将标准气象海拔条件下的放电电压 $U_{50\%}$ 修正到海拔 2000m 及以下高度，计算相应海拔下的最小相间组合间隙，见表 5-9。

表 5-9 最 小 相 间 组 合 间 隙

最大过电压（p.u.）	海拔（m）	放电电压 $U_{50\%}$（kV）	最小相间组合间隙（m）
	0（标准气象条件）	2368	8.3
	500	2473	8.7
2.2	1000	2552	9.2
	1500	2665	9.7
	2000	2754	10.3

注 表中组合间隙未考虑导线吊篮占位空间大小。

3. 最小相地安全距离和组合间隙试验

（1）最小相地安全距离试验。

1）最小相地安全距离试验（工况 4-导线吊篮）。导线吊篮落位于工作相试验模拟导线，模拟人穿戴全套屏蔽服站立于导线吊篮中靠近模拟地线的一侧，等电位导线吊篮与邻近地线安全距离试验如图 5-36 所示。

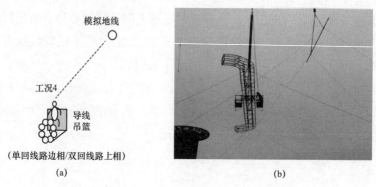

图 5-36 等电位导线吊篮与邻近地线安全距离试验

（a）试验布置示意图；（b）现场实景

调节吊篮内模拟人头顶与模拟地线的间隙距离，试验得出操作冲击 50% 放电电压 $U_{50\%}$，等电位导线吊篮与邻近地线安全距离试验放电特性曲线如图 5-37 所示。

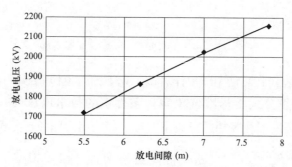

图 5-37 等电位导线吊篮与邻近地线安全距离试验放电特性曲线

保证危险率小于 1.0×10^{-5}，计算该工况的带电作业最小相地安全距离，并根据海拔修正公式将标准气象海拔条件下的放电电压 $U_{50\%}$ 修正到海拔 2000m 及以下高度，计算相应海拔下的最小安全距离，见表 5-10。

表 5-10 导线吊篮作业整体等电位作业对地线最小相地安全距离

最大过电压（p.u.）	海拔（m）	放电电压 $U_{50\%}$（kV）	最小相地安全距离（m）
1.72	0（标准气象条件）	1873	6.4
	500	1908	6.6
	1000	1960	6.9
	1500	2010	7.2
	2000	2060	7.5

注 表中安全距离未考虑导线吊篮占位空间大小。

2）最小相地安全距离试验（工况 5－地线吊篮）。地线吊篮落位于试验地，模拟人穿戴全套屏蔽服站立于地线吊篮中，地电位地线吊篮与邻近导线安全距离试验如图 5－38 所示。

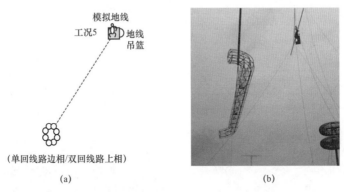

图 5－38　地电位地线吊篮与邻近导线安全距离试验

（a）试验布置示意图；（b）现场实景

调节地线吊篮与模拟导线的间隙距离，试验得出操作冲击 50%放电电压 $U_{50\%}$，相应的放电特性曲线如图 5－39 所示。

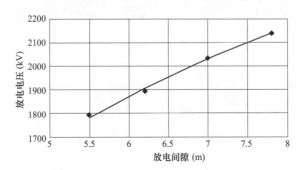

图 5－39　地电位地线吊篮与邻近导线安全距离试验放电特性曲线

从严考虑，带电作业最大相地过电压取 1.72p.u.，保证危险率小于 1.0×10^{-5}，计算该工况的带电作业最小相地安全距离，并根据海拔修正公式将标准气象海拔条件下的放电电压 $U_{50\%}$ 修正到海拔 2000m 及以下高度，计算相应海拔下的最小安全距离，见表 5－11。

（2）最小相地组合间隙试验。固定导线吊篮与模拟导线之间的间隙距离 S_1 为 1.0m（最低放电位置点），调节模拟地线与导线吊篮的距离 S_2，试验得出组合间隙 $S_c = S_1 + S_2$ 的操作冲击 50%放电电压 $U_{50\%}$，相地组合间隙试验如图 5－40 所示，相应的放电特性曲线如图 5－41 所示。

表 5−11　　　　　　地线吊篮作业整体对导线最小相地安全距离

最大过电压（p.u.）	海拔（m）	放电电压 $U_{50\%}$（kV）	最小相地安全距离（m）
1.72	0（标准气象条件）	1868	6.2
	500	1921	6.5
	1000	1957	6.7
	1500	2009	7.0
	2000	2060	7.3

注　表中安全距离未考虑导线吊篮占位空间大小。

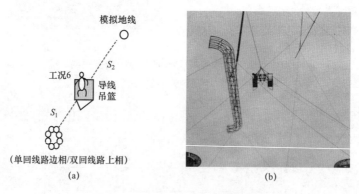

图 5−40　相地组合间隙试验

（a）试验布置示意图；（b）现场实景

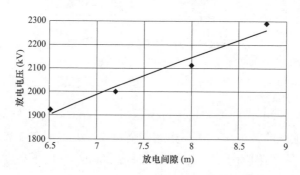

图 5−41　相地组合间隙试验放电特性曲线

保证危险率小于 1.0×10^{-5}，计算该工况的带电作业最小相地组合间隙，并根据海拔修正公式将标准气象海拔条件下的放电电压 $U_{50\%}$ 修正到海拔 2000m 及以下高度，计算相应海拔下的最小相地组合间隙，见表 5−12。

表 5 – 12　　导线吊篮作业整体对架空地线最小相地组合间隙距离

最大过电压（p.u.）	海拔（m）	放电电压 $U_{50\%}$（kV）	最小相地安全距离（m）
1.72	0（标准气象条件）	1877	6.6
	500	1911	6.8
	1000	1961	7.1
	1500	2010	7.4
	2000	2059	7.7

注　表中组合间隙未考虑导线吊篮占位空间大小。

二、悬吊法直升机带电作业流程

悬吊法直升机带电作业流程如图 5 – 42 所示。

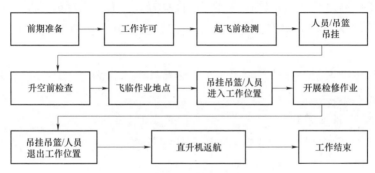

图 5 – 42　悬吊法直升机作业流程图

1. 前期准备

（1）查看起降场地（备降场地）、杆塔结构、缺陷部位、作业点周边环境，判断能否采用悬吊法进行带电作业。

（2）核算导、地线间距、排列形式、相间距离、相序、杆塔结构等，检查工器具、材料的规格是否满足要求，查验相关产品合格证和试验检测报告。

（3）根据导、地线间距、相间距离、杆塔结构等核查结果，检查直升机飞行路径能否满足安全距离要求。

（4）编制作业指导书等技术文件，确定作业人员，准备相应的材料、工器具。

（5）若开展地线检修作业，执飞机长应与上线作业人员明确地线检修作业中直升机的计划悬停时间。

2. 工作许可

（1）工作许可人下达工作许可命令后，工作负责人核对线路双重编号及线路色标等。开工前依照工作方案进行现场勘察，并查阅线路有关技术资料，明确带电作业条件。

（2）申请停用线路重合闸，同时明确若遇本线路跳闸，不经联系不得强送。

（3）工作负责人现场宣读工作票及危险点分析与控制单，对全体作业人员进行安全、技术交底，使所有作业人员清楚工作内容和任务分工，掌握作业项目操作程序、作业方法及技术要求，明确安全措施和安全注意事项，全体工作人员确知后签字确认，工作负责人下达开始工作的命令。

3. 起飞前检查

（1）将苫布铺在合适的位置，依次摆好工器具，检查工器具是否齐全并对其进行外观检查；作业人员对绳索、吊篮、屏蔽服、通信设备进行外观检查，对屏蔽服电阻进行测量，确认各部分连接良好、可靠；飞行员、机务人员进行直升机航前检查，拆卸直升机驾驶舱舱门，航务人员检查风速、风向、空气湿度。

（2）作业人员对作业工器具、电位转移杆等进行固定，确认通信设备处于正常工作状态。

4. 人员/吊篮吊挂

作业人员将吊挂系统分别与载人吊钩或吊篮进行连接，确认人员安全带连接绳、吊绳、吊篮、电位转移杆均连接可靠。

5. 升空前检查

（1）直升机吊挂作业吊篮/人员起飞离地面 0.5m 时，应悬停检查，工作负责人及作业人员进一步确认吊钩、绳索、吊篮等连接可靠。

（2）工作负责人观察直升机起吊吊篮/人员的飞行状态，如发生较为严重的旋转，应通知飞行人员进一步调整飞行姿态及飞行速度。

6. 飞临作业地点

直升机吊挂吊篮/人员飞抵作业位置上空，保持吊篮距离作业点地线 30m，飞行员及作业人员利用舱内定位系统核实作业线路及杆塔，同时进行航行障碍物识别，目视核实作业地点位置识别、确认。

7. 吊挂吊篮/人员进入工作位置

（1）进入导线作业位置。

1）飞行员需逆风控制直升机姿态，吊挂吊篮/人员缓慢下降至距离作业位置 15m 处。下降过程中，作业人员通过作业手势及通话设备与飞行人员进行沟通，调整飞行姿态及下降速度。飞行员应随时观察吊篮/人员所处的位置及其与周围带电体的距离。

2）吊篮/人员进入等电位，带电作业人员将电位转移杆搭至导线。

3）待吊篮/人员进入作业导线位置后，作业人员首先将自身安全带防护绳与导线连接牢固，解开安全带与吊绳的连接；确认吊篮/人员与导线连接可靠及与吊绳脱离后，指挥直升机飞离作业位置。

（2）进入地线作业位置。

1）飞行员需逆风控制直升机姿态，吊挂吊篮/人员缓慢下降至距离作业位置 15m 处。下降过程中，作业人员通过通话设备及作业手势与飞行员进行沟通，调整飞行姿态及下降速度。飞行员应随时观察吊篮/人员所处的位置及其与周围带电体的距离。

2）待吊篮/人员下降至与地线平行处，作业人员通知飞行员稳定悬停。

8. 开展检修作业

按照相应的作业指导书开展检修操作。

9. 吊挂吊篮/人员退出工作位置

（1）退出导线工作位置。

1）飞行员接到作业人员通知，驾驶直升机返回至作业位置上空，逆风控制直升机姿态，吊挂吊绳下降至距离作业位置 15m 处左右。作业人员通过作业手势及三方通话设备与飞行人员进行沟通，确定吊索端距作业地点的相对位置。

2）待作业人员能够接触吊绳后，通知飞行员控制直升机进行悬停；作业人员将吊篮与吊绳连接或将自身安全带防护绳与吊绳连接可靠后，解除防护绳与导线的连接；确认电位转移杆与导线接触良好、无误后，通知直升机缓慢上升高度。

3）直升机吊挂吊篮/人员脱离导线后，作业人员与飞行员保持通信联络，确认安全后通知飞行员继续上升高度。

4）飞行员驾驶直升机吊挂吊篮/人员继续上升高度，直至电位转移杆与导线间不再放电拉弧。

（2）退出地线工作位置。作业人员完成检修科目后，确认吊篮/人员已与地线完成脱离，通知飞行员缓慢提升高度，辅助吊篮/人员平稳脱出地线。

10. 直升机返航

（1）直升机吊挂作业吊篮/人员返回至起降场地上方缓慢下降。作业人员与飞行员通过作业手势及通信设备进行沟通，确认距离地面的高度。

（2）待作业吊篮/人员接近地面时，地面配合人员利用接地线对直升机进行放电。吊篮/人员在地面接触稳定后，作业人员解除安全带的连接，地面人员整理吊绳放入工具箱内，防止其受潮。

11. 工作结束

工作结束后，工作负责人向工作许可人交令，办理完工手续，撤离现场。

第六章

输电线路带电作业工具

超/特高压输电线路带电作业常用的作业工具主要包括绝缘工器具、金属工器具、安全防护用具和智能辅助工具等；绝缘工器具主要包括硬质绝缘工器具和软质绝缘工器具；金属工器具主要包括卡具、丝杆、液压工具等；安全防护用具包括屏蔽服及静电防护服等（该部分在前面章节中已有介绍，本章不再赘述）；智能辅助工具主要包括带电作业用便携式升降装置、输电线路用带电作业机器人和带电作业人员用体征监测服等。

第一节 绝 缘 工 器 具

从绝缘材料上划分，绝缘工器具可分为硬质绝缘工器具和软质绝缘工器具；硬质绝缘工器具是由玻璃纤维增强环氧树脂等绝缘复合材料为主材制成的工器具，按使用功能分类包括绝缘操作杆、绝缘拉杆（棒）、绝缘滑车等；软质绝缘工器具是以蚕丝、锦纶等天然或合成纤维为主材制成的工器具，按使用功能分类包括绝缘软梯、绝缘绳索、绝缘软拉棒等。

一、硬质绝缘工器具

（一）绝缘操作杆

常用的绝缘操作杆（简称"操作杆"）有组合式和伸缩式两种，如图6-1所示。

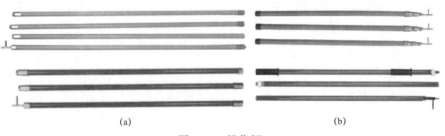

(a)   (b)

图6-1 操作杆

（a）组合式；（b）伸缩式

1. 结构的一般要求

操作杆的接头可采用固定式或拆卸式接头，但连接应紧密牢固。

用空心管制造的操作杆的内、外表面及端部必须进行防潮处理，可采用泡沫对空心管进行填充，以防止内表面受潮和脏污。

固定在操作杆上的接头宜采用高强度材料制成。对于金属接头，其长度不小于相应的规定值，端部和边缘应加工成圆弧形。

操作杆的总长度由最短有效绝缘长度、端部金属接头长度和手持部分长度的总和决定，其各部分长度应符合表 6-1 的规定。

表 6-1　　　　　　　　　　操作杆各部分长度要求

额定电压（kV）	最短有效绝缘长度（m）	端部金属接头长度（m）	手持部分长度（m）
750	5.30	≤0.10	≥1.00
1000	6.80	≤0.20	≥1.00
±660	5.30	≤0.10	≥1.00
±800	6.80	≤0.20	≥1.00

2. 电气性能要求

操作杆的电气性能应符合表 6-2 的规定。

表 6-2　　　　　　　　　　操作杆的电气性能

额定电压（kV）	试验电极间距离（m）	3min 工频耐受电压（kV）		15 次操作冲击耐受电压（kV）	
		出厂及型式试验	预防性试验	出厂及型式试验	预防性试验
750	4.70	860	780	1430	1300
1000	6.30	1270	1150	1865	1695
±660	4.80	820	745	1480	1345
±800	6.60	985	895	1685	1530

（二）绝缘支、拉（吊）杆

1. 结构的一般要求

支、拉（吊）杆上的金属配件与空心管、填充管、绝缘板的连接应牢固，使用时灵活方便。

支杆的总长度由最短有效绝缘长度、固定部分长度和活动部分长度的总和决定，拉（吊）杆的总长度由最短有效绝缘长度和固定部分长度的总和决定，其各部分长度应符合表 6-3 的规定。

表6-3 支、拉（吊）杆各部分长度要求

额定电压（kV）	最短有效绝缘长度（m）	固定部分长度（m）		支杆活动部分长度（m）
		支杆	拉（吊）杆	
750	5.30	0.80	0.20	0.60
1000	6.80	0.80	0.20	0.60
±660	5.30	0.80	0.20	0.60
±800	6.80	0.80	0.20	0.60

2. 电气性能要求

支、拉（吊）杆的电气性能应符合表6-4的规定。

表6-4 支、拉（吊）杆的电气性能

额定电压（kV）	试验电极间距离（m）	3min工频耐受电压（kV）		15次操作冲击耐受电压（kV）	
		出厂及型式试验	预防性试验	出厂及型式试验	预防性试验
750	4.70	860	780	1430	1300
1000	6.30	1270	1150	1865	1695
±660	4.80	820	745	1480	1345
±800	6.60	985	895	1685	1530

3. 机械性能要求

支、拉（吊）杆的机械性能应分别符合表6-5和表6-6的规定。

表6-5 支杆机械性能

支杆分类级别	允许荷载（kN）	破坏荷载（kN）
5kN级	5.00	≥15.00
10kN级	10.0	≥30.0

表6-6 拉（吊）杆机械性能

拉（吊）杆分类级别	允许荷载（kN）	破坏荷载（kN）
50kN级	50.0	≥150.0
80kN级	80.0	≥240.0
120kN级	120.0	≥360.0
150kN级	150.0	≥450.0
300kN级	300.0	≥900.0

1000kV 绝缘拉棒如图 6-2 所示。

图 6-2　1000kV 绝缘拉棒

（三）绝缘滑车

1. 型号规格

绝缘滑车共分为 15 种型号，其型号规格见表 6-7。

表 6-7　　　　　　　　　　绝 缘 滑 车 型 号 规 格

型号	名称	额定负荷（kN）	轮个数	型号	名称	额定负荷（kN）	轮个数
JH5-1B	单轮闭口型绝缘滑车	5	1	JH10-2C	双轮长钩型绝缘滑车	10	2
JH5-1K	单轮开口型绝缘滑车	5	1	JH10-3D	三轮短钩型绝缘滑车	10	3
JH5-2D	双轮短钩型绝缘滑车	5	2	JH10-3C	三轮长钩型绝缘滑车	10	3
JH5-2X	双轮导线钩型绝缘滑车	5	2	JH15-4D	四轮短钩型绝缘滑车	15	4
JH5-2J	双轮绝缘钩型绝缘滑车	5	2	JH15-4C	四轮长钩型绝缘滑车	15	4
JH5-3D	三轮短钩型绝缘滑车	5	3	JH20-4D	四轮短钩型绝缘滑车	20	4
JH5-3X	三轮导线钩型绝缘滑车	5	3	JH20-4C	四轮长钩型绝缘滑车	20	4
JH10-2D	双轮短钩型绝缘滑车	10	2				

注 1. 额定负荷指吊钩负荷。

2. 单轮滑车作为导向轮时，单根绳索牵引力为额定负荷的 1/2。

3. 型号编制采用汉语拼音第一个字母加阿拉伯数字表示的方法，"JH" 表示绝缘滑车，其后的数字表示额定负荷。

4. 短横线后的数字表示滑轮个数。

5. 最后一个字母表示结构特点（B—侧板闭口型，K—侧板开口型，D—短钩型，C—长钩型，J—绝缘钩型，X—导线钩型）。

2. 整体要求

（1）零件及组合件按图纸检查合格后才能使用装配。

（2）装配后，滑轮在中轴上应转动灵活，无卡阻和碰擦轮缘现象。

（3）吊钩、吊环在吊梁上应转动灵活。

（4）各开口销不得向外弯，并切除多余部分。

（5）侧向螺栓高出螺母部分不大于 2mm。

（6）侧板开口在开合 90°范围内无卡阻现象。

（7）电气性能：各种型号绝缘滑车均应按表 6-8 规定的耐受电压进行交流工频耐压试验 1min，应无过热、不击穿。

表 6-8　　　　　　　　　　绝缘滑车工频耐压标准

滑车型号	耐受电压（kV）	加压时间（min）	滑车型号	耐受电压（kV）	加压时间（min）
JH5-1B	30	1	JH10-2C	30	1
JH5-1K	30	1	JH10-3D	30	1
JH5-2D	30	1	JH10-3C	30	1
JH5-2X	30	1	JH15-4D	30	1
JH5-2J	44	1	JH15-4C	30	1
JH5-3D	30	1	JH20-4D	30	1
JH5-3X	30	1	JH20-4C	30	1
JH10-2D	30	1			

（8）机械性能：按 1.6 倍额定负荷、持续 5min，应无永久变形或裂纹；滑车的破坏拉力不得小于 3.0 倍额定负荷。

3. 吊钩、吊环要求

（1）必须用锻造件，机加工前正火处理。

（2）不得有裂纹、重皮、过烧、过热、毛刺等缺陷，更不允许将缺陷补焊回用。

（3）钩柄轴线只允许向钩腔中心内侧偏移，偏移量小于钩腔直径的 3%。

（4）调质后，表面硬度不高于 HB266。

（5）螺纹精度不低于 6g。

（6）表面应进行镀铬、镀锌等防腐蚀处理。

绝缘吊钩如图 6-3 所示。

图 6-3　绝缘吊钩

4. 中轴、吊轴、联结轴要求

（1）不得有裂纹及影响质量的缺陷。

（2）调质后，表面硬度为 HB217～255。

（3）轴表面粗糙度不低于 Ra3.2μm，直径公差 g6；吊轴、联结轴表面不低于 Ra12.5μm，直径公差 h11。

（4）螺纹精度不低于 6g。

（5）表面均应镀锌。

5. 吊梁、尾绳环要求

（1）采用的铸钢件不得有砂眼、裂纹、气孔、缩孔、疏松等缺陷。

（2）吊梁孔的位置公差不大于ϕ0.1。

（3）吊梁孔对吊钩螺母接触面的垂直度公差不低于 9 级。

（4）吊梁孔对吊钩螺母接触面的平行度公差不低于 10 级。

（5）表面应进行镀锌、镀铬等防腐蚀处理。

6. 护板、隔板、拉板、加强板要求

（1）各孔的位置公差不大于ϕ0.1。

（2）表面应涂刷 1～2 次环氧绝缘清漆，端面涂刷不少于 2 次，需待干燥后方可涂刷下一次。

7. 滑轮要求

（1）滑轮孔表面粗糙度不低于 Ra6.3μm，公差为 N7。

（2）孔的径向全跳动公差不低于 10 级。

（3）表面应涂刷 1～2 次环氧绝缘清漆，端面涂刷不少于 2 次，需待干燥后方可涂刷下一次。

8. 绝缘钩要求

（1）钩柄轴线只允许向钩腔中心内侧偏移，偏移量小于钩腔直径的 3%。

（2）表面应进行镀铬、镀锌等防腐蚀处理。

二、软质绝缘工器具

（一）绝缘软梯

1. 结构及材质要求

带电作业用绝缘软梯由绳索、横档、绳索套扣等组成，如图 6-4 所示。作业中，绝缘软梯与软梯头组合使用，其基本结构如图 6-5 所示。绝缘软梯的绳索部分包括编织结构、捻合结构，其性能应符合《带电作业用绝缘绳索》（GB/T 13035—2008）的规定；用于制作绝缘软梯的横档的性能应符合《带电作业用空心绝缘管、泡沫填充绝缘管和实心绝缘棒》（GB 13398—2008）的规定。

图 6-4　绝缘软梯

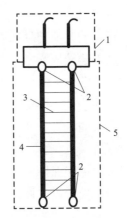

图 6-5　绝缘软梯和软梯头组合结构示意图

1—软梯头；2—绳索套扣；3—横档；

4—绳索；5—绝缘软梯

2. 编织结构要求

（1）绳索的编织及内、外纬线的节距应均匀，不应有分股、凸起等缺陷。各股线连接接头应牢固，且应嵌入编织层内。

（2）绳索的连接点应平整、牢固。

3. 捻合结构要求

（1）绳索各股线应紧密绞合，不应有松散、分股的现象。绳索各股中丝线不应有叠痕、凸起等缺陷，不应有错乱、交叉的丝、线、股。接头应为单根丝线连接，不应有股接头。单丝接头应封闭在绳股内部，不应外露。

（2）绳索的连接点应平整、牢固。

4. 横档要求

（1）横档应紧密牢固地固定在两边的绳索上。作业人员攀爬及站立等过程中，横档不应有横向滑移、翻转现象。

（2）横档间距不应大于 40cm；横档站立面宽度的设定应便于作业人员攀爬及站立。

（3）横档表面应防滑、防割、防磨。用作横蹬的环氧酚醛层压玻璃布管，外径为 22mm，壁厚为 3mm，长度为 300mm；两端管口应呈 R1.5 的圆弧状，且应平整、光滑、涂有绝缘漆。

5. 绳索套扣要求

绝缘软梯两边绳索的两端均应设置绳索套扣，绳索套扣应便于软梯头的安装和绝缘软梯的固定。

6. 软梯头要求

（1）软梯头的主要部件应表面光滑，无尖边、毛刺、缺口、裂纹等缺陷。

（2）各部件连接应紧密、牢固，整体性好。

（3）软梯头滚轮应制成可拆装调换的型式。滚轮的材质、轮槽的宽度和形状应适合导、地线的不同使用要求，且应使滚轮与轴保持润湿、可靠。

（4）软梯头的所有部件表面均应做防腐蚀处理。

7. 整体要求

（1）绝缘软梯应保持干燥、洁净，无破损缺陷。

（2）绝缘软梯的电气性能应符合表 6-9 的要求。

表 6-9　　　　　　　　　绝 缘 软 梯 电 气 性 能

序号	试验项目	试品有效长度（m）	电气性能要求
1	加压 100kV 时高湿度下交流泄漏电流（μA）（温度 20℃，相对湿度 90%，24h）	0.5	≤500
2	工频干闪电压（kV）	0.5	≥170

（3）绝缘软梯的抗拉性能应符合表 6-10 的要求。

表 6-10　　　　　　　　　绝 缘 软 梯 抗 拉 性 能

受拉部位	两边绳上下端绳索套扣	两边绳上端绳索套扣至横蹬中心点
拉断力（kN）	≥16.2	≥4.0

（4）软梯头的整体挂重性能应符合表6-11的要求。

表6-11 软梯头挂重性能

试验项目	试验负荷（kN）	技术要求
静负荷试验	4.6	加载5min后卸载，各部件无永久变形
动负荷试验	2.7	加载后能在导、地线上移动自如
破坏试验	5.5	不小于试验负荷

（二）绝缘绳索类工具

1. 材料要求

绝缘测距绳、绝缘传递绳、保险绳应采用桑蚕丝为原料，绳套宜采用锦纶长丝为原料。所有材料应满足相对应规格的绝缘绳的技术要求。不同材料的绝缘绳如图6-6所示。

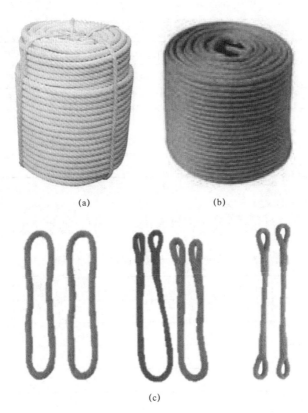

（a） （b）

（c）

图6-6 不同材料的绝缘绳

（a）锦纶绳；（b）防潮蚕丝绳；（c）无极绝缘绳、绝缘绳套

2. 结构要求

绝缘测距绳、传递绳、保险绳等的最短有效绝缘长度应符合表 6－12 的规定。

表 6－12　　　　　　　最短有效绝缘长度

额定电压（kV）	最短有效绝缘长度（m）
750	5.00
1000	6.80
±660	5.30
±800	6.80

3. 电气性能要求

带电作业用绝缘绳索类工具的电气绝缘性能应满足表 6－13 的要求。

表 6－13　　　　　　　绝缘绳索的电气性能

额定电压（kV）	试验电极间距离（m）	3min 工频耐受电压（kV）		15 次操作冲击耐受电压（kV）	
		出厂及型式试验	预防性试验	出厂及型式试验	预防性试验
750	4.70	860	780	1430	1300
1000	6.30	1270	1150	1865	1695
±660	4.80	820	745	1480	1345
±800	6.60	985	895	1685	1530

4. 机械性能要求

（1）绝缘保险绳及绝缘绳套的整体机械拉伸性能应满足表 6－14 的要求。

表 6－14　　　　　　绝缘保险绳及绝缘绳套机械拉力试验标准

名称	试验静拉力（kN）	试验静拉力（允许拉力倍数）	试验时间（min）
人身保险绳	4.4	—	5
绝缘保险绳	—	2.5	5
绝缘绳套	—	2.5	5
绝缘传递绳	—	2.5	5

（2）人身保险绳抗机械冲击性能应满足：以 1kN 负荷做自由坠落，人身保险绳应无损伤、无断裂。

5．其他要求

（1）消弧绳端部软铜线与绝缘绳的结合部分长度应不大于 200mm，绝缘绳索部分和铜丝股绳部分的分界处应有明显标志。消弧绳的端部应有防止铜线散股的措施。

（2）绝缘保险绳的卸扣、吊钩、保险钩等应有防止脱钩的保险装置。保险装置应可靠，操作应灵活，其工艺应符合《带电作业用绝缘滑车》（GB/T 13034—2008）的规定。

（3）绝缘测距绳的卷盘应灵活轻巧，便于携带和储存，不宜密封。绝缘测距绳标定刻度标志时，应在其配备的重锤悬空吊持状态下进行。

（三）特高压带电作业用绝缘软拉棒

在开展带电更换绝缘子作业项目时，提线工器具的绝缘承力部分通常采用硬质绝缘工具，包括绝缘拉杆、拉棒等，其具有机械强度高、低伸长率的优点。但硬质绝缘工具尺寸、质量较大，尤其应用于特高压输电线路带电作业工作时，硬质绝缘拉杆还需要多节拼接使用，在工具携带和作业传递时均不方便。而一般软质绝缘绳的机械强度低、伸长率大，不能满足安全开展带电作业的要求，而带电作业用绝缘软拉棒能解决上述问题。

绝缘软拉棒是由纤维材料制成的具有良好绝缘性能和机械性能的柔性工具，一般由芯棒、外覆材料和端部连接金具三部分组成。根据外观设计，绝缘软拉棒可分为圆棒式和扁带式，如图 6-7 所示。

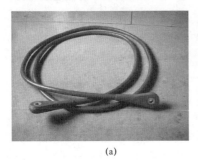 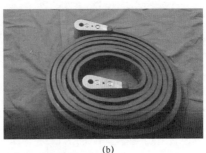

（a）　　　　　　　　　　　　　　　　　　（b）

图 6-7　绝缘软拉棒

（a）圆棒式；（b）扁带式

1．芯棒材料及性能

芯棒由特种绝缘纤维组成，为使其具有软质特征，采用传统绝缘绳的编织方法制成绳具。选用两种制作芯棒的绝缘纤维材料进行对比，其物理性能见表 6-15。

表 6-15　　　　　　　　制作芯棒纤维材料的物理性能

型号	密度（g/cm³）	拉伸强度（MPa）	伸长率（%）	吸水率（%）	极限氧指数 LOI（%）	耐热性（℃）
绝缘纤维 a	1.3	600	<6	1.5	29	200
绝缘纤维 b	1.3	1000	<5	0.6	68	650

表 6-15 中，拉伸强度是指此种强度纤维编织成直径为 16mm 绳时的值，当制成工具经一定拉力的初伸长加载后，在使用中伸长率较小。绝缘纤维 b 的吸水率应仅为 0.6%，在同类型纤维中最小，其极限氧指数在有机纤维中表现出最高值，表明阻燃性能最好。从耐热性来看（即纤维材料在高温下保持物理机械性能的能力），绝缘纤维 a 与纤维 b 不熔融、不易燃，具有很好的自熄性；绝缘纤维 b 是极耐高温之高分子材料，其耐热温度可达 600～700℃。

在化学性能方面，特种绝缘纤维对所有的有机溶剂和碱是稳定的，其强度几乎没有变化；但在室温下，其耐酸性会随着时间的延长而下降，故应避免与强酸接触，严禁与漂白粉接触。

选用绝缘纤维 b 制成的绝缘软拉棒芯棒，其比强度远大于现有同类型材料。绝缘软拉棒芯棒与现用硬质和软质绝缘材料的机械性能比较见表 6-16。

表 6-16　　　　　　　　绝缘软拉棒芯棒与现用硬质及

软质绝缘材料的机械性能比较

序号	品名	密度（g/cm³）	拉伸强度（MPa）	比强度（N·m/g）	比值	伸长率（%）
1	硬质填充管 a	2.212	600	270	1.00	（脆性）
2	硬质填充管 b	2.165	600	277	1.02	（脆性）
3	硬质拉板（3240）	1.9	不打孔 300 打孔<100	158 53	0.585 0.196	（脆性）
4	HJS-14 合成纤维绳	1.44	130	90	0.333	48
5	GJS-14 高强绳	1.5	260	173	0.64	20
6	绝缘软拉棒芯棒	1.3	1000	770	2.85	5

注　"比值"是指以硬质填充管 a 的比强度为基准，其他类型的绝缘材料的比强度与其之比。

为了提高电气绝缘性能，针对特种绝缘纤维进行改性，主要采用预处理后浸渍特制的硅烷剂进行"等离子体改性"；可以使纤维光滑的表面粗糙度增加，提高表面自由能，增加纤维表面极性官能团数量，提高纤维与偶联剂之间的粘接强度。

2. 外覆材料及工艺

选用热塑性弹性体绝缘外覆材料，用以保护内芯承力材料免受损伤和侵害。由于外覆材料不必考虑承受张力，而主要考虑电气性能优良、耐老化和耐温性能，且从工艺方面易于与芯棒材料复合成型，外形美观适用。热塑性弹性体绝缘外覆材料既具有可塑性，又具有高弹性，且硬度适合，成型后能够盘绕成圈，有利运输与保管。

热塑性弹性体绝缘外覆材料有耐化学腐蚀性、耐焰自熄、耐磨、气密性好、电绝缘性能好等优点；其弱点是耐光线、耐紫外线能力差，故注意在带电作业工具室内避免加热灯光直接照射。

3. 端部连接金具及工艺

与硬拉棒端头相比较，软拉棒端头有很大改进，质量大为减轻，详细对比情况见表6-17。硬质绝缘棒端头采用楔形连接（不打孔），承受二向应力，靠绝缘管端头的挤压摩擦力与所受拉力平衡。软拉棒端头芯具呈U形，嵌入承力纤维内，依靠合成纤维承受拉力，芯具仅承受压应力。

表6-17　　　　　硬质拉棒与绝缘软拉棒（80kN级）端头比较

比较项目	硬质拉棒	绝缘软拉棒
形状设计	圆杯形楔形连接	圆杯形楔形连接
材质	40铬合金钢，密度7.8g/cm^3	7A04铝合金，密度2.8g/cm^3
设计尺寸（mm）	直径74、长184	厚34、长104
端部金具质量（kg）	2.5	0.24
装设	端头外露，装在绝缘管两头	端头内收，装在芯棒承力纤维中间
比较	采用钢质楔形端头，造成尺寸长、质量大	采用铝合金平板端头，可减小尺寸和质量

软拉棒复合成型后，将两端铝合金端头嵌入承力纤维中间，经整合后再进行一次注塑：首先将端头模具放入注塑机中，运转后加料清洗干净；然后设定温度、压力、速度，经试模后再将端头置入模具，完成注塑工艺。

4. 绝缘软拉棒基本技术参数及电气性能

特高压带电作业用绝缘软拉棒成品如图6-7所示，根据线路绝缘配置进行长度定制，有效绝缘长度不小于6.8m，额定荷载一般不小于80kN，伸长率不大于2%，其电气性能应符合表6-18的规定。

表 6-18 绝缘软拉棒的电气性能

额定电压（kV）	试验电极间距离（m）	3 min 工频耐受电压（kV）		15 次操作冲击耐受电压（kV）	
		出厂及型式试验	预防性试验	出厂及型式试验	预防性试验
1000	6.30	1270	1150	1865	1695
±800	6.60	985	895	1685	1530

5. 实践应用情况

在国网特高压交流试验基地 1000kV 特高压输电线路 2 号杆塔进行更换单串悬垂复合绝缘子带电试操作中，采用绝缘软拉棒及配合的八分裂提线器、平面丝杆、提线丝杆、紧线丝杆等工器具，并根据标准化作业指导书流程要求，完成了带电更换 1000kV 特高压直线杆塔整串复合绝缘子作业内容。其中，绝缘软拉棒的电气性能、机械性能均能满足现场使用要求，能够圆满完成作业流程全部内容，现场测试合格。应用特高压绝缘软拉棒带电更换复合绝缘子串如图 6-8 所示。

(a) (b)

图 6-8 应用特高压绝缘软拉棒带电更换复合绝缘子串

（a）更换 I 型复合绝缘子串；（b）更换 V 型复合绝缘子串

第二节 金属工器具

一、绝缘子卡具

（一）卡具的分类及名称

1. 卡具的分类

卡具是指组装在绝缘子串的金具、绝缘子、导线或横担上，用于更换绝缘子及金具的金属工具。按其使用功能不同，卡具可分为耐张串卡具、直线串卡具等系列，详细分类及名称如下。

（1）耐张串卡具：用于更换耐张绝缘子及金具的卡具，按结构形式分类主要包括翼形卡、大刀卡、斜卡、弯板卡、翻板卡等。

（2）直线串卡具：用于更换直线绝缘子及金具的卡具，按结构形式分类主要包括导线钩卡、V形串卡、托板卡、花形卡、吊钩卡、钩板卡等。

（3）单片绝缘子卡具：用于更换单片绝缘子的卡具，按结构形式分类主要包括闭式卡、端部卡等。

（4）前卡：组装在绝缘子串导线端的卡具。

（5）后卡：组装在绝缘子串横担端的卡具。

2. 卡具的型号及规格

卡具型号、规格及表示意义如图6-9所示。

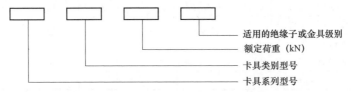

图6-9　卡具型号、规格及表示意义

（1）卡具系列代号分别表示如下：

"N"-耐张串卡具；

"Z"-直线串卡具；

"D"-单片绝缘子卡具。

（2）卡具类别代号分别用卡具名称汉语拼音的第一个字母加"K"标示。如："翼形卡"用"YK"表示，"大刀卡"用"DK"表示。

3. 卡具额定荷重

卡具额定荷重的取值一般为：

$$P = P_0 \times 25\% + 5 \tag{6-1}$$

式中：P为卡具的额定荷重（kN）；P_0为适用的绝缘子或金具级别（kN）。

4. 卡具级别

卡具级别根据适用的绝缘子或金具级别，超/特高压绝缘子及金具的级别在160~550kN，分别表示如下。

（1）160：160kN级绝缘子或金具。

（2）210：210kN级绝缘子或金具。

（3）300：300kN级绝缘子或金具。

（4）420：420kN级绝缘子或金具。

（5）550：550kN 级绝缘子或金具。

（6）760：760kN 级绝缘子或金具。

（7）840：840kN 级绝缘子或金具。

（二）耐张串系列卡具

1. 翼形卡

翼形卡用于更换耐张整串绝缘子，其规格及技术参数见表 6－19。

表 6－19　　　　　　　　　翼形卡具的规格及技术参数

名称	型号	额定荷重（kN）	动态试验荷重（kN）	静态试验荷重（kN）	破坏荷重（kN）	适用绝缘子级别（kN）
翼形卡	NYK215－840	215	322.5	537.5	645.0	840
	NYK195－760	195	292.5	487.5	585.0	760
	NYK145－550	145	217.5	362.5	435.0	550
	NYK105－400	105	157.5	262.5	315.0	400
	NYK80－300	80	120.0	200.0	240.0	300
	NYK60－210	60	90.0	150.0	180.0	210
	NYK45－160	45	67.5	112.5	135.0	160

翼形卡及典型装配图如图 6－10 所示。

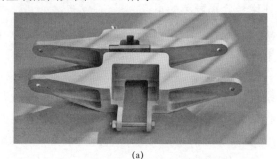

(a)

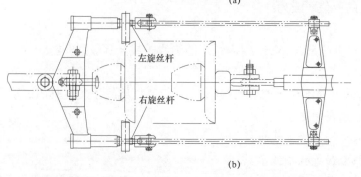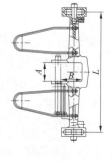

(b)

图 6－10　翼形卡及典型装配图

（a）翼形卡；（b）典型装配图

2. 翻板卡

翻板卡用于更换耐张双联或多联绝缘子中的一串,或者与前卡及闭式卡配合,更换第一片及最后一片绝缘子,其规格及技术参数见表 6-20。

表 6-20　　　　　　　　　　翻板卡具的规格及技术参数

名称	型号	额定荷重 (kN)	动态试验荷重 (kN)	静态试验荷重 (kN)	破坏荷重 (kN)	适用绝缘子级别 (kN)
翻板卡	NFK215-840	215	322.5	537.5	645.0	840
	NFK195-760	195	292.5	487.5	585.0	760
	NFK145-550	145	217.5	362.5	435.0	550
	NFK105-400	105	157.5	262.5	315.0	400
	NFK80-300	80	120.0	200.0	240.0	300
	NFK60-210	60	90.0	150.0	180.0	210
	NFK45-160	45	67.5	112.5	135.0	160

翻板卡及典型装配图如图 6-11 所示。

(a)

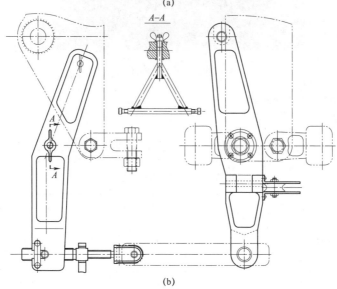

(b)

图 6-11　翻板卡及典型装配图

（a）翻板卡；（b）典型装配图

3. 大刀卡

大刀卡用于更换耐张串整串绝缘子，其规格及技术参数见表6-21。

表6-21 翻板卡具的规格及技术参数

名称	型号	额定荷重（kN）	动态试验荷重（kN）	静态试验荷重（kN）	破坏荷重（kN）	适用绝缘子级别（kN）
大刀卡	NDK145-550	145	217.5	362.5	435.0	550
	NDK110-420	110	165.0	275.0	330.0	420
	NDK105-400	105	157.5	262.5	315.0	400
	NDK80-300	80	120.0	200.0	240.0	300
	NDK60-210	60	90.0	150.0	180.0	210
	NDK45-160	45	67.5	·112.5	135.0	160

大刀卡如图6-12所示。

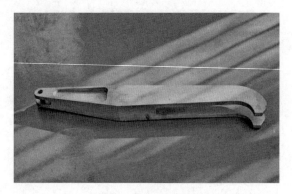

图6-12 大刀卡

（三）直线串系列卡具

1. 吊钩卡

吊钩卡用于更换悬垂绝缘子串，其规格及技术参数见表6-22。

表6-22 吊钩卡的规格及技术参数

名称	型号	额定荷重（kN）	动态试验荷重（kN）	静态试验荷重（kN）	破坏荷重（kN）	适用绝缘子级别（kN）
吊钩卡	ZDK110-420	110	165.0	275.0	330.0	420、400
	ZDK80-300	80	120.0	200.0	240.0	300
	ZDK60-210	60	90.0	150.0	180.0	210、160
	ZDK35-120	35	52.5	87.5	105.0	120

吊钩卡及典型装配图如图 6-13 所示。

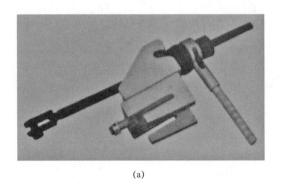

(a)

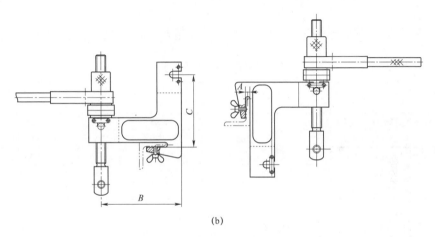

(b)

图 6-13 吊钩卡及典型装配图

（a）吊钩卡；（b）典型装配图

2. 导线钩卡

导线钩卡用于更换悬垂绝缘子串，其规格及技术参数见表 6-23。

表 6-23　　　　　　　　　导线钩卡的规格及技术参数

名称	型号	额定荷重（kN）	动态试验荷重（kN）	静态试验荷重（kN）	破坏荷重（kN）	适用绝缘子级别（kN）
吊钩卡	ZDK110-420	110	165.0	275.0	330.0	420、400
	ZDK80-300	80	120.0	200.0	240.0	300
	ZDK60-210	60	90.0	150.0	180.0	210、160
	ZDK35-120	35	52.5	87.5	105.0	120

四分裂及八分裂导线钩卡如图 6-14 所示。

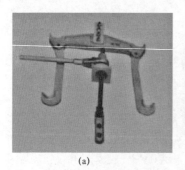
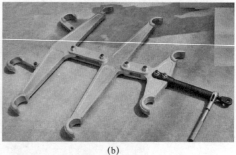

（a）   （b）

图6-14 四分裂及八分裂导线钩卡

（a）四分裂导线钩卡；（b）八分裂导线钩卡

3. V形串卡

V形串卡用于更换V形绝缘子串，其规格及技术参数见表6-24。

表6-24   **V形卡具的规格及技术参数**

名称	型号	额定荷重（kN）	动态试验荷重（kN）	静态试验荷重（kN）	破坏荷重（kN）	适用绝缘子级别（kN）
V型串卡	ZVK145-550	145	217.5	362.5	435.0	550
	ZVK110-420	110	165.0	275.0	330.0	420、400
	ZVK80-300	80	120.0	200.0	240.0	300
	ZVK60-210	60	90.0	150.0	180.0	210
	ZVK45-160	45	67.5	112.5	135.0	160

V形串卡及典型装配图如图6-15所示。

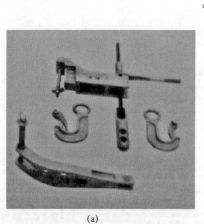
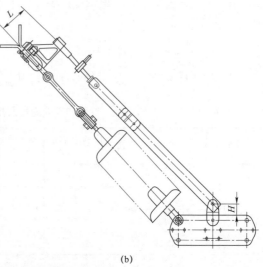

（a）   （b）

图6-15 V形串卡及典型装配图

（a）V形串卡；（b）典型装配图

4. 托板卡

托板卡用于更换直线整串绝缘子，其规格及技术参数见表6-25。

表6-25   托板卡具的规格及技术参数

名称	型号	额定荷重（kN）	动态试验荷重（kN）	静态试验荷重（kN）	破坏荷重（kN）	适用绝缘子级别（kN）
托板卡	ZTK80-300	80	120.0	200.0	240.0	300
	ZTK60-210	60	90.0	150.0	180.0	210
	ZTK45-160	45	67.5	112.5	135.0	160

托板卡及典型装配图如图6-16所示。

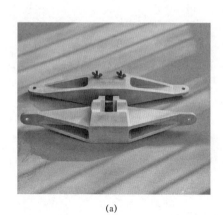
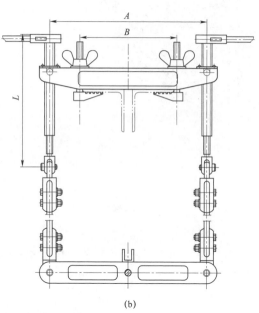

图6-16 托板卡及典型装配图

（a）托板卡；（b）典型装配图

5. 花形卡

花形卡用于更换直线或耐张双联整串绝缘子，其规格及技术参数见表6-26。

表6-26   花形卡具的规格及技术参数

名称	型号	额定荷重（kN）	动态试验荷重（kN）	静态试验荷重（kN）	破坏荷重（kN）	适用绝缘子级别（kN）
花形卡	ZHK110-420	110	165.0	275.0	330.0	420
	ZHK80-300	80	120.0	200.0	240.0	300

续表

名称	型号	额定荷重 （kN）	动态试验荷重 （kN）	静态试验荷重 （kN）	破坏荷重 （kN）	适用绝缘子级别 （kN）
花形卡	ZHK60－210	60	90.0	150.0	180.0	210
	ZHK45－160	45	67.5	112.5	135.0	160

花形卡及典型装配图如图 6－17 所示。

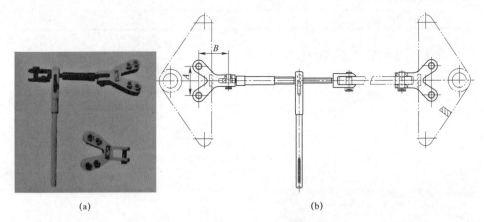

（a）　　　　　　　　　　　　　　（b）

图 6－17　花形卡及典型装配图

（a）花形卡；（b）典型装配图

（四）单片绝缘子系列卡具

1. 端部卡

端部卡与闭式卡前卡配合，用于更换导线端部第一片绝缘子，其规格及技术参数见表 6－27。

表 6－27　　　　　　　　　　端部卡具的规格及技术参数

名称	型号	额定荷重 （kN）	动态试验荷重 （kN）	静态试验荷重 （kN）	破坏荷重 （kN）	适用绝缘子级别 （kN）
端部卡	DDK215－840	215	322.5	537.5	645.0	840
	DDK195－760	195	292.5	487.5	585.0	760
	DDK145－550	145	217.5	362.5	435.0	550
	DDK105－400	105	157.5	262.5	315.0	400
	DDK80－300	80	120.0	200.0	240.0	300
	DDK60－210	60	90.0	150.0	180.0	210
	DDK45－160	45	67.5	112.5	135.0	160

端部卡及典型装配图如图 6–18 所示，端部卡与闭式卡如图 6–19 所示。

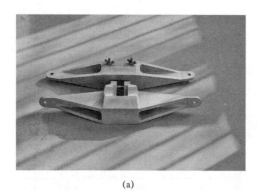

(a)

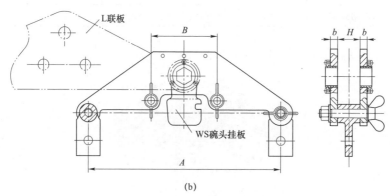

(b)

图 6–18　端部卡及典型装配图

（a）端部卡；（b）典型装配图

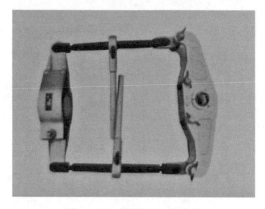

图 6–19　端部卡与闭式卡

2. 闭式卡

闭式卡用于绝缘子串中的除端部外的单片绝缘子，其规格及技术参数见表 6-28。

表 6-28 闭式卡具的规格及技术参数

名称	型号	额定荷重 (kN)	动态试验荷重 (kN)	静态试验荷重 (kN)	破坏荷重 (kN)	适用绝缘子级别 (kN)
闭式卡	DBK215-840	215	322.5	537.5	645.0	840
	DBK195-760	195	292.5	487.5	585.0	760
	DBK145-550	145	217.5	362.5	435.0	550
	DBK105-400	105	157.5	262.5	315.0	400
	DBK80-300	80	120.0	200.0	240.0	300
	DBK60-210	60	90.0	150.0	180.0	210
	DBK45-160	45	67.5	112.5	135.0	160

闭式卡及典型装配图如图 6-20 所示。

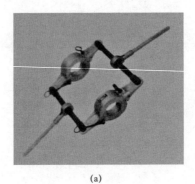

(a)

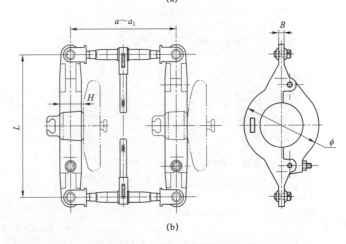

(b)

图 6-20 闭式卡及典型装配图

(a) 闭式卡；(b) 闭式卡典型装配图

（五）卡具其他要求

1. 外观要求

（1）卡具各组成部分零件表面应光滑、平整，无毛刺、尖棱、裂纹等缺陷。卡具及配套紧线器各部件连接应紧密可靠、方便灵活、整体性能好，所有零件表面均应进行防蚀处理。

（2）卡具与挂点（即卡具定位用的金具）的接触面应配合紧密可靠，非接触面应留有 1～2mm 间隙，以便于卡具安装或拆卸的方便、灵活。

（3）卡具各零件尺寸公差、形状公差、总体尺寸应符合设计图纸要求。

2. 材料要求

（1）卡具主体及其他主要受力零件所用的原材料，使用前需对其化学成分、力学性能进行复验，对铝合金及钛合金材料应分别按《变形铝及铝合金制品组织检验方法 第 2 部分：低倍组织检验方法》（GB/T 3246.2—2012）和《钛及钛合金高低倍组织检验方法》（GB/T 5168—2020）的相关条款进行低倍组织复验。

（2）卡具主体宜采用 LC4 铝合金或 TC4 钛合金材料，铝合金材料应符合《铝及铝合金挤压棒材》（GB/T 3191—2019）的有关规定，钛合金材料应符合《钛及钛合金棒材》（GB/T 2965—2023）的有关规定。

（3）紧线器与其他主要受力零件，宜采用 40Cr 材料或性能更好的合金钢材料，材料应符合《合金结构钢》（GB/T 3077—2015）的有关规定。

3. 工艺要求

（1）铝合金及钛合金卡具主体应采用锻件毛坯加工成型。毛坯在锻造和热处理过程中应保证锻件的高倍组织，锻件应无过热、过烧现象，外表和内部应无裂纹等缺陷；钛合金毛坯在锻造和热处理过程中应采取特殊措施，保证毛坯氢含量不大于 150μL/L。产品试制时应对采用的毛坯低倍组织及流线按 GB/T 3246.2 和 GB/T 5168 的有关要求检验，合格后将工艺定型，方可批量生产。铝合金毛坯热处理后的硬度 HB 不应小于 125，钛合金毛坯热处理后的硬度 HB 应在 265～332 范围内。

（2）卡具主体加工成型后，首先进行荧光或超声波探伤，确保卡具主体无裂纹后，再进行表面处理。铝合金零件表面应进行阳极氧化处理，氧化膜的质量按《铝及铝合金阳极氧化 氧化膜封孔质量的评定方法 第 1 部分：酸浸蚀失重法》（GB/T 8753.1—2017）和《铝及铝合金阳极氧化膜及有机聚合物膜检测方法 第 6 部分：色差和外观质量》（GB/T 12967.6—2022）的有关规定进行检验；钛合金零件应先除氢，然后进行表面吹砂处理。卡具的表面处理不应影响装夹部位的尺寸及表面强度，不允许进行表面涂漆或镀锌处理。

（3）钢制零件表面应进行镀锌或发蓝处理，镀锌处理应按照《电力金具制造质量 钢铁件热镀锌层》（DL/T 768.7—2012）的有关规定进行检验，发蓝处理应按照 HB 5062 的有关规定进行检验。对于 40Cr、45Mn2 等易氢脆材料，镀锌处理后应除氢。

（六）机械试验

卡具试验应模拟实际受力状态布置，按其技术要求依次进行动荷重试验、静荷重试验和破坏性试验。

1. 动荷重试验

卡具按实际工作状态布置，在 1.5 倍额定荷重作用下进行 3 次操作，各零件无变形、损伤，操作灵活可靠、无卡阻者为合格。

2. 静荷重试验

卡具按实际工作状态布置，在 2.5 倍额定荷重作用下持续 5min，各零件无永久变形及损伤者为合格。

3. 破坏性试验

卡具按静荷重试验达到要求值后，继续均匀缓慢加载（一般按 9.8MPa/s 的应力增加值），直至卡具任何一处破坏为止。破坏荷重值应不小于技术参数表中规定的破坏荷重。

二、其他金属工具

1. 紧线器

紧线器用于收紧多片绝缘子或整串绝缘子，其规格及技术参数见表 6-29。

表 6-29　　　　　　　　紧线器的规格及技术参数

名称	型号	额定荷载（kN）	动态试验荷载（kN）	静态试验荷载（kN）	破坏荷载（kN）	适用的绝缘子或金具级别（kN）
螺纹紧线器	LJX-80	80	120.0	200.0	240.0	550、530
	LJX-60	60	90.0	150.0	180.0	420
	LJX-50	50	75.0	125.0	150.0	400
	LJX-40	40	60.0	100.0	120.0	300、210
	LJX-30	30	45.0	75.0	90.0	160
液压紧线器	YJX-150	150	187.5	375.0	450.0	≤840
	YJX-120	120	150.0	300.0	360.0	≤840
	YJX-100	100	125.0	250.0	300.0	≤760
	YJX-80	80	100.0	200.0	240.0	≤550
	YJX-50	50	62.5	125.0	150.0	≤420

续表

名称	型号	额定荷载 （kN）	动态试验 荷载（kN）	静态试验 荷载（kN）	破坏荷载 （kN）	适用的绝缘子或 金具级别（kN）
棘轮省力 紧线器	SJX－120	120	180.0	300.0	360.0	840
	SJX－100	100	150.0	250.0	300.0	550
	SJX－80	80	120.0	200.0	240.0	530
	SJX－60	60	90.0	150.0	180.0	420

　　机械丝杠及装配图如图 6-21 所示，液压加机械传动丝杆及装配图如图 6-22 所示。

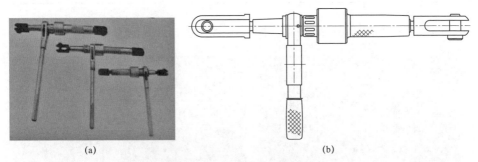

(a)　　　　　　　　　　　　　　　　(b)

图 6-21　机械丝杠及装配图

（a）机械丝杠；（b）装配图

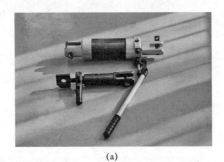

(a)

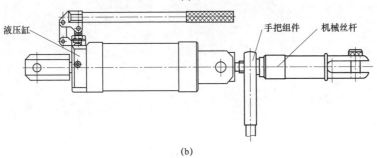

(b)

图 6-22　液压加机械传动丝杆及装配图

（a）液压加机械传动丝杆；（b）装配图

2. 间隔棒工具

间隔棒工具包括导线推拉器、间隔棒扳手等，用于在更换间隔棒时控制导线之间的距离，以及更换间隔棒橡胶套时压紧间隔棒。间隔棒技术要求试验标准见表 6-30。

表 6-30　　　　　　　　　　间隔棒技术要求试验标准

名称	试验动负荷（倍数）	试验静负荷（倍数）
导线推拉器	1.5	2.5
间隔棒扳手	1.5	2.5

四线推拉器如图 6-23 所示，间隔棒专用扳手如图 6-24 所示。

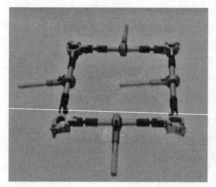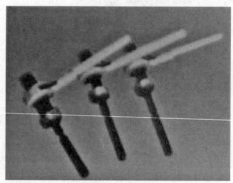

图 6-23　四线推拉器　　　　　　　　图 6-24　间隔棒专用扳手

3. 其他工具

其他带电作业金属工具包括取销/取瓶工具、各类扳手及手钳等个人工具，如图 6-25 所示。

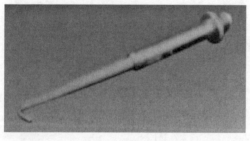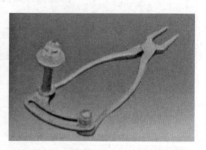

(a)　　　　　　　　　　　　　　　　　(b)

图 6-25　其他带电作业金属工具（一）

(a) 取销器；(b) 取销钳

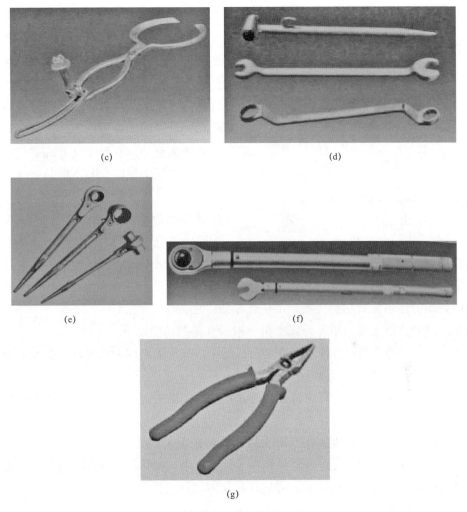

图 6-25 其他带电作业金属工具（二）

（c）取瓶器；（d）扳手；（e）棘轮扳手；（f）扭矩扳手；（g）手钳

第三节 智 能 辅 助 工 具

一、带电作业用便携式升降装置

带电作业用便携式升降装置（简称"升降装置"）是指将带电作业人员或工器具从地面提升至高处作业位置或从高处下降至地面，自带动力且便于携带的装置。升降装置主要由升降主机、绝缘升降绳和遥控器组成，如图 6-26 所示。

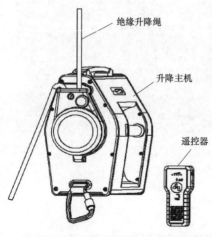

图 6-26　升降装置组成示意图

升降装置最关键的组成部件是升降主机，其内部包括电机、转盘和压紧件。升降主机沿绝缘升降绳上升或下降的原理是：绝缘升降绳围绕转盘，压紧件压紧绝缘升降绳；电机驱动转盘转动，通过绝缘升降绳和转盘之间的静摩擦力，使转盘沿着绝缘升降绳滚动，从而驱动升降主机；电机的正转或反转控制升降主机的上升或下降。

1. 主要性能要求

为适应带电作业的工作特点，升降主机应具有抗电磁干扰能力，即在不采取其他屏蔽防护措施的情况下，不应由于进出等电位过程产生的电弧及等电位时强电磁场的作用导致功能失效、部件损坏或停止工作。

结合实际应用需求，升降主机一般应具备的功能如下。

（1）缓降功能：升降主机在运行过程中，如遇失电或关机时，通过人工操作能够平稳下降。

（2）自锁功能：升降主机在运行过程中，如遇失电或关机时，能够在绝缘升降绳上自行锁紧。

（3）过载保护功能：当升降主机承载超过最大负荷后，能自动停止工作。

（4）触碰保护功能：升降主机在运行过程中，如其顶部遇到障碍物时，能够在绝缘升降绳上停机锁定，并能在设定时间后自行开机。

升降装置主要性能要求见表 6-31。

表 6-31　　　　　　　　　　升降装置主要性能要求

序号	性能/部件	技术参数	要求
1	等电位	—	不外加屏蔽罩情况下满足适用电压等级需求
2	额定/最大负荷	≥100kg/200kg	—
3	触碰保护	—	机械式电子开关保护，自动停止工作后能在1min内自行恢复正常
4	最大上升速度	≥25m/min	可无级调速
5	最大下降速度	35～45m/min	可无级调速
6	缓降速度	10～35m/min	关闭电源开关、无电故障时，通过转动调速手把能缓降下行
7	缓降锁定	—	缓降下行时，通过手动操作能在任意位置锁定

续表

序号	性能/部件		技术参数	要求
8	升降主机质量		≤15kg（含电池）	应轻巧，便于携带和运输存放
9	遥控距离		≥200 m	—
10	过载保护		—	在最大负荷的 1.0～1.1 倍范围内启动
11	满电量行程		≥300m	温度为（20±5）℃、额定负荷条件下
12	绝缘升降绳	直径	≥10mm	—
13		断裂强度	≥22000N	—
14		伸长率	≤10%	—
15		电气性能	—	采用高强度防潮绝缘绳，应符合 GB/T 13035 和 DL/T 878 的规定

2. 安全使用要求

（1）使用前应对负荷进行校核，确保未超出升降装置的额定负荷。

（2）作业人员利用无人机或人工操作杆作业的方式，将配套的绝缘升降绳通过滑车或其他装置固定于导线上，操作过程中应避免绝缘升降绳与导线摩擦。

（3）将升降装置安装在绝缘升降绳索上，进行开机检查。开机检查内容包括电动升降装置的电量、操作灵敏性、稳定性和可靠性。

（4）作业人员将其身上的全身式安全带的前挂点通过连接绳或连接器与升降装置可靠连接，并将安全带的后挂点通过防坠落保护器与绝缘后备保护绳连接。

（5）作业人员在地面熟悉升降装置的结构、功能、操作按钮、速度调节，然后操作升降装置升到至距离地面一定高度；由单人站立地面垂直方向对作业人员及升降装置一同向下拉拽做 3 次冲击检查，检查确认升降装置安装可靠、绳索锚固正常，方可继续进行升降作业。

（6）作业人员通过手动操作升降装置上升至作业位置，如需等电位作业，应避免导线对装置及人体反复充放电。作业结束后，作业人员通过手动操作升降装置下降至地面。

（7）遇到紧急状况时，按电源开关或按紧急按钮快速制动。设备失电、电气故障或关闭电源开关后，由操作人员自行控制下行速度缓降至地面或其他安全平台上。

3. 现场应用

应用升降装置开展带电作业能大幅减轻作业人员劳动强度，避免了作业人员登塔，可有效提高带电作业工作效率，目前已在各输电线路运检单位广泛应用。应用升降装置开展带电作业实际应用场景如图6-27所示。

图6-27　应用升降装置开展带电作业实际应用场景
（a）乘坐升降装置；（b）上升过程1；（c）上升过程2；（d）等电位转移；（e）等电位作业

二、输电线路用带电作业机器人

（一）组成、分类及功能要求

1. 带电作业机器人的组成

输电线路用带电作业机器人一般是指能够通过自主或遥控模式完成架空输电线路带电作业任务的系统，一般由机器人本体、地面监控基站和带电作业装置等组成。其中，机器人本体是指用于架空输电线路导、地线带电作业的移动装置，一般由电池作为电源的移动载体和通信设备等组成；地面监控基站是指在地面监控机器人带电作业的计算机系统，一般由计算机（服务器）、通信设备和监控软件等组成；带电作业装置是指由机器人集成或携带，用于完成架空输电线路特定带电作业任务的装置。

2. 带电作业机器人分类

输电线路用带电作业机器人具体分类见表6-32。

表6-32　　　　　　　　　　输电线路用带电作业机器人分类

分类方式	机器人	备注
越障功能	越障型带电作业机器人	具有跨越杆塔及线路金具能力
	非越障型带电作业机器人	不具有跨越杆塔及线路金具能力
控制方式	遥控带电作业机器人	不具有智能行为能力，其主要控制参数和主要运动功能的实现需要人工遥控来完成
	自主带电作业机器人	具有智能行为能力，其主要控制参数和主要运动功能的实现不需要人工遥控来完成，但不排除遥控辅助的控制
带电作业方式	等电位作业机器人	用于架空输电线路导线等电位作业机器人
	地电位作业机器人	用于架空输电线路地线地电位作业的机器人

3. 功能要求

输电线路用带电作业机器人主要功能要求具体如下。

（1）机器人本体功能：① 应具有在架空线路导、地线上行走，爬坡，制动的功能；② 应能在地面监控基站操控下进行运动和作业。

（2）地面基站通信功能：① 应具有与机器人本体通信的功能，作业时能获取机器人本体的状态信号，监控机器人本体的状态参数；② 应具有与机器人本体实时图像传输功能，作业时获取机器人本体周围环境信息。

（3）带电作业装置功能：① 带电作业装置应满足至少携带一种带电作业工具；② 带电作业装置应具有与机器人连接的机械和电气接口，连接后受机器人控制。

（4）带电作业功能。

1）可见光检测：机器人沿架空导、地线行走，搭载可见光照相机或摄像机对架空线路进行检测。

2）导、地线断股修补：机器人自主定位或遥控定位行走至断股处，通过带电作业装置的断股修补工具完成断股修补，满足架空导、地线断股修补的要求。

3）螺栓校紧：机器人自主定位或遥控定位行走至线路金具螺栓松动处，通过带电作业装置的螺栓校紧工具完成螺栓校紧，满足架空线路金具的螺栓校紧要求。

4）异物清理：机器人自主定位或遥控定位行走至线路异物处，通过带电作业装置的异物清理工具完成异物清理，满足架空线路的异物清理要求。

（二）需重点突破的难点

带电作业用机器人是传统带电作业技术与机器人技术充分融合的重要体现。机器人技术属于人工智能和机械工程学的交叉领域，输电线路用带电作业机器人依托于机器人技术基础，也需适应带电作业实际现场工作特点，近年来一直向实用化方向发展。以研发 500kV 输电线路带电作业机器人为例，需要重点突破的难点如下。

1. 机器人越障能力

移动越障机构是输电线路移动机器人的基础，也是目前制约线路移动机器人发展的技术障碍之一，对其要求如下。

（1）作业环境：500kV、1000A 的线路。

（2）作业能力：可见光检测、红外测温、异物清除、断股修补、防振锤复位。

（3）移动速度：不小于 0.5m/s。

（4）爬坡能力：不小于 15°。

（5）能源补给：满足长期自主运行的需要。

（6）在故障情况下有可靠的自保安措施，防止机器人摔落。

2. 机器人作业能力

常见的线路作业方式包括可见光巡视、红外测温、断股修补、异物清除、防振锤复位等。传统的输电线路机器人往往只能解决单一的作业功能，形成了如巡线机器人、清障机器人等多个系列的线路机器人，作业人员在实际作业时必须携带多款机器人才能解决巡检时发现的问题。可考虑将多种作业工具集成在一个多自由度机械臂上，采用同一个移动越障平台就可以实现上述的若干种作业功能。

3. 机器人上下线能力

目前线路作业机器人无法自主上线、安装难度大，已经成为制约线路机器人推广应用的重要原因之一。当机器人上线作业时，工作人员登塔出线，利用滑轮组或者吊车进行高空作业。特别是在山区、森林、高寒等地区，上述问题给机器人使用单位造成了极大困扰。

4. 机器人自主定位导航能力

500kV 输电线路环境复杂，线路金具形式多样、数量较多，导致机器人的智能化程度不高，大多采用地面人员远程遥控的方式进行巡线、越障和作业；通过机器人导航与定位技术，可实现机器人的智能化，使机器人能自主运行，适应架空高压输电线路的特点，提高机器人的运行效率。

5. 机器人续航能力

架空输电线路移动机器人需要长时间作业，其续航能力限制了机器人的推广。采用沿地线移动方式的机器人自携带充电电池，由于受体积和质量的限制，蓄电池组不能满足长时间供电要求；采用沿导线移动方式的机器人可以直接从电力线上获取能源，即耦合供电。采用电力线耦合供电虽然解决了机器人长期工作的电源问题，同时也导致机械机构及控制系统的复杂化；这是因为机器人越障时，电流互感器磁芯须从电力线上脱离，需解决磁芯分离机构控制和备用电源切换技术。

6. 机器人安全防护能力

架空输电线路移动机器人长时间在户外、高空、高电压、高电磁场的环境中运行，需要提高机器人在高电压、大电流环境下的防护能力；高压输电线路上的金具障碍物较多，机器人跨越这些障碍物时需要多关节协调，增加了机器人高空作业的风险，需要进行安全防跌落设计，保证机器人的安全。

（三）带电作业机器人总体设计

以研发 500kV 输电线路带电作业机器人为例，500kV 输电线路带电作业机器人系统的总体构成方案如图 6-28 所示。该系统由线上运行的机器人作业系统、机器人上下线系统、地面集中控制台三部分组成：机器人作业系统由机器人移动平台、作业机械臂（包括作业臂和视觉臂）、作业工具构成；机器人上下线系统用于上下线过程中将机器人提升至线路附近并自动调整机器人的上线姿态，包含提升装置和抱线机构；地面集中控制台（包括手控器）实现对机器人作业系统和上下线系统的综合控制。

输电线路带电作业机器人需要有越障能力和作业能力，并能适应多分裂线路和地线。针对作业场景需求，机器人的机构方案设计为具有两种工作模式，使其能分别适应 500kV 输电线路地线和多分裂导线。

（四）带电作业机器人电磁干扰及防护

输电线路用带电作业机器人最特殊之处在于等电位带电作业应用场景，机器人本身除了需满足各种智能化机械动作行为之外，更为重要的是还需适应强电场的作业环境。因此，在高电压技术领域，带电作业机器人的电磁干扰及防护显得尤为重要。

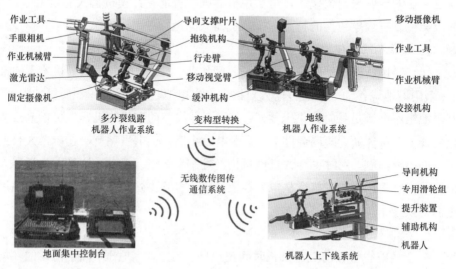

图 6-28 机器人系统总体构成方案示意图

1. 电磁干扰源和干扰途径

输电线路带电作业机器人的主要电磁干扰源是机器人进/出等电位时的暂态放电。当机器人即将进入等电位时，在导线附近强电场作用下，机器人表面感应大量的电荷，由此形成感应电位和场强；当这个场强达到一定程度时将击穿气隙，导致电弧放电，从而形成强烈的传导和空间辐射骚扰，这个骚扰源频谱宽、幅值高、持续时间长。这种电弧放电与电力设备的静电放电抗扰度性质类似，但波形和幅值存在较大差别，对带电作业机器人的干扰也更严重。

图 6-29 所示为某机器臂和工器具进入等电位时的电弧放电过程，其中：图（a）所示为机械臂接近导线，机械臂上积聚电荷；图（b）所示为电荷积聚导致机械臂与导线间电场严重畸变，气隙击穿、起弧；图（c）所示为电弧自持放电；图（d）中，随着机械臂与导线越近，电弧放电一直持续；图（e）和图（f）所示为机械臂进入等电位，电弧减弱直到消失。

在机器人进出等电位过程中，电弧放电一方面在空间产生辐射电磁场，另一方面导体表面有电弧电流流过，传导至机器人控制箱。电弧放电通过空间和传导耦合到机器人的各端口,对机器人的正常工作形成电磁干扰,如图 6－30 所示。

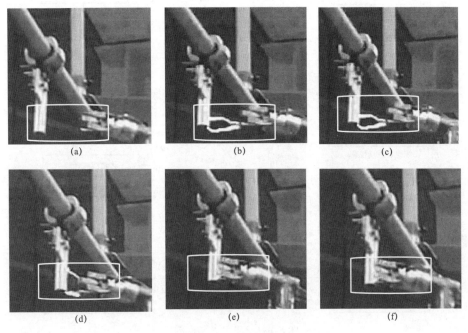

图 6－29　进入等电位的电弧放电过程

（a）靠近导体；（b）起弧；（c）电弧放电；（d）间隙变小；（e）即将进入等电位；（f）进入等电位

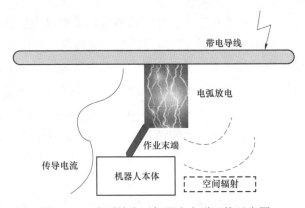

图 6－30　电弧放电对机器人电磁干扰示意图

2. 机器人电磁干扰防护研究思路和方法

机器人电磁干扰防护的重点,在于研究机器人进出等电位的暂态电弧放电这一干扰源的干扰特性,研究思路框图如图 6－31 所示。

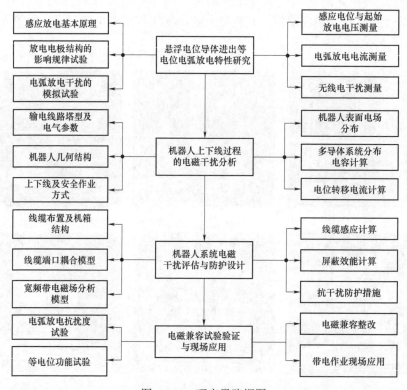

图 6-31　研究思路框图

（1）悬浮电位导体进出等电位电弧放电特性研究。根据多导体系统静电感应基本原理，研究悬浮导体靠近高压导线时发生连续充放电电弧过程的机理及影响因素。通过不同电极型式的电场分布计算和起始放电电压试验，研究电极结构对放电规律的影响；在屏蔽实验室内建立模拟机器人进出等电位的动态测量平台，在模拟环境下对导体电位转移过程的悬浮电位、传导电弧电流及空间辐射电磁场进行测试及数据分析，得到暂态电弧放电干扰的统计规律。

（2）机器人上下线过程的电磁干扰分析。结合 500kV 输电线路典型塔型及电气参数、机器人及上下线系统的结构尺寸，根据输电线路带电作业安全要求，确定合理的上下线路径及安全作业方式。建立机器人上下线过程的有限元仿真模型，计算表面电场分布及分布电容矩阵；建立电位转移电磁暂态过程的等效电路模型，计算电位转移脉冲电流及电弧能量，确定实际作业过程中机器人电位转移电磁干扰源量化规律。

（3）机器人系统电磁干扰评估与防护设计。根据试验和计算得到的机器人电磁干扰源特性规律，结合机器人本体电气布线及机箱结构，建立机器人线缆端口耦合模型和宽频带电磁场分析模型，计算机器人外部及内部线缆的传导耦合感应电压、机箱内部的电磁场分布和电磁屏蔽效能，提出针对性的电磁防护设计原则和具体措施。

（4）机器人电磁兼容试验验证与现场应用。研究输电线路机器人抗电磁干扰能力的等效试验方法和试验标准，开展机器人电弧放电抗扰度试验及等电位作业功能试验，针对测试中出现的电磁兼容问题进行电磁防护加固整改并进行测试验证。在试验验证的基础上，开展现场实际线路的机器人带电作业。

3. 机器人系统电磁干扰防护设计

（1）电弧放电空间辐射场对机器人无线通信设备的干扰防护。主要干扰源为机器人金属外壳的感应放电形成的干扰，包括传导干扰和空间辐射干扰。电弧放电的空间辐射场特性如下：电弧放电为宽带干扰，频率范围在 $0\sim1.2GHz$，主要干扰在 900MHz 以下，能量集中在 100MHz 内，$900\sim1200MHz$ 干扰较小。离电弧越近，辐射场强越大，离电弧 1m 处场强可达 5kV/m。机器人的无线通信频率应避开电弧放电能量集中的频率，宜采用 GHz 以上频率进行通信，采用 $100\sim500MHz$ 频率的设备要采用数字滤波抗干扰技术。天线应选择远离高压的位置，天线尽量短，采用带罩的天线。

（2）电弧放电空间辐射场对机器人电气部分的干扰防护。机器人的电气部分须采用屏蔽机箱，进出线缆采用连接器方式，线缆采用屏蔽线，电源线根据上一条中所述频率进行滤波。机箱的屏蔽效能达到 70dB。

（3）电弧放电电流对机器人电气部分的干扰防护。电弧放电电流在机器人金属表面流动，在线缆和机器人电气部件上感应较大的电压和电流，形成电磁干扰。防护原则是：首先外壳金属应保持良好连接，有绝缘隔离的不同金属之间要核算放电气隙；参考地宜与外壳隔离，保持合适的电气距离（尽量大），且尽量减小电路板与外壳的电容；电源采取滤波措施，按照感应放电的频率特性设计；电路板内部合理安排布局，宜采用单点接地方式；软件采用多冗余设计，设置合理的看门狗（watchdog）；通信数据校核采取多输入/输出、时间反转等技术。

（4）机器人进出等电位时的电弧放电抑制技术。针对机器人进出等电位时的感应电弧放电现象，可采用一种利用可变电阻来抑制电弧的方法，从源头上减小干扰。可变电阻抑制电弧如图 6-32 所示，其内部结构如图 6-33 所示。

采用可变电阻抑制电弧的步骤为：① 基于机器人的尺寸参数，以及机器人的最顶端与输电线路的最低子导线之间的当前间距，确定所述机器人的对地电容；② 基于机器人的尺寸参数、输电线路的参数信息、机器人的最顶端与输电线路的最低子导线之间的当前间距，确定机器人和输电线路之间的互电容；③ 基于机器人的对地电容以及机器人和输电线路之间的互电容，确定可变电阻的长度和极限放电电压；④ 基于可变电阻的极限放电电压，确定可变电阻的初始阻值；⑤ 基于可变电阻的长度和初始阻值对可变电阻进行设置，将处于初始阻值的可变电阻的一端连接到机器人的最顶端上，以使机器人和输电线路之间的间距不小于可变电阻的长度，并驱动机器人向输电线路逐步靠近，直至可变电阻的另一端连接到输电线路上；⑥ 从初始阻值开始，逐步减小可变电阻的阻值直至机器人和输电线路处于等电位为止，以限制机器人和输电线路之间电荷转移的速度，抑制电弧放电以消除机器人的电磁干扰源。

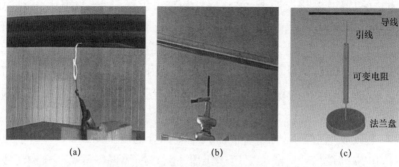

(a)　　　　　　　　(b)　　　　　　　　(c)

图 6-32　可变电阻抑制电弧示意图

（a）电弧放电；（b）电弧抑制；（c）抑制原理

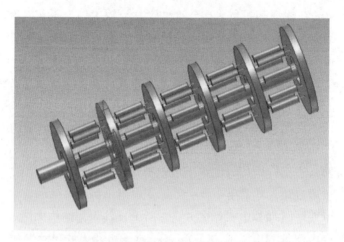

图 6-33　可变电阻内部结构示意图

（五）现场应用验证

机器人系统先后在实际线路上进行了功能测试，主要对机器人的越障能力、作业功能、上下线功能进行了验证。针对 500kV 输电线路的地线和四分裂线路，分别采用了两种不同的上下线系统和机器人构型，搭载不同的作业工具进行线路作业。通过在地面的构型调整，机器人能在地线、单导线、多分裂导线上运行，能满足进出等电位过程的电磁干扰防护。应用无人机辅助挂载跟斗滑车至导线上，地面牵引专用上下线装置实现机器人的上下线操作，上下线只需要地面 2～3 人进行操作，无须人员登高辅助，方便了机器人的应用。机器人上下线如图 6-34 所示。

(a) (b)

图 6-34　机器人上下线
（a）四分裂导线机器人上下线；（b）地线机器人上下线

机器人携带作业臂和视觉臂在线路上运行时，在输电线路上可实现稳定运行。能实现 30°以上坡度的爬行，在四分裂导线上能够跨越防振锤、间隔棒和悬垂线夹这三种障碍物，通过被动柔顺式跨越方式，平均越障时间约 5～10s；与传统交替跨越的越障方式相比，其越障效率高 3 倍以上，行走臂始终保持在线路上，无须脱离线路，越障过程相对稳定可靠。机器人越障如图 6-35 所示。

通过搭载不同的作业工具，机器人可实现异物清除、导线修补、防振锤复位、引流板螺栓紧固等作业功能。作业过程通过遥控操作方式实现，操作人员在地面可通过远传图像进行操控，实现作业臂的运动控制和作业工具的动作过程。经实际测试，各个作业功能均达到了预期的效果。机器人作业如图 6-36 所示。

三、带电作业人员体征监测服

基于可穿戴技术和 LoRa 长距离无线通信技术，以特高压带电作业明确要求使用的阻燃内衣为依托，研制了一种特高压带电作业用智能体征监测服系统（简称"体征监测服系统"）。

图6-35　机器人越障

（a）跨越防振锤；（b）跨越间隔棒；（c）跨越悬垂线夹

图6-36　机器人作业

（a）异物清除作业；（b）导线修补作业；（c）防振锤复位作业；（d）引流板螺栓紧固作业

（一）体征监测服系统设计

1. 功能要求和主要技术参数要求

（1）功能要求。

1）体征监测服系统应由两部分组成：① 供带电作业人员穿戴的体征监测服；② 供监护人员操作的移动终端。

2）体征监测服应以阻燃内衣为依托，应能监测带电作业人员的心率、呼吸率和体表温度三个主要体征参数，并能将所监测到的数据传送到移动终端。

3）移动终端应能展示所接收的体征参数并绘出相应波形，应设置有主要体征参数的正常范围限值，对越限情况应能发出声光报警从而提醒监护人员。

（2）主要技术参数要求。

1）心率测量最大允许误差为±10%，正常心率范围为 40～160 次/min。

2）呼吸率测量最大允许误差为±2 次/min，正常呼吸率范围为 10～30 次/min。

3）温度测量最大允许误差为±0.1℃，正常体表温度上限为 37℃。

4）有效通信距离不小于 100m。

5）体征监测服和移动终端的电源均应能连续可靠供电 2.5h 及以上。

2. 方案设计

（1）系统总体方案设计。体征监测服以阻燃内衣为载体，内嵌呼吸传感器、心率传感器、温度传感器、主控芯片、LoRa 无线通信模块和电源等。主控芯片接收并处理各传感器采集的数据，然后将得到的呼吸率、心率和体表温度等信息通过 LoRa 无线通信模块发送出去。移动终端内置 LoRa 无线通信模块，在有效通信范围内能接收从体征监测服传送过来的信息；其不仅可以提供数字体征数据，还能展示更加直观的动态体征波形，同时设置有越限报警功能，监护人员可以很方便地监测带电作业人员的身体状况，有利于保障带电作业人员的安全。体征监测服系统原理框图如图 6－37 所示。

（2）体征监测服设计。体征监测服的结构设计图如图 6－38 所示。

阻燃内衣采用弹性阻燃面料，与人体体型相贴合，使各传感器紧贴皮肤，以提高各传感器采集数据的稳定性。集成模块设置在阻燃内衣外表面的口袋里，其包含主控芯片、LoRa 无线通信模块和电源，同时设置有 3 个可插拔的数据接口，可分别与呼吸传感器、温度传感器和心率传感器相连。呼吸传感器和温度传感器设置于阻燃内衣上人体腹部位置且可与人体皮肤相接触。心率传感器设置于阻燃内衣手腕处，通过固定在阻燃内衣上的数据线与集成模块相

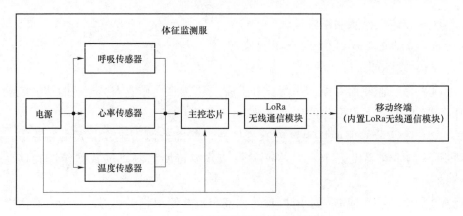

图 6-37 体征监测服系统原理框图

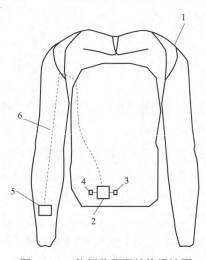

图 6-38 体征监测服结构设计图

1—阻燃内衣；2—集成模块（包括主控芯片、通信单元和电池）；
3—呼吸传感器；4—温度传感器；5—心率传感器；6—数据线

连。在集成模块中，主控芯片采用 STM32F103，用于接收各传感器获取的数据并对其进行处理，然后通过 LoRa 无线通信模块与外部监测设备通信。集成模块中的电源为整个系统提供电能。

体征监测服采用柔性的或者体积小的传感器，同时数据线和集成模块均采用柔性外壳，从而提高穿戴舒适性。体征监测服上的各电子设备均采用可拆装的方式固定在阻燃内衣上，便于清洁和循环使用。

（3）移动终端软件设计。移动终端最主要的功能是接收、显示和分析从体征监测服发来的数据。每次使用时，移动终端需要先判断是否接收到数据，然后将接收到的数据显示在屏幕上，并对越限数据进行报警。移动终端程序框图如图 6-39 所示。

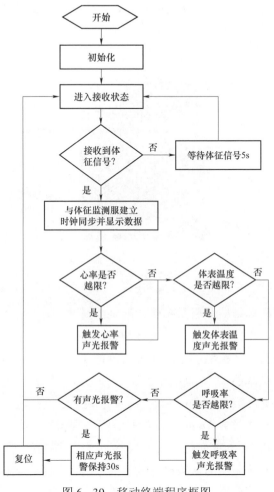

图 6-39　移动终端程序框图

　　如图 6-39 所示，移动终端启动后进入接收状态。体征监测服每 60s 更新一次体征数据并将此新数据连续发送 10s。若移动终端接收到体征监测服发送的信号，便与体征监测服建立时钟同步并显示体征数据，否则等待 5s 后重新进入接收状态。移动终端对三个监测指标均设置有允许波动范围限值，当任何一个监测指标出现越限情况时，就会针对该指标发出声光报警从而提醒监护人员。报警 30s 结束后自动复位，重新进入接收状态。

　　移动终端还具有数据存储功能，可记录每一次作业时的体征数据并按人员分类存储。在经过长期使用积累数据后，可用于数据分析确定每个作业人员各自体征指标的正常波动范围，从而提供更加精准的个性化监测预警服务。

（二）体征监测服系统测试

研制成的体征监测服如图 6-40 所示，各传感器和集成模块等均缝制在阻燃内衣本体内侧。

呼吸传感器　　　　　　　　阻燃内衣本体

集成模块和
温度传感器

心率传感器

图 6-40　智能体征监测服

1. 模拟试验

为了测试所研体征监测服系统能否准确测量并传输体征数据，以满足项目提出的技术要求，在实验室进行了模拟测试。

（1）试验说明。体征监测服是通过统计每 1min 内的心跳次数和呼吸次数来计算心率和呼吸率的，然后将计算结果和采集到的体表温度数据一起发送到移动终端，即移动终端每 1min 更新一次体征数据。试验人员的实际心率和呼吸率可以通过试验人员数 1min 内自己的心跳次数和呼吸次数获得。试验人员的实际体表温度在 1min 内变化不大，因此通过电子温度计测量一次即可。

通过将体征监测服的测量数据与试验人员的实际体征数据进行对比，可以检验体征监测服的测量误差是否满足要求，即心率测量最大允许误差±10%、呼吸率测量最大允许误差±2 次/min、温度测量最大允许误差±0.1℃。测试时，体征监测服与移动终端之间保持 100m 的距离，从而检验体征监测服和移动终端之间的有效通信距离是否满足不小于 100m 的技术要求。

（2）试验步骤。一共有 3 个试验：① 在有试验人员、有屏蔽服包裹、不加电压的情况下进行；② 在无试验人员、有屏蔽服包裹、加 318kV（交流 500kV 的最高运行相电压）电压的情况下进行；③ 在无试验人员、有屏蔽服包裹、加 635kV（交流 1000kV 的最高运行相电压）电压的情况下进行。

1）试验①的步骤如下：

a. 试验人员内穿着体征监测服，外穿特高压带电作业屏蔽服，保持站立姿势，然后操作移动终端的人员到达 100m 外的位置。

b. 待移动终端能稳定地接收并显示数据后，从某个测量周期开始计时，试验人员开始数自己的心跳次数，1min 后停止计数，将计数结果记录下来，同时记录这 1min 内移动终端显示的心率测量数据，按相同步骤再分别测试 2 次。

c. 针对呼吸率测量，按与上一步骤类似的方法进行试验。

d. 针对体表温度测量，记录某 1min 内移动终端显示的体表温度测量数据，同时在这 1min 内用电子温度计测量一次试验人员的体表温度，按相同方法再分别测试 2 次。

2）试验②和试验③的步骤如下：

a. 操作移动终端的人员到达 100m 外的位置。

b. 将体征监测服电源打开，放入特高压屏蔽服中包裹好；然后将屏蔽服绑定在模拟导线上，之后将模拟导线对地电压分别升至 318kV 和 635kV 并分别保持 3min。

c. 操作移动终端的人员记录这 3min 内移动终端显示的温度测量数据，同时在这 3min 内的每 1min 用电子温度计各测一次环境温度。

体征监测服系统模拟测试如图 6-41 所示。

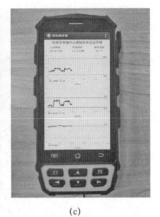

(a)　　　　　　　　　　(b)　　　　　　　　　　(c)

图 6-41　体征监测服系统模拟测试

（a）穿着体征监测服；（b）试验②和试验③加压测试；（c）移动终端

（3）试验结果及分析。模拟试验结果见表 6-33。

表 6－33　　　　　　　　　　模 拟 试 验 结 果

试验序号	屏蔽服	电压环境	心率（次/min）				呼吸率（次/min）				温度（℃）		
			测试值	实际值	绝对误差	相对误差	测试值	实际值	绝对误差	相对误差	测试值	实际值	绝对误差
1	有	无	76	79	－3	－3.8%	19	18	1	5.6%	36.3	36.32	－0.02
			73	75	－2	－2.7%	15	16	－1	－6.3%	36.3	36.33	－0.03
			78	74	4	5.4%	17	16	1	6.3%	36.4	36.36	0.04
2	有	318kV	—	—	—	—	—	—	—	—	34.4	34.41	－0.01
			—	—	—	—	—	—	—	—	34.4	34.41	－0.01
			—	—	—	—	—	—	—	—	34.4	34.40	0
3	有	635kV	—	—	—	—	—	—	—	—	35.1	35.08	0.02
			—	—	—	—	—	—	—	—	35.1	35.07	0.03
			—	—	—	—	—	—	—	—	35.1	35.08	0.02

注　试验②和试验③只对体征监测服进行了测试，并无人员穿戴，因此心率和呼吸率无测量数据，而温度传感器测试的是环境温度。

试验①结果表明：移动终端能稳定地接收从体征监测服传来的数据，满足有效通信距离不小于100m的要求；同时，体征监测服采集的心率、呼吸率和温度数据与各自实际值之间的误差均在技术要求规定范围内。试验②和试验③的结果表明：在318kV（交流500kV的最高运行相电压）电压和635kV（交流1000kV的最高运行相电压）电压环境下，移动终端均能稳定地接收从体征监测服传来的数据，满足有效通信距离不小于100m的要求；同时，体征监测服采集的温度数据与实际值之间的误差均在技术要求规定范围内。

2. 现场试用

现场试用试验在特高压交流试验基地进行，作业人员穿着体征监测服在屏蔽服内，在1000kV特高压交流试验线路上开展等电位试验，试验现场实景如图6－42所示。实测时，将作业人员通过自测获取的心率和呼吸率数据作为实际值（参照值），然后将移动

图 6－42　等电位试验现场实景

终端接收到的数据与实际值进行对比。心率和呼吸率现场试验结果见表 6-34。

表 6-34 心率和呼吸率现场试验结果

心率（次/min）				呼吸率（次/min）			
测试值	实际值	绝对误差	相对误差	测试值	实际值	绝对误差	相对误差
85	88	-3	-3.4%	25	24	1	4.2%
82	84	-2	-2.4%	23	25	-2	-8%
86	81	5	6.2%	19	18	1	5.6%
77	81	-4	-4.9%	20	19	1	6.3%
79	76	3	3.9%	16	16	0	0

由表 6-34 可知，在实际特高压带电作业环境中，体征监测服的心率传感器和呼吸传感器可正常工作，其测量误差满足相关技术要求。此外，在现场试用过程中，移动终端与体征监测服之间通信良好，试验人员的心率、呼吸率和体表温度均在正常范围内，未出现异常情况。试验表明，该体征监测服系统可为带电作业人员提供新的安全保障措施。

参 考 文 献

[1] 胡毅. 送变电带电作业技术 [M]. 北京：中国电力出版社，2004.

[2] 胡毅. 带电作业工具及安全工具试验方法 [M]. 北京：中国电力出版社，2003.

[3] 胡毅. 输电线路运行故障分析与防治 [M]. 北京：中国电力出版社，2003.

[4] 刘振亚. 特高压电网 [M]. 北京：中国经济出版社，2005.

[5] 胡毅，刘凯，王力农，等. 1000kV 同塔双回输电线路带电作业技术试验研究 [J]. 高电压技术，2010，36（11）.

[6] 胡毅，刘凯，胡建勋，等. ±800kV 特高压直流线路带电作业安全防护用具的分析 [J]. 高电压技术，2010，36（10）.

[7] 胡毅，王力农，刘凯，等. 特高压交流输电线路带电作业现场应用试验 [J]. 高电压技术，2009，35（9）.

[8] 胡毅，王力农，刘凯，等. 750kV 同塔双回输电线路带电作业技术研究 [J]. 高电压技术，2009，35（2）.

[9] 胡毅，王力农，邵瑰玮，等. 750kV 输电线路带电作业的试验研究 [J]. 电网技术，2006，30（2）.

[10] 刘凯，胡毅，肖宾，等. 1000kV 交流紧凑型输电线路带电作业安全距离试验分析 [J]. 高电压技术，2011，37（8）.

[11] 肖宾，胡毅，刘凯，等. 1000kV 交流紧凑型输电线路等电位进入方式 [J]. 高电压技术，2011，37（8）.

[12] 胡毅，刘凯，彭勇，等. 带电作业关键技术研究进展与趋势 [J]. 高电压技术，2014，40（7）.

[13] 杜勇，彭勇，刘铁，等. 特高压交流输电线路平台法直升机带电作业安全间隙距离试验研究 [J]. 高电压技术，2015，41（4）.

[14] 刘兴发，刘庭，余光凯，等. 带电作业机器人交流电弧放电电流特性研究 [J]. 高电压技术，2022，48（6）.